입문

입자 · 분체공학

椿 淳一郎·鈴木道隆·神田良照 저

조준형·류필조·서태수
김교선·심철호·유태인 역

도서출판 동화기술

入門

粒子・粉体工学

椿 淳一郎・鈴木道隆・神田良照 [著]

머리말

입자·분체공학(Particle technology) 이름으로 번역서를 출간하게 되어 기쁘게 생각한다. 그 이유는 오랫동안 분체공학 과목을 강의하면서 항상 머릿속에 남아 있던 것은 수강하는 학생들에게 보다 쉬운 내용으로 알기 쉽게 설명할 수 있는 교재가 있었으면 하는 생각을 해 왔던 것이다. 그러던 어느 날 젊은 시절 유학했던 모교 일본 나고야대학을 방문했을 때 오래 전부터 알고 지내던 쓰바키 교수님을 뵈었는데 본인 저서인「粒子·粉體工學」책을 주셔서 감사히 받아 읽어보니 지금까지 생각하고 있던 강의에 필요한 내용들이 조목조목 기술되어 있는 것이었다. 본인은 쓰바키 교수님께 말씀을 드려 본서의 번역을 허락받고 작업을 시작하게 되었다.

본 책은 분체를 공부하는 화학공학, 제지공학, 기계공학, 토목공학, 공업화학, 약학, 금속 및 신소재공학을 전공하는 학생들에게는 분체공학 입문서로서 스스로 학습하기에도 많은 도움이 될 것이며, 강의교재로서도 충분한 역할을 할 수 있을 것이다. 분체관련 기본용어와 조작 등을 상세히 설명하고 있어 비전공자들에게도 많은 도움이 되리라 생각된다. 본 책의 구성을 살펴보면 전체 5장으로 되어있으며, 1장은 분체 미립자의 정의 및 실생활과의 관계에 대해, 2장은 입자의 기초물성으로서 입자경, 입자형상 그리고 입자경 분포도와 비표면적 계산법에 대해 서술하였다. 3장은 분체의 생성으로서 입자 파쇄, 조립, 혼합, 혼련 등에 대해, 4장은 장 중에서의 입자 운동방정식, 침강속도 및 원심장과 전기장에서의 운동과 확산, 영동 그리고 입자 분리법과 분급법 및 여과 집진에 대해 설명하였다. 5장은 분체역학으로 입자간의 힘 및 집합체로서의 역학에 대해 서술하였으며 본 책의 뒷부분에는 각 장에 관련된 연습문제를 제시하였다.

이 책을 번역하는데 도움을 준 공동 번역자 분들께 진심으로 감사드리며, 특히 단어 및 문장 교정에 도움을 주신 김경은 교수님께도 감사의 마음을 전한다. 마지막으로 본 책이 나오기까지 물심양면으로 도움을 주신 도서출판 동화기술 직원 여러분께 감사의 말씀을 드리는 바이다.

백령골에서

대표역자 조준형

입자 · 분체공학 – Particle technology

차례

제 1 장

입자 · 분체공학의 인식

일상생활 속에서 작은 고체인 "알갱이"나 그 집합체인 "가루"를 실제로 보고, 듣는 경우는 많다. 그러나 그들을 취급하는 분체공학이라는 학문 내용을 구체적으로 알 수 있는 사람은 많지 않으리라 여겨진다. 그것은 담배연기나 먼지처럼 마치 기체와 같이 거동하는 경우도 있지만, 모래가 흐르듯이 액체와 같은 거동을 하는 경우도 있기 때문이다. 게다가 분체공학이 다루는 알갱이의 크기는 "밀리미터"에서 "마이크론"을 거쳐서 현재는 "나노미터"의 영역으로 퍼지고 있다. 학문으로서의 분체공학을 이미지하기 위해 일상생활 속에서 활약하고 있는 입자·분체의 예를 들면 이하와 같다.

1) 식품 : 소맥분, 분유, 소금, 설탕, 커피, 코코아, 카레분, 화학조미료, 인스턴트 스프 등
2) 생활용품 : 화장품(파운데이션, 백분, 자외선 차단 크림), 치약, 모기향, 애완동물 사료, 종이기저귀용 흡수수지, 분말소화제 등
3) 공업제품 : 세라믹스, 브라운관 등의 형광체, 안료, 도료, 충전제 등
4) 건축재료 : 시멘트, 석고, 골재(모래, 자갈) 등
5) 의약품 : 가루약, 캡슐, 정제 등
6) 컴퓨터 관련 재료 : 복사기 토너, 액정용 스페이스, 반도체용 봉지재, 플로피 디스크용 자성분 등

그 밖에 페트병, 알루미늄캔 등은 가루와 무관하게 보일지 모르나, 입자·분체의 상태를 거쳐서 제품으로 되어 있다. 이상의 예로부터 물질이 입자·분체로 존재하는 필요성과 이점을 열거하면 이하와 같다.

1) 용해성, 반응성의 촉진 : 표면적이 커져서 활성이 된다.
2) 흐름성 개선 : 계측과 제어성, 연속 혹은 단속적으로 공급·배출, 형성이 가능해진다.
3) 조성, 구조제어의 용이성 : 분산, 혼합, 균질화, 경사화 등이 가능하다.
4) 성분 분리의 용이성 : 천연자원이나 폐기물로부터의 유효성분 분리가 가능해진다.

이상과 같이 쓰면 물질이 분체로 존재하는 중요성은 이해할 수 있으리라 여겨지나, 분체공학의 시민권이 아닌 「학문권」이 어느 정도 있는지를 알아보기 위해, 분체공학을 배우기 전의 학생을 대상으로 아래 항목에 대하여 앙케이트 조사를 해보았다.

문제 1 "분체"라는 말에서 떠오르는 단어 혹은 물질을 5가지 열거해 주시오.
문제 2 고체를 분체로 하는 이유로 생각이 떠오르는 것이 있으면 언급해 주시오.

문제 1에 대하여 약 6할의 학생으로부터 583개의 회답이 있었고, 50여 종류의 물질명이 제

시되었다. 물질명 중에서 육골분을 제시한 학생이 10명, 마약, 각성제를 제시한 학생이 4명이나 되어 현 시대의 배경을 가늠할 수 있다. 앙케이트 결과를 물질명, 분야별, 분체 이점의 항목으로 나누어 우선 순으로 표 1.1에 나타낸다. 또한, 분야별 그 밖(12.5%)의 것은 톱밥, 먼지, 화분과 같이 앞서 언급한 6종류의 예에 들지 않는 물질이다. 전체적으로 일상생활에서 접하고 있는 식품이 분체의 이미지이다.

문제 2에 대해서는 4할 이상의 학생으로부터 405개의 회답이 있었다. 그 집계결과는 앞서 언급한 4가지의 이점으로 분류했다.

표 1.1 **분체에 대한 학생 이미지 조사결과**

분체명	분야별 분류	생각이 떠오르는 분체의 이점
소맥분(20.8%)	식　　품(49.1%)	용해성, 반응성 촉진(42.0%)
가루약(12.3%)	건축재료(18.4%)	조성, 구조의 제어 용이(41.1%)
모　래(10.8%)	생활용품(16.6%)	유동성 용이(6.5%)
소　금(8.7%)	의 약 품(12.3%)	성분 분리 용이(4.2%)
설　탕(7.7%)	기　　타(12.5%)	

이와 같이, 산업 및 생활에 불가피한 분체는 다음의 3가지 조건을 만족하고 있다.

1) 작은 알갱이이다.
2) 다수개 입자의 집합체이다.
3) 입자간에 상호작용이 있다.

또한, 가루를 나타내는 말로서 입체(granule), 분체(powder), 분립체(particulate matter)가 있다. 입자는 그 크기에 따라서 입자(particle), 미립자(fine particle), 초미립자(ultra fine particle), 서브미크론 입자(sub－micron particle), 나노입자(nano－particle) 등으로 구분될 수 있다.

이 책에서는 작은 고체를 알갱이, 그 결합체를 가루로 정의했지만, 큰 입자를 알갱이, 작은 입자를 가루로 하는 경우도 있어, 이들 용어 간의 구별은 반드시 통일되어 있지 않다.

제분처럼 오래 전부터 생활에 밀착하여 사용되어 온 분체기술은, 정보기술산업을 비롯한 현대의 여러 산업분야에서 큰 역할을 다하고 있다. 학문으로서의 분체공학 개념이 이해되기 어려운 이유 중 하나는, 분체공업이라 불리는 산업이 없는 것도 들 수 있다. 분체가 최종제품이 되는 공업뿐만 아니라 분체는 모든 산업에서, 프로세스의 출발·중간원료로서 존재하거나 촉매처럼 매체로서 프로세스에 관여하고 있다.

분체가 관여하는 주된 제반조작을 열거하면 분쇄, 분급, 저장, 충전, 수송, 조립, 혼합, 여과, 농축침강, 집진, 건조, 용해, 정석, 분산, 성형, 소성 등이 있다. 이들 조작에서도 알 수 있듯이 분체가 관계하는 공업은 많은 공정에 걸쳐 있어, 분체공학은 기초적인 학문으로서 필수불가결하다.

이 책에서는 알갱이를 고체로 삼았지만, 수중의 기포나 기름방울도 알갱이로서 다룰 수 있다. 분체공학의 대상은 입자가 집합해 있음으로 해서 발생하는 물성과 거동이다. 그림 1.1에서 보였듯이 분체의 거동은 단일입자의 거동 및 입자간의 상호작용으로 규정되며, 분체의 거동은 생산목적에 따른 장치에 의해 제어(분체조작)된다. 따라서 이 책에서는 그 내용을 "알갱이"(단일입자)와 "분체"(집합체)로 구분하여 정리하고, 기초사항을 충분히 설명하는 것을 기본으로 했다.

짧은 시간에 즐겁게 기초지식을 습득해서, 그것을 바탕으로 새로운 분야를 개척, 발전시켜 나가기 위해 이 책이 도움이 되길 바란다.

그림 1.1 본 교재에서 분체공학의 접근방법

제 2 장

입자 및 분체의 기초물성

분체를 원료로서 이용하거나 혹은 제품으로 하기 위해서는, 요구되는 특성을 분체에 부여하는 일이 필요하다. 그러기 위해서는 우선 분체의 특성이나 물성을 정의해야 한다. 본장에서는 입자나 분체의 기본적인 물성의 정의, 측정법이나 평가법에 대해서 언급한다. 그밖에 전기적, 자기적, 물리화학적 특성에 대해서는 제4장, 제5장에서 간단히 언급한다.

2.1 단일입자의 물성

2.1.1 입자경(particle diameter)

입자의 크기(입도, particle size)를 1차원 수치, 즉 길이로 나타낸 것을 입자경이라 하고, 이 책에서는 x[m]로 나타낸다. 구, 입방체 혹은 원주, 각주, 원판과 같이 기하학적으로 정의되는 형상을 하고 있는 입자에 대해서는, 그 크기를 나타내는 치수인 입자경은 직경이나 높이가 1변의 길이로 나타낼 수 있다. 그러나 일반적으로 다루고 있는 분체입자는 통상 불규칙한 모양을 하고 있으며, 그 불규칙 형상 입자의 크기를 일의적으로 나타내기 위해서는 입자경의 정의가 필요하다.

이처럼 규칙성, 상사성이 없는 입자의 크기는, 입자가 관여하는 물리현상을 사용해서 정의되거나 기하학적으로 정의된다. 이들 입자의 크기를 나타내는 치수를 대표 입자경이라 부르고 있다.[1)] 표 2.1에 주된 대표 입자경의 정의를 정리해서 보였다. 그림 2.1에 어느 입자의 크기를 몇 가지 대표 입자경으로 나타낸 예를 보인다.

표 2.1 주요한 대표 입자경(지름)

	분류	대표 입자경	기호*	정의
물리현상	상당경	체눈크기 경	x_{sv}	체 눈크기
		Stokes 경, 침강 속도경, 침강 상당경	x_{st}	입자의 종말 침강속도와 같은 종말 침강속도를 가지면서, 입자와 같은 밀도를 갖는 구의 직경
		광산란 상당경	x_{Ls}	입자에 의한 광산란 Pattern과 가장 근접한 산란 Pattern을 가지면서, 입자와 동일한 굴절률을 가진 구의 직경
		확산 상당경	x_D	입자와 동일한 확산계수를 가진 구의 직경
기하학적		체적 구 상당경, 체적 상당경	x_v	입자와 동일한 체적을 가진 구의 직경
		표면적 구 상당경, 표면적 상당경	x_s	입자와 동일한 표면적을 가진 구의 직경
		면적원 상당경, 면적 상당경, Heywood 경	x_H	입자의 투영 면적과 동일한 면적을 가진 원의 직경
		둘레원 상당경, 둘레 상당경	x_L	입자의 투영둘레와 동일한 둘레를 갖는 원의 직경
	3축경	단경	x_b	가장 안정된 자세로 수평면상에 위치한 입자의 수직방향으로의 투영상을, 2개의 평행선으로 접할 때 가장 작은 간격을 갖는 2 선간의 거리

(계속)

	분류	대표 입자경	기호*	정의
기하학적		장경	x_l	단경에 직각이면서 입자에 접하는 평행선 간의 간격
		두께	x_t	수평한 면 사이에 입자를 끼웠을 때 면 사이 간격
	정방향경, 통계적경	Feret 경	x_F	입자를 사이에 둔 일정방향 평행선 간격
		Martin 경	x_M	입자의 투영면적을 이등분하는 직선의 길이
		전개반경	x_R	입자투영상의 중심으로부터 둘레까지의 거리
	평균 정방향경	평균 Feret 경	$E(x_F)$	입자 투영상을 180° 회전시키며 얻은 정방향경의 평균 $E(x)=\frac{1}{\pi}\int_0^{\pi} x d\theta$, $E(x_R)=\frac{1}{2\pi}\int_0^{2\pi} x_R d\theta$
		평균 Martin 경	$E(x_M)$	
		평균 전개 경	$E(x_R)$	

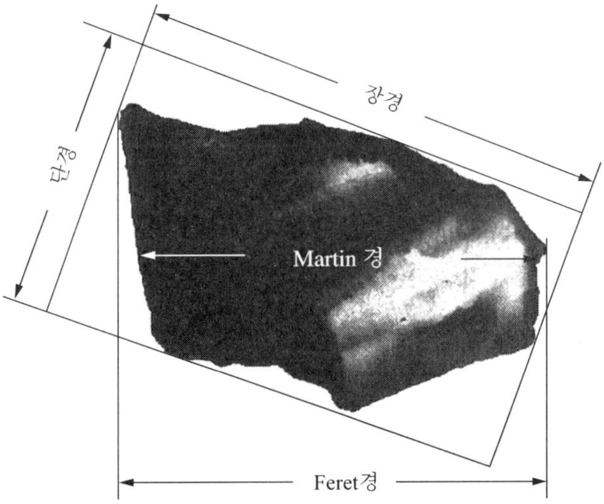

그림 2.1 **대표 입자경의 예**

2.1.2 입자 형상(particle shape)

분체의 충전성이나 유동성을 향상시키기 위해서는 입자 모양은 구에 가까울수록 좋다. 또한, 자기테이프에 이용되는 자성분처럼 기억밀도를 높이기 위해서는 침상입자가 좋으며, 금박입자처럼 동일한 질량에서 면적을 크게 하기 위해서는 편평한 입자가 좋다. 이와 같이 입자의 형상은 분체의 기초적 현상에 관계함과 동시에, 사용목적에 맞는 형상의 입자가 바람직하다.

결정석출에서 대표되듯이 입자를 생성할 경우, 입자의 모양이 프로세스 조건이나 결정계 등에서 규정될 수도 있다.

일반적으로 취급되는 입자는 불규칙적인 모양을 하고 있으므로, 그 형상을 어떤 방법으로든 표현하는 것이 필요하지만, 입자의 형상을 다른 물성값처럼 수치로 표현하는 것은 곤란하다. Miwa[2]는 입자 형상의 정량적 표현을 다음의 2가지로 대별했다.

형상지수(형상의 표현) : 입자의 형상 그 자체를 어떤 수치로 표현해서 형상의 상위 혹은 영향의 비교에 사용한다.

형상계수(형상에 관한 인자의 표현) : 형상을 표현하는 것이 목적이 아니라, 분체가 가진 성질 혹은 현상을 나타내는 함수관계 중에서 입자 형상에 관한 인자가 포함되어, 그것을 하나의 계수로서 추려 내어 형상계수라 부른다.

1) 형상지수(particle shape index)

대표입자경에 의한 정의 : 일반적으로 대표입자경 x_A와 x_B의 비율로 정의되는 형상지수를 $\phi_{AB}= x_A / x_B$로 쓰기로 한다. 표 2.1의 어떤 조합으로든 형상지수는 정의할 수 있겠지만, 일반적으로 이용되는 것은 장단도($\phi_{lb}= x_l / x_b$), 편평도($\phi_{bt}= x_b / x_t$), 원형도($\phi_{HL}= x_H / x_L$), 구형도($\phi_{vs}= x_v / x_s$) 등이다. 원형도는 원, 구형도는 구인 경우에 1이 되고, 원 및 구에서 벗어날수록 작은 값이 된다.

정의로부터 $\phi_{HL}= \phi_{HF} \cdot \phi_{FL}$인 관계가 성립하므로, 이 관계를 이용하여 그림 2.2에 나타낸 삼각선도를 만들 수 있다.[3, 4] ϕ_{FL}은 정다각형처럼 凹부를 갖지 않는 윤곽에서는 1이 되고, ϕ_{HF}는 주로 입자의 장단에 대응해 있으므로, 원형도에서는 표현할 수 없는 형상의 특징을 정량화할 수 있다.[3,4]

프랙탈(fractal) 차원에 의한 정의 : fractal 차원은 Mandelbrot[5]에 의해 제안된 실험치를 취하는 차원으로, 입자 형상 표현에도 이용된다. 입자 투영상 윤곽선의 fractal 차원을 구하는 방법으로는 divider 법이 있다. 이 방법에서는 그림 2.3처럼 입자 윤곽선을 길이 r의 선분으로 절선근사하여, 일주하는데 필요로 하는 개수 $N(r)$을 구한다. r을 변화해서 같은 조작을 반복하여 r과 $N(r)$ 관계를 그림과 같이 양대수 플롯해서, r과 $N(r)$이 직선관계를 나타내면 식 (2.1)을 바탕으로 얻어진 직선의 기울기에 -1을 곱함으로써 fractal 차원 D 값이 구해진다.[6]

$$\mathrm{N}(r) \propto r^{-D} \tag{2.1}$$

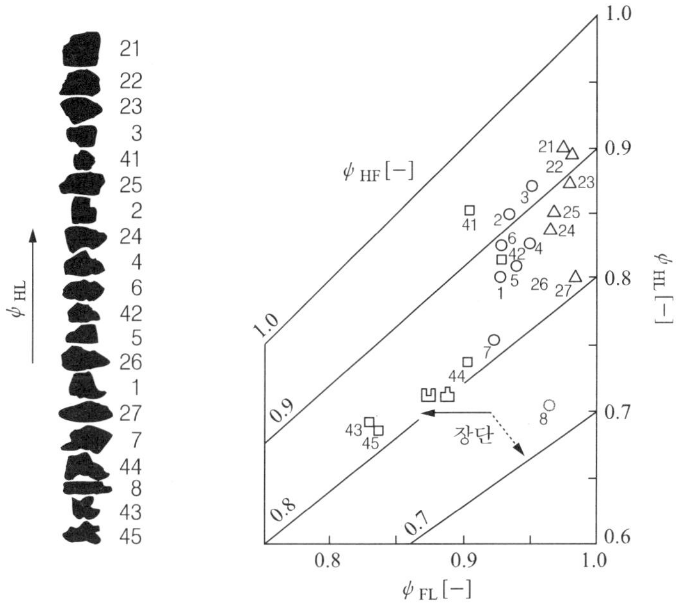

그림 2.2 **삼각선도에 의한 입자형상의 표현**
(1~8;석회석, 21~27;유리파쇄물, 41~45;분무 스테인리스 입자)

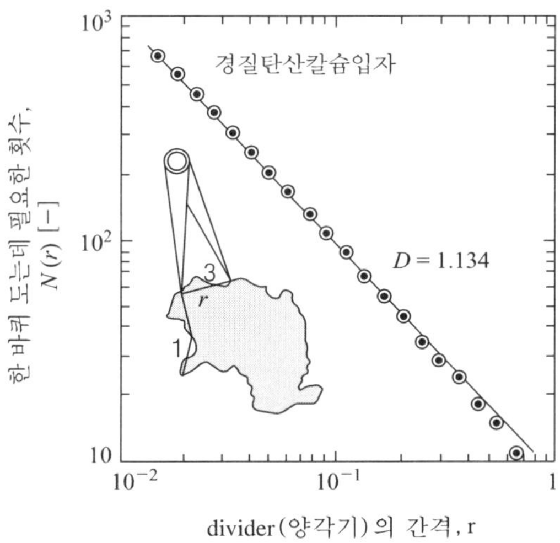

그림 2.3 **divider 방법에 따른 Fractal 차원의 산출**

D 값은 표면이 평활한 입자에서는 1에 가깝고, 표면에 凹凸이 있는 입자에서는 1을 넘는다. 따라서, 입자 투영상의 fractal 차원은 입자 표면의 凹凸 상태를 정량적으로 표현하고 있다. 선분 대신에 입자 투영상을 1변이 r인 정방형으로 덮어, 투영상 혹은 윤곽선을 포함하는 정방형 수 $N(r)$을 구하는 것이 cover 법이다.

응집입자의 fractal 차원을 구하기 위해서는 회전반경법이 자주 사용된다. 이 방법에서는 응집입자 중심에서 반경 R인 원을 그리고, 그중에 포함되는 구성 1차입자 수 $N(R)$을 구한다. R과 $N(R)$의 양대수 플롯으로부터 fractal 차원 D를 산출한다.[7] 응집입자 중심에서 반경 R인 구내에 포함되는 1차입자 수를 세면, 입체적인 구조를 나타내는 2 ~ 3 범위의 값을 취하는 fractal 차원을 얻을 수 있다.

다수의 입자에 대하여, 개개 입자의 둘레길이 P와 투영면적 A를 구해서 그들 값을 양대수 플롯하면, 식 (2.2)를 사용하여 그 직선의 기울기로부터 다수 입자 윤곽선의 평균적인 fractal 차원을 구할 수 있다.[8]

$$P \propto A^{D/2} \tag{2.2}$$

둘레길이와 투영면적 대신에 각 입자의 표면적과 체적을 양대수 플롯하면 입체적인 입자의 형상 표현도 가능하다.

크기가 다른 분자의 흡착을 사용한 fractal 차원 측정을 이용하면, 미립자의 형상 표현도 가능하다.

퓨리에(Fourier) 변환법 : 입자 윤곽선을 퓨리에 변환해서 얻어진 퓨리에 계수를 이용하여 형상을 정량화하는 방법으로, 입자 형상을 재현할 수 있다.[9]

2) 형상계수(particle shape factor)

입자의 체적이나 표면적, 비표면적과 입자경을 관계 짓는 계수이다. 어떤 방법으로 측정한 입자의 대표입자경을 x, 표면적을 S, 체적을 V라 하면 다음의 관계가 성립한다.

$$S = \psi_s x^2 \tag{2.3}$$

$$V = \psi_v x^3 \tag{2.4}$$

ψ_s, ψ_v를 각각 표면적 형상계수, 체적 형상계수라 한다.

또한 입자의 단위체적당 표면적을 체적기준 비표면적 S_v라 하고, 다음 식으로 표기된다.

$$S_v = \frac{S}{V} = \frac{\psi_s x^2}{\psi_v x^3} = \frac{\psi}{x} \tag{2.5}$$

여기서 ψ는 비표면적 형상계수라 불리며, ψ_s, ψ_v와 다음 식으로 관계된다.

$$\psi = \frac{\psi_s}{\psi_v} \tag{2.6}$$

직경 x인 구일 경우 표면적은 πx^2 및 체적은 $\pi x^3/6$, 또한 1변이 x인 입방체일 경우 표면적은 $6x^2$이고 체적은 x^3이 되므로, 구와 입방체에서는 공히 $\psi = 6$이 되어 비표면적 S_v와 입자경 x는 다음 식으로 관계된다.

$$S_v = \frac{6}{x} \tag{2.7}$$

불규칙 형상의 입자일 경우에는, 일반적으로 비표면적 형상계수는 6보다 커진다. 특히 실리카겔이나 활성탄과 같은 다공질 입자에서는 큰 값이 된다.

그밖에, 액체 중에서의 입자 거동에 관계하는 동역학적 형상계수가 있다. 이에 대해서는 4.1.7「입자 형상이 입자의 운동에 미치는 영향」에서 언급한다.

예제 2.1

입자경 5 μm, 표면적 150 μm^2, 체적 95 μm^3인 입자가 있다. 이 입자에 대해 다음 값을 구하라.

1) 표면적 형상계수
2) 체적 형상계수
3) 비표면적 형상계수
4) 체적구 상당경

해답

1) 식 (2.3)으로부터 $150 = \psi_s x^2 = \psi_s 5^2$, $\psi_s = 6$
2) 식 (2.4)로부터 $95 = \psi_v x^3 = \psi_v 5^3$, $\psi_v = 0.76$
3) 식 (2.6)으로부터 $\psi = \frac{\psi_s}{\psi_v} = 7.89$
4) $95 = \frac{1}{6}\pi x^3$에서 $x = 5.66\ \mu m$

2.1.3 입자 밀도(particle density)

밀도는 단위체적당 질량으로, [kg / m^3]의 차원을 갖는다. 입자의 밀도에는 다음의 3종류가 있고, 필요에 따라 현상을 설명하는데 적합한 밀도가 사용된다. 진밀도(true density)는 그림 2.4(a)에 나타낸 것처럼 입자 내부에 폐쇄된 공간이 없는 경우의 입자 밀도로, 엄밀한 의미에서의 고체 밀도이다. 그림 2.4(b)처럼 입자 내부에 폐쇄된 공간이 있을 경우 입자의 체적은 그

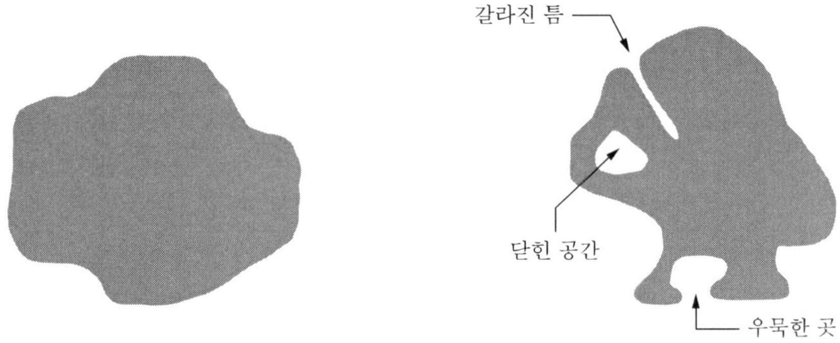

(a) 닫힌 공간이 없는 입자의 단면 (b) 닫힌 공간을 가진 입자의 단면

그림 2.4 **입자밀도에서의 고려사항**

공간을 포함해서 측정되며, 이러한 경우의 밀도를 입자 밀도(particle density)라 한다. 겉보기 입자 밀도(apparent particle density)는 입자 내부의 폐쇄된 구멍 외에, 입자 표면의 균열이나 움푹 파임도 입자의 체적으로 측정한 밀도를 말한다. 입자 밀도는 그림 2.5와 같은 유리제의 피크노미터(비중병)로 측정된다. 내용량 20～30 mL인 피크노미터에 겉보기로 절반 정도의 시료를 넣고, 분체시료의 질량 M_s[kg]을 구한다. 분체 내에 기체가 남지 않도록 주의하면서 피크노미터 내에 밀도 ρ_f[kg/m^3]인 액체를 넣어 뚜껑을 덮고, 그 때의 질량 M_3[kg]를 측정한다. 용기에서 시료를 꺼내어 잘 씻어서 피크노미터에 밀도 ρ_f[kg/m^3]인 액체만을 넣어 뚜껑을 덮고, 그때의 중량 M_2[kg]을 측정한다. 이들 값으로부터 다음 식을 사용해서 시료의 입자 밀도 ρ_p [kg/m^3]를 구할 수 있다.

$$\rho_p = \frac{M_s}{M_2 + M_s - M_3}\,\rho_f \tag{2.8}$$

그림 2.5 **피크노미터**

액체로는 시료분체를 용해하지 않고, 입자 표면을 적시기 쉽고, 증발하기 어려운 물질을 사용할 필요가 있으며, 실제로는 증류수나 케로신 등을 사용하는 경우가 많다. 또한, 액체 내에 기포가 남지 않도록 가열해서 액체를 비등시키거나 감압탈기하고 나서 액체를 넣는다. 미분체일 경우에는 액체 대신에 헬륨가스를 사용한 헬륨 피크노미터법이나 공기를 사용한 공기압 비교법이 이용된다.

2.1.4 입자의 젖음성

1) 접촉각(contact angle)

평평한 고체 표면에 액체를 한 방울 떨어뜨렸을 때, 물이 한결같이 번지는 표면을 젖기 쉬운 표면이라 하고, 그것에 대하여 물방울이 점점이 남는 표면을 젖기 어려운 표면이라 한다. 액체방울은 젖기 쉬운 표면에서는 그림 2.6(a)처럼 평평해지고, 젖기 어려운 표면에서는 그림 2.6 (b)처럼 구에 가까운 모양으로 존재한다. 그림 중의 θ를 접촉각이라 부르며, 고체의 젖음성을 나타낸다. $0 \leq \theta < \pi/2$가 되는 고체 표면은 친수성, $\pi/2 < \theta < \pi$가 되는 고체표면을 소수성이라 부른다. 그림 2.6에서 고체－기체간, 고체－액체간 및 액체－기체간의 계면장력을 각각 $\gamma_{S/G}$, $\gamma_{S/L}$, $\gamma_{L/G}$라 하면, 고체－액체－기체의 접촉점에서는 다음 식에 나타내는 힘의 균형이 성립한다. 이것을 영(Young)의 식이라 한다.

$$\gamma_{S/G} = \gamma_{S/L} + \gamma_{L/G} \cos\theta \tag{2.9}$$

표면장력 γ의 차원은 [N/m]이다. 또한, 액체－기체간의 계면장력은 통상 표면장력이라 불린다.

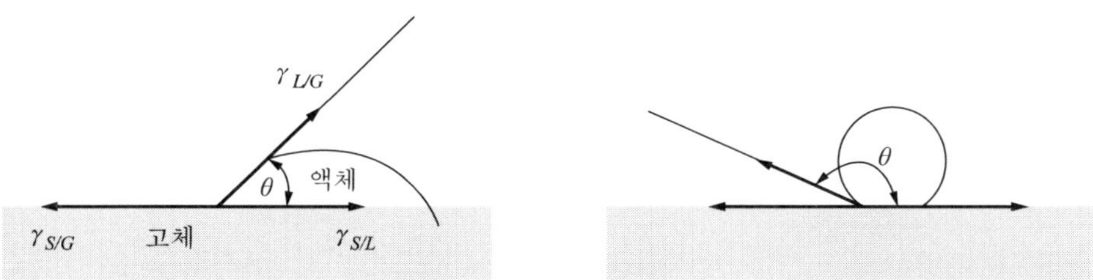

그림 2.6 **평평한 고체표면상의 액체 (θ: 접촉각)**

표면장력의 존재는 물의 모세관 상승에 의해 잘 알려져 있다. 그림 2.7(a)에 나타낸 것처럼 친수성 모세관을 수중에 연직으로 세우면, 물이 어느 높이(모세관 상승높이) h[m]까지 상승한다. 이때 힘의 균형은 다음 식으로 표기된다.

$$\pi r^2 h \rho_f g = 2\pi r \gamma \cos\theta \tag{2.10}$$

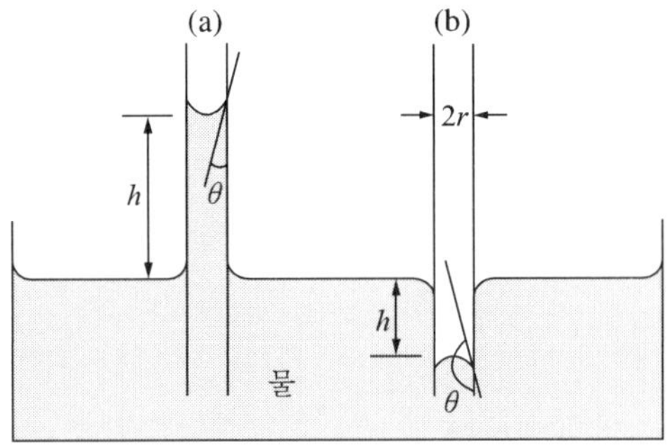

그림 2.7 **모세관력 [(a):친수성 모세관, (b):소수성 모세관]**

여기서 r[m]은 모세관의 반경, ρ_f[kg/m^3]는 물의 밀도, g[m/s^2]는 중력가속도, γ는 물의 표면장력이다. 한편, 소수성 모세관을 수중에 세우면 그림 2.7(b)에 보인 것과 같이, 물은 거꾸로 자유계면보다 아래로 눌러서 밑으로 내려간다. 이때도 힘의 균형은 식 (2.10)으로 표기된다. 단, 이때의 h 값은 음($-$)이 된다.

분체의 젖음성은 분체의 액 중에서의 분산, 용해, 조립, 혼련, 부유선광 등 분체조작에 영향을 주는 표면물성 중 한가지이다.

2) 접촉각의 측정법

그림 2.6에 나타낸 각도 θ를 미시적으로 직접 측정하는 방법이 기본이다. 입자 접촉각의 측정에는 평판 대신에 분체의 압밀성형체를 이용하는 방법과 그림 2.8에 보인 치환압력에 기인하는 방법이 있다. 그것은, 분체의 충전층은 모세관의 집합으로 간주되기 때문에(5.2.3「분체층의 유체투과」, 그림 5.27 참조), 충전층 중의 공간을 반경 r인 모세관으로 치환하면, 액의 상승을 방지하기 위해 필요한 압력 P [Pa]는 다음 식으로 주어진다.

$$2\pi r\gamma\cos\theta = \pi r^2 P \tag{2.11}$$

$$\gamma = \frac{rP}{2\cos\theta} \tag{2.12}$$

따라서 식 (2.12)로부터 표면장력 γ를 산출할 수 있다. 여기서 모세관의 평균반경 r은 표면장력이 이미 알고 있는 값(γ_0)에서 분체를 완전히 적시는 액체($\cos\theta = 1$)를 사용하여 동등한 실험을 수행해서, 다음 식으로부터 예측한다.

$$r = \frac{2\gamma_0}{P_0} \tag{2.13}$$

P_0는 이때에 액체 상승을 막기 위해 필요한 압력이다.

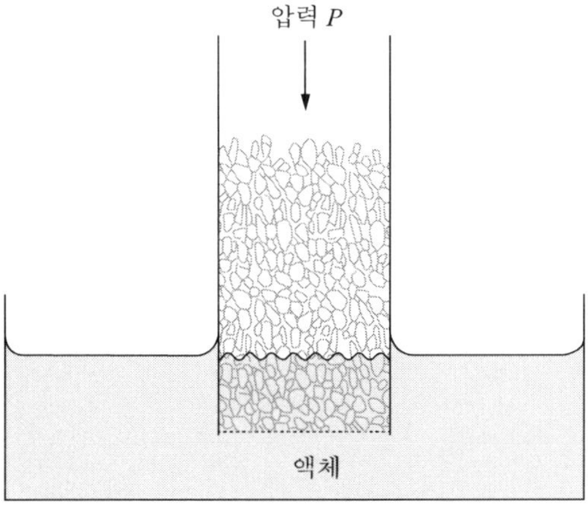

그림 2.8 **모세관법에 의한 접촉각의 측정**

예제 2.2

반경이 1.5 mm인 친수성 모세관의 모세관 상승높이 h를 구하라. 단 물의 표면장력은 72.8×10^{-3} N/m, 밀도는 1,000 kg/m^3, 접촉각은 $\theta \fallingdotseq 0$로 한다.

해답

식 (2.10) $\pi r^2 h\rho_f g = 2\pi r\gamma\cos\theta$에서 $h=\dfrac{2\gamma\cos\theta}{r\rho_f g}$가 되고, 각각의 값을 대입하여

$$h=\frac{2\times 72.8\times 10^{-3}\times 1}{1.5\times 10^{-3}\times 10^3\times 9.8}=9.9\times 10^{-3}[m] \text{ 혹은 } h=9.9\text{ mm}$$

2.2 입자 집합체의 특성

2.2.1 입자경 분포(particle diameter distribution)

공업용 원료·중간체 혹은 제품이 되는 분체는 일반적으로 다양한 크기의 입자를 포함하고 있다. 입자경이 많은 분체의 현상이나 조작에 영향을 미치는 것은, 그 폭인 입자경 분포도 중요한 인자가 됨을 의미한다. 그러기 위해서는 입자경 분포를 올바르게 평가하고 표시하는 일이 필요하게 된다. 또한, 복잡한 분체현상을 설명함에 있어서는, 입자경 분포를 대신해서 분포를 대표할 수 있는 어떤 입자경 혹은 평균입자경을 사용하는 편이 유용한 경우도 있다. 분체를 취급하는 공업에서 입자경 분포의 측정을 필요로 하는 범위는 대략 cm에서 nm 단위로 넓기 때문에, 측정하는 입자경 범위에 적합한 측정원리와 방법이 사용된다.[10,11)]

1) 측정용 시료의 샘플링(sampling)

공업 프로세스에서 사용되는 분체는 상당한 양이 되기 때문에, 그 물성측정을 위해서는 먼저 측정용 시료의 샘플링이 중요하다. 입자경분포의 측정에 필요한 시료량은 수십 g에서 수 mg이므로, 다량의 분체에서 대표성을 잃지 않고 샘플링 해야 한다. 실제로 가동하는 프로세스로부터의 샘플링에서는, 분체의 흐름에 대하여 직각으로 가로지르듯이 시료를 채취한다. 용기나 자루로부터의 샘플링에서는, 여러 장소에서 샘플링할 필요가 있다. 샘플링한 시료는 각 측정방법에 적합한 양까지 아래의 방법으로 축분해 간다.

분할기에 의한 축분 : 그림 2.9에 나타낸 것과 같이, 2분할기에 시료를 위쪽에서 공급하여 수직벽에서 교대로 좌우 2가지로 분할한다. 또한, 그림 2.10에 나타낸 회전분할기에서는 여러 개로 칸막이된 회전용기에 수직으로 분체를 공급하여, 한꺼번에 몇 분의 1로 축분할 수 있다.

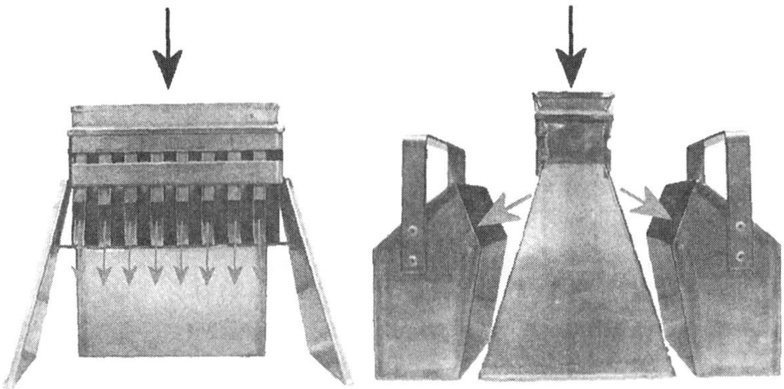

그림 2.9 **이분할기**

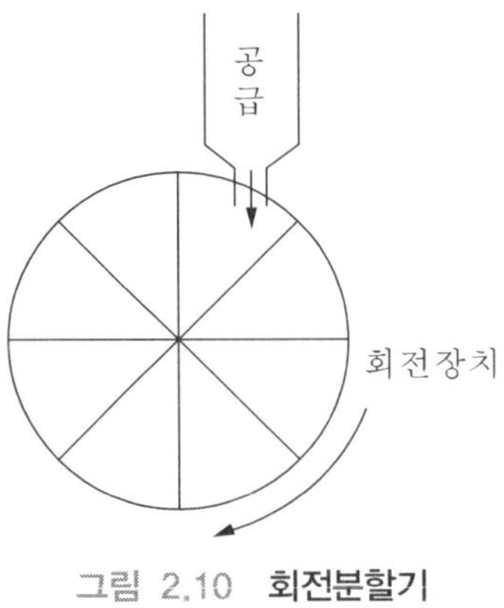

그림 2.10 **회전분할기**

원추 4분법, 2분법 : 분할기가 없을 경우나 시료량이 적을 경우에 이용된다. 채취한 시료를 수평면상으로 위쪽에서 공급하여 원추상으로 퇴적시켜 원추대 형상으로 으깬다. 그것을 그림 2.11처럼 중심을 지나 직교하는 직선으로 2분할 혹은 4분할해서 측정에 필요한 양까지 축분해 간다.

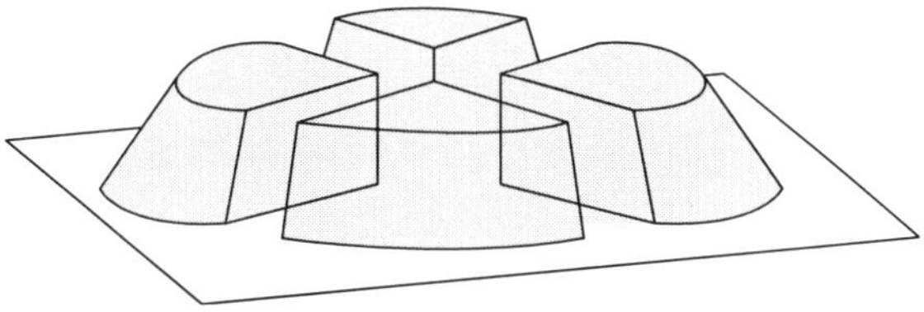

그림 2.11 **원추 4분법**

2) 입자경분포의 측정

넓은 범위의 입자경을 한 가지 원리로 측정하는 것은 불가능하다. 그 때문에 입자경 범위에 적합한 여러 가지 측정방법, 원리가 사용되고 있다. 특히 μm 단위의 입자경 분포 측정에는 몇 가지 원리에 입각한 측정장치가 개발되어 사용되고 있다. 여기서는 입자경이 큰 순으로 그 대표적인 측정방법에 대하여 언급한다.

체분리법 : 수십 μm 이상인 입자의 건식측정에는 주로 이 방법이 이용된다. 체분리법에서는 그림 2.12에 보인 것과 같이, 눈 x(정방향의 1변 길이)인 망눈을 통과한 입자는 입자경 x보다 작은 입자로 정의한다. JIS에 규정되어 있는 시험용 체의 눈을 표 2.2에 나타낸다. 인접한 눈은 공비를 $10^{3/40}$으로 하는 등비급수를 기초하고 있다. 시판되고 있는 최소 눈은 그림 2.13에서 보인 전성체의 3 μm이다.[12] 시판되고 있는 체로는 여러 종류가 있지만, 시료가 수십 g 정도일 때는 일반적으로 직경 200 mm, 높이 45 mm인 체가 사용된다.

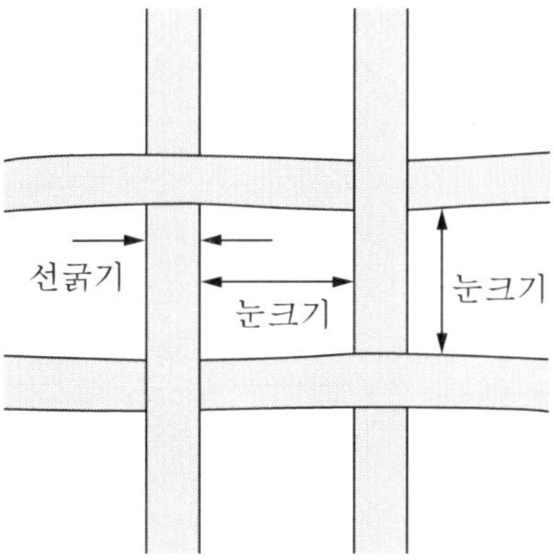

그림 2.12 **체 눈**

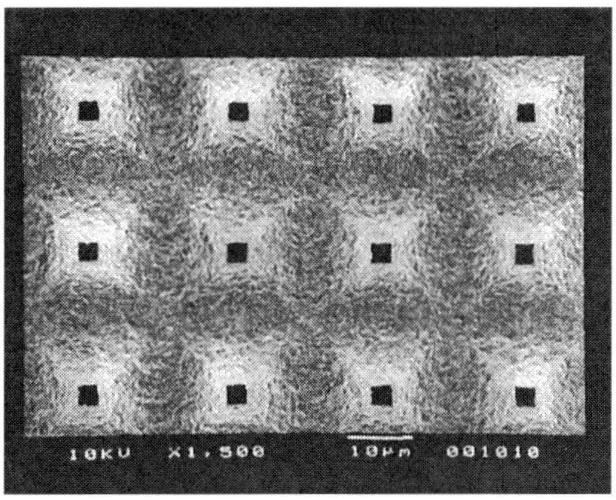

그림 2.13 **눈 3 μm인 전성체의 현미경사진**

표 2.2 시험용체 사양

체망(R40/3 series) JIS Z 8801-1 : 2000		판체(R20 series) JIS Z 8801-2 : 2000			전성체(R40/3 series) JIS Z 8801-3 : 2000		
눈크기[μm]	선굵기[μm]	눈크기[mm]	Pitch[mm]	판두께[mm]	눈크기[μm]	Pitch[μm]	판두께[μm]
125×10^3	8×10^3	125	160	3	500	620	50
106×10^3	6.3×10^3	112	140	3	425	530	45
90×10^3	6.3×10^3	100	125	3	355	450	30
75×10^3	6.3×10^3	90	112	3	300	380	30
63×10^3	5.6×10^3	80	100	3	250	320	30
53×10^3	5×10^3	71	90	3	212	270	25
45×10^3	4.5×10^3	63	80	3	180	240	25
37.5×10^3	4.5×10^3	56	71	3	150	200	20~25
31.5×10^3	4×10^3	50	63	3	125	170	20~25
26.5×10^3	3.55×10^3	45	56	3	106	150	15~25
22.4×10^3	3.55×10^3	40	50	3	90	130	15~25
19×10^3	3.15×10^3	35.5	45	2	75	110	12~25
16×10^3	3.15×10^3	31.5	40	2	63	95	12~25
13.2×10^3	2.8×10^3	28	32.5	2	53	85	12~25
11.2×10^3	2.5×10^3	25	31.5	2	45	75	12~25
9.5×10^3	2.24×10^3	22.4	28	2	38	65	12~25
8×10^3	2×10^3	20	25	2	32	60	10~25
6.7×10^3	1.8×10^3	18	22.4	2	25	50	10~25
5.6×10^3	1.6×10^3	16	20	2	20	45	10~25
4.75×10^3	1.6×10^3	14	18	2	16	40	10~25
4×10^3	1.4×10^3	12.5	16	2	10	30	10~25
3.35×10^3	1.25×10^3	11.2	14	1.5	5	25	8~25
2.8×10^3	1.12×10^3	10	12.6	1.5			
2.36×10^3	1×10^3	9	11.6	1.5			
2×10^3	0.9×10^3	8	10.4	1.5			
1.7×10^3	0.8×10^3	7.1	9.4	1.5			
1.4×10^3	0.71×10^3	6.3	8.5	1			
1.18×10^3	0.63×10^3	5.6	7.7	1			
1×10^3	0.56×10^3	5	6.9	1			
850	500	4.5	6.3	1			
710	450	4	5.8	1			
600	400	3.55	5.2	1			
500	315	3.15	4.7	1			
425	280	2.8	4.35	1			
355	224	2.5	3.9	1			
300	200	2.24	3.6	1			
250	160	2	3.3	1			
212	140	1.8	3.1	1			
180	125	1.6	2.75	0.6			
150	100	1.4	2.6	0.6			
135	90	1.25	2.45	0.6			

(계속)

체망(R40/3 series) JIS Z 8801-1 : 2000		판체(R20 series) JIS Z 8801-2 : 2000			전성체(R40/3 series) JIS Z 8801-3 : 2000		
눈크기[μm]	선굵기[μm]	눈크기[mm]	Pitch[mm]	판두께[mm]	눈크기[μm]	Pitch[μm]	판두께[μm]
105	71	1.12	2.22	0.6			
90	63	1	2	0.6			
75	50						
63	45						
53	36						
45	32						
38	30						

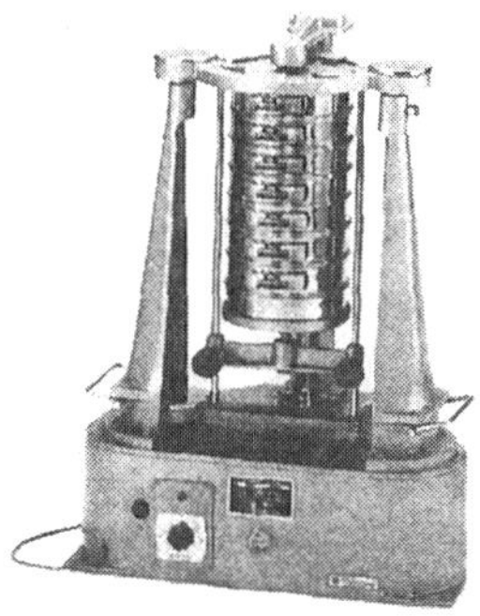

그림 2.14 **로탭 체 진동기**(ro-tap sieve shaker)

입자경분포의 측정에서는 체를 눈 크기 순으로 6단 정도 포개어 최상단의 체에 시료를 넣고, 받침통과 뚜껑과 함께 그림 2.14에 나타낸 로탭식 체 진동기에 얹어서 분급한다. 체분리 정도는 시료량이 적을수록 좋아지나, 평량 정도는 많을수록 좋아진다. 또한, 체분리 조건은 시료의 성질, 체분리 시간 등에도 영향을 받기 때문에, 예비실험을 하여 측정조건을 정하는 것이 바람직하다.[13] 일반적으로는 시료를 체 면상에 몇 층이 될 정도로 넣고, 체분리 시간은 5~10분으로 한다.

침강법 : 정지유체 중에서의 입자 침강속도는 입자경에 따라 달라진다. 침강법은 입자의 침강이라는 비교적 알기 쉬운 물리현상을 이용하여 입자경을 측정하는 방법이다. 수십 μm 보다 작은 침강입자는 정지유체 중에서 다음 식으로 주어지는 일정한 종말침강속도(terminal velocity)로 침강한다.

$$u_\infty = \frac{(\rho_p - \rho_f) g x^2}{18\mu} \tag{2.14}$$

여기서, u_∞[m/s]는 직경 x[m]인 구형입자의 종말침강속도, μ[Pa·s]는 유체의 점도, ρ_p [kg/m^3] 및 ρ_f[kg/m^3]은 각각 입자와 유체의 밀도, g[m/s^2]는 중력가속도이다. 일반적으로 취

급되는 비구형입자의 입자경은 종말침강속도가 같아지는 구의 직경으로 정의되어, 침강속도경, 침강상당경 혹은 Stokes 경으로 불리고 있다. 입자의 유체 중 침강거동에 대해서는 4.1.3 「중력장에서의 입자 침강」에서 자세히 언급한다.

입자경분포의 측정에 있어서는 각 입자의 침강속도를 측정하는 것이 아니라, 입자 현탁액의 시간에 따른 농도변화로부터 구한다. 입자 농도의 측정에는, 입자 현탁액 중 임의의 측정위치를 통과한 입자량 혹은 측정위치보다 상부에 있는 입자량을 측정하는 적산법과 측정위치에서의 입자 농도를 측정하는 증분법이 있다.

여기서는, 일반적으로 이용되는 증분법에 대하여 설명한다. 그림 2.15에 보인 것과 같이 분산매(보통은 분산제의 수용액) 중에 시료분체를 분산시킨 후 정치한다. 이때를 t=0로 하여 현탁액의 초기농도 C_0[kg/m^3]를 측정한다. C_0는 현탁액을 조제했을 때의 분산매와 시료의 질량으로부터 계산에 의해 구할 수도 있다. 시간 t_1 경과 후, 그림 2.15에 나타낸 현탁액 표면으로부터 깊이 h인 위치에서 농도 C_1을 측정한다. 시간 t_1 후에 깊이 h에 존재하는 최대입자의 종말침강속도 u_1과 그 입자경 x_1은 식 (2.14)에 의해 다음 식으로 구할 수 있다.

$$u_1 = \frac{h}{t_1} = \frac{(\rho_p - \rho_f) g x_1^2}{18\mu} \tag{2.15}$$

입자경 x_1보다 작은 입자의 질량비율, 즉 질량적산분율 $Q_3(x_1)$은 다음 식이 된다.

$$Q_3(x_1) = \frac{C_1}{C_0} \tag{2.16}$$

현탁액의 입자농도는 안드레아젠 피펫법, 광투과법, X선투과법, 비중계법, 비중천평법, 압력법 등으로 측정된다.

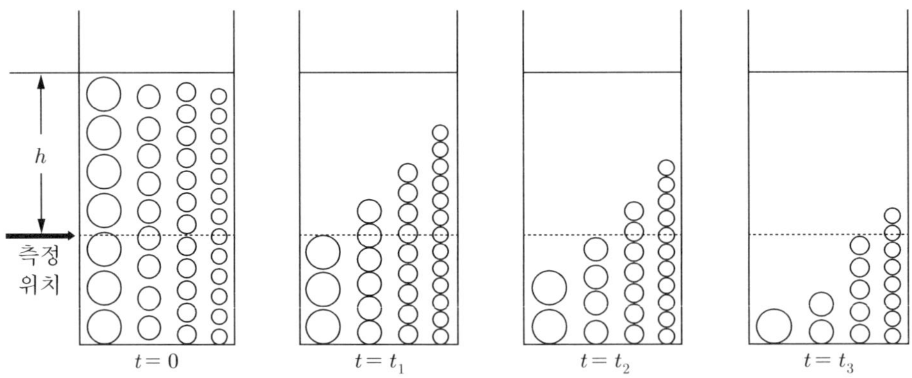

그림 2.15 **침강법에 의한 입자경분포의 측정**

식 (2.14)에서 입자의 침강속도는 입자경의 2승에 비례하고, 입자경이 작아지면 측정에 장시간을 요하기 때문에, 미립자의 측정에는 중력 대신에 원심력이 이용된다. 그것은, 그림 2.15의 현탁액을 회전반경 r[m] 및 회전각속도 ω[rad/s]인 회전장에 두면, 원심가속도는 $r\omega^2$이 되므로 이때의 입자 침강속도는 식 (2.14)의 g를 $r\omega^2$으로 치환하여 식 (2.17)이 된다(식 (4.24)를 참조).

$$u = \frac{(\rho_p - \rho_f) r\omega^2 x^2}{18\mu} \tag{2.17}$$

원심장에서는 입자경분포의 측정시간이 단축됨과 동시에, 서브마이크론 단위의 입자까지 측정이 가능해진다.

레이저 회절·산란법 : 대기 중에 부유하는 물방울이나 먼지에 빛이 닿으면 빛은 산란한다. 빛의 산란은 그림 2.16에 나타낸 것처럼 입자의 크기에 따라 다르다. 레이저 회절·산란법에서는 산란패턴에서부터 입자 크기를 식별하고, 산란광의 강도로부터 입자 수를 식별하고 있다. 입자에 의한 광산란은 입자 크기 x와 광 파장 λ의 관계에 의해 Rayleigh 산란, Mie 산란, Fraunhofer 회절로 분류되지만, 발생하는 물리현상으로서는 모두 같으며, 산란광의 강도분포는 입자 크기에 관계없이 Mie의 식으로 표기된다.

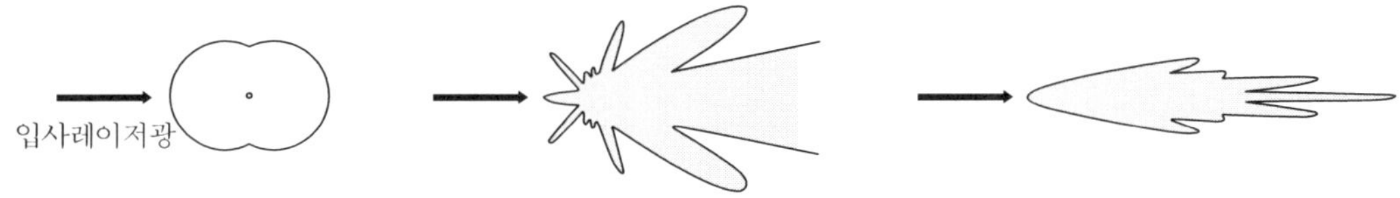

(a) $\alpha \ll 2$, Rayleigh 산란　(b) $2 < \alpha < 10$, Mie 산란　(c) $10 \ll \alpha$, Fraunhofer 회절

그림 2.16 **입자에 의한 광산란 패턴**($\alpha = \pi x/\lambda$)

입자경이 μm에서 nm 단위($x \approx \lambda$)에서는, 빛은 입자경의 증대와 함께 보다 전방으로 많이 산란하게 되며, 복잡한 산란패턴을 그린다. 이 영역의 산란패턴은 Mie 식으로만 나타낼 수 있다. 입자경이 mm에서 μm 단위($\lambda \ll x$)가 되면, 산란현상은 기하광학적인 Fraunhofer 회절현상으로서 포착되어 좁은 각도에서 전방으로만 산란된다.

입자경이 nm 단위의 영역($x \ll \lambda$)이 되면, 빛은 모든 방향으로 점대칭 모양으로 산란되고, 그 강도분포는 버드나무 모양이 된다. 버드나무 형태는 서로 닮아 크기만이 입자경에 따라 다르므로, 산란광의 강도분포는 복잡한 Mie 식보다는 Rayleigh 식으로 나타내는 것이 편리하다. 이 영역에서는 산란패턴(버드나무 형태)이 변화하지 않기 때문에, 입자가 커지거나 입자 수가 늘어나도 동등하게 산란광의 강도가 증대할 따름으로, 단지 산란광의 강도분포를 측정하는 것 만으로는 입자경을 식별할 수 없고, 편광성분으로 나누거나 파장이 다른 복수의 광원을 사용하는 등의 변화가 필요하다.

장치의 구성 예를 그림 2.17에 나타낸다. 측정기종에 따라 다르지만, 기본적인 산란광 검출부, 분산조 및 연산처리부로 구성되어 있다. 광원으로는 출력 수 mW의 단일파장 He-Ne 혹은 반도체 레이저가 사용되고 있다.

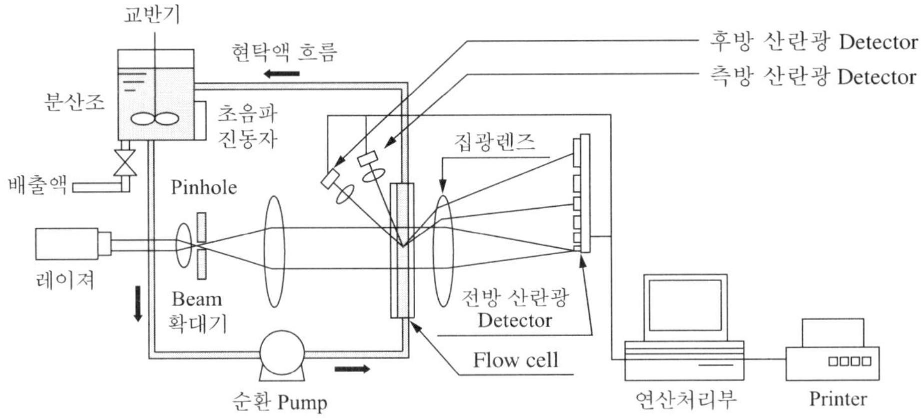

그림 2.17 **레이저 회절산란법의 장치구조 예**

본 측정원리에서는, 측정 상한은 2~3 mm, 하한이 수십 nm 정도까지의 측정이 가능하다. 분산조에는 입자의 재응집을 방지하기 위해, 초음파분산기나 초음파프로브가 내장되어 있다. 산란광 강도는 수백 회에서 수천 회 검출되고, 그 산란광 강도분포 패턴의 평균치를 회절 또는 산란 이론에 의해 해석하여 입자경분포가 출력됨에 따라, 레이저 회절・산란법은 높은 재현성을 보인다.

대부분의 장치는 습식측정이 표준으로 되어 있지만, 건식측정도 가능하다. 본 원리에서는 시료입자의 굴절률이 필요하지만, 굴절률이 미지인 시료에 대해서는 추정법[14,15]이 제안되어 있다. 본 방법은 재현성이 좋고, 측정 시에 시료의 분산을 동시에 행할 수 있다. 측정시간이 짧고, 조작이 간단, 측정의 자동화가 용이함 등의 이유로 입자경분포의 측정에 가장 많이 이용되고 있다.

전기적 검지대법 : 전기적 검지대법은 전기적 검지법 또는 소공통과법으로도 불린다. 그 측정원리는, 그림 2.18에 보인 것처럼 전해질로 채워진 소공(세공)의 전기저항이 소공 내 전해질양에 대응하여 변화하는 것을 이용하고 있다. 소공 내에 체적 v_p인 입자가 있으면, v_p인 전해질이 배제되므로 전기저항이 ΔR 만큼 증대한다. ΔR과 v_p는 비례관계에 있고, 소공을 정전류 회로에 연결하면 입자의 체적은 전압변화 ΔE로서 검출된다. ΔE와 v_p의 직선성이 유지

되는 것은, 입자 단면적이 소공 단면적의 40% 까지이다. 또한, 입자 단면적이 2% 이하에서는 전압변화가 노이즈로 숨어버린다. 따라서, 하나의 소공에서 측정할 수 있는 범위는 소공의 2∼40%인 크기의 입자이다. 현재 시판되고 있는 측정용 세공경은 15∼2000μm이다. 본 측정의 특징은, 입자 체적을 μm 단위까지 한 개 한 개 측정할 수 있는 점으로 엄밀한 입도 관리가 가능하다. 두 번째 특징은, 측정에 임하여 어떤 입자 물성을 필요로 하지 않는 점이다. 따라서, 완전히 미지의 시료, 밀도나 굴절률이 다른 혼합시료도 측정할 수 있다.

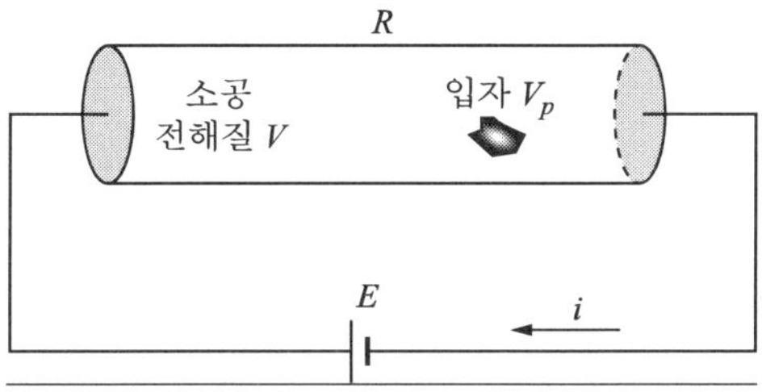

그림 2.18 **전기적 검지대법 측정원리**

현미경법(화상해석법) : 광학현미경 또는 전자현미경 등에 의한 2차원 상으로부터 입자경이 측정된다. 화상해석법에서 측정되는 주된 입자경에는, 표 2.1에 나타낸 면적원 상당경, Feret 경, Martin 경 등이 있다. 이 방법은 입자의 크기 뿐 아니라, 입자의 형상이나 응집상태 등 갖가지 기하학적인 정보를 얻을 수 있는 장점을 갖고 있다. 그러나, 입자의 편석이나 겹침이 없는 화상을 얻기란 그렇게 간단하지 않고, 또한 입자경분포가 넓은 분체에서는 피사체 심도와의 관계로 초점이 맞지 않는 입자가 나오는 등 문제도 많다. 게다가 통계적인 오차가 문제가 되므로, 가능한 한 많은 입자를 측정할 필요가 있고, 측정에는 시간이 걸린다.[16,17)]

큰 입자에 대해서는 3 방향으로부터의 화상을 촬영하여, 3차원적인 입자경이나 형상을 구하는 시도도 행해지고 있다.[18,19)]

광자 상관법(동적 광산란법) : 액체 중에 분산해 있는 입자는 입자경이 작을수록 활발한 브라운 운동을 한다. 따라서, 브라운 운동을 하고 있는 입자에 빛을 조사한 경우 얻어지는 산란광은 입자의 확산거동, 즉 입자경에 의존한 동요를 보인다. 광자상관법은 이 동요를 가진 산란광으로부터 입자경을 구하는 방법이다. 입자경분포가 좁은 초미립자의 측정에 이용되고 있다(4.1.11「브라운 확산과 영동」 참조).

그 밖의 측정방법 : 그 밖의 측정법으로서는, 빛이 입자로 인해 차단되는 시간이나 면적으로부터 입자경을 구하는 차광법, 액 중에 분산한 입자에 초음파를 입사하여, 입자로 인해 음파가 산란·흡수된 감쇠량을 측정함으로써, 입자경을 구하는 초음파 감쇠 분광법 등이 있다.[10,11)]

3) 입자경분포의 표시

일반적으로 입자경분포는 어느 입자경보다 작은 입자의 비율을 나타내는 적산분포 $Q(x)$, 어느 입자경 범위에 드는 입자의 비율을 나타내는 히스토그램 $\bar{q}(x)$, $Q(x)$를 x로 미분한 밀도(빈도) 분포 $q(x)$로 표시된다. 이들 간에는 다음 식의 관계가 있고, 서로 환산할 수 있다.

$$Q(x) = \int_0^x q(x)dx \tag{2.18}$$

$$\bar{q}_i(x) = \frac{Q(x_{i+1}) - Q(x_i)}{x_{i+1} - x_i} = \frac{\Delta Q_i(x_i)}{\Delta x_i} \tag{2.19}$$

$$q(x) = \frac{dQ(x)}{dx} \tag{2.20}$$

$Q(x)$, $\bar{q}(x)$, $q(x)$는 입자경의 범위에 상응해서 입자경은 그림 2.19, 2.20에 보인 것과 같이, 보통 눈금 혹은 대수 눈금으로 표시된다. 보통 눈금인 경우 $Q(x)$, $\bar{q}(x)$, $q(x)$의 차원은 각각 $[-]$, $[m^{-1}]$, $[m^{-1}]$이 된다. 대수 눈금인 경우 $Q(x)$, $\bar{q}(x)$, $q(x)$는 $Q^*(\ln x)$, $\bar{q}^*(\ln x)$, $q^*(\ln x)$로 고쳐져서 차원은 전부 무차원이 된다. 식 (2.18)~(2.20)은 다음과 같이 된다.

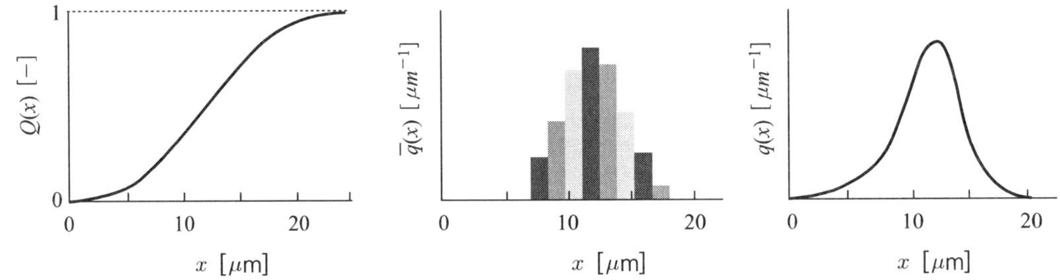

(a) 적산분포 (b) Histogram (c) 밀도분포

그림 2.19 **통상 좌표에 의한 표시법**

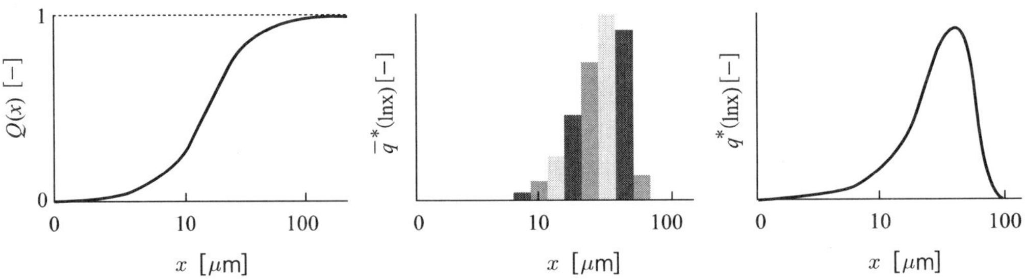

(a) 적산분포 (b) Histogram (c) 밀도분포

그림 2.20 **로그 좌표에 의한 표시법**

$$Q(x) = Q^*(\ln x) = \int_0^{\ln x} q^*(\ln x) d\ln x = \frac{1}{x}\int_0^{\ln x} q^*(\ln x) dx \tag{2.21}$$

$$\overline{q^*}(\ln x) = \frac{Q(\ln x_{i+1}) - Q(\ln x_i)}{\ln x_{i+1} - \ln x_i} = \frac{\Delta Q_i^*(\ln x)}{\ln(x_{i+1}/x_i)} \tag{2.22}$$

$$q^*(\ln x) = \frac{dQ^*(\ln x)}{d\ln x} = \frac{xdQ^*(\ln x)}{dx} \tag{2.23}$$

입자의 존재 비율은, 질량 기준 $q_3(x)$가 개수 기준 $q_0(x)$로 표시되는 것이 대부분이다. $q_0(x)$에서 $q_3(x)$로의 환산은, 입자의 모양을 구로 가정하고 밀도를 ρ_p로 하면 다음 식으로 주어진다.

$$q_3(x) = \frac{q_0(x)\rho_p \frac{\pi}{6} x^3}{\int_0^\infty q_0(x)\rho_p \frac{\pi}{6} x^3 dx} = \frac{q_0(x) x^3}{\int_0^\infty q_0(x) x^3 dx} \tag{2.24}$$

질량 기준과 개수 기준이 일반적이지만, 표면적 기준, 길이 기준의 분포를 사용하기도 한다. 질량(체적), 면적, 길이, 개수는 각각 입자경의 3, 2, 1, 0승에 비례하므로, 예를 들어 적산분포에서는 각각 Q_3, Q_2, Q_1, Q_0로 나타내고, 일반적으로는 Q_r로 표시하도록 되어있다.

입자경분포를 어떤 분포함수로 나타낼 수 있으면 편리하다. 그러나, 다종다양한 입자경분포를 정확히 나타내는 간단한 분포함수는 존재하지 않는 것이 현실이다. 지금까지 널리 사용되어 온 분포함수를 아래에 나타낸다(3.1.1 「단일입자 파쇄」 참조).

대수정규분포(log－normal distribution) : 수학적으로 가장 기본이 되는 분포함수는 정규분포(normal distribution)이다. 정규분포는 평균치를 중심으로 하여 좌우대칭인 분포이므로, 독립변수는 음(－) 값을 취한다. 입자경이 음(－) 값은 없기 때문에, $\ln x$의 정규분포인 대수정규분포식 (2.25)가 일반적인 분체에 이용된다.

$$Q(\ln x) = \frac{1}{\sqrt{2\pi}\, ln\sigma_g}\int_0^{\ln x} \exp\left\{-\frac{(\ln x - \ln x_{0.5})^2}{2\ln^2\sigma_g}\right\} d(\ln x) \tag{2.25}$$

여기서, $x_{0.5}$는 $Q(\ln x)=0.5$가 되는 입자경이다. σ_g는 기하표준편차라 불리며, $Q(\ln x)=0.159$, 0.841이 되는 입자경을 각각 $x_{0.159}$, $x_{0.841}$이라 하면 다음 식으로 주어진다.

$$\sigma_g = \frac{x_{0.841}}{x_{0.5}} = \frac{x_{0.5}}{x_{0.159}} \tag{2.26}$$

또한, 식 (2.25)가 직선으로 해서 표시할 수 있는 대수정규확률선도(그림 2.21)가 있고, 식 (2.26)의 기하표준편차를 그래프 상에서 구할 수 있다.

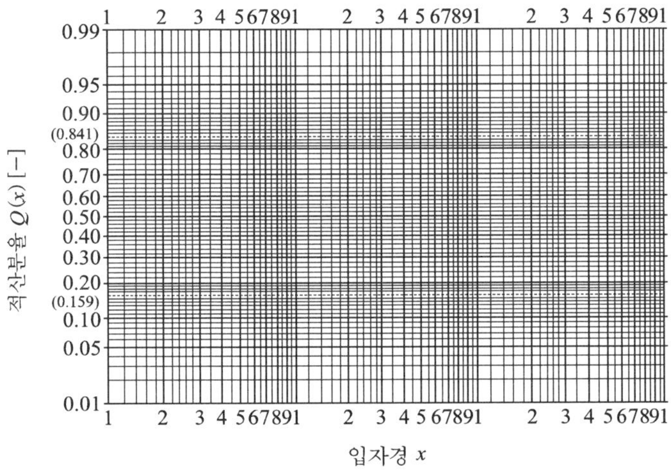

그림 2.21 Log 좌표 정규 확률 그래프

또한, $x_{0.5}$, σ_g는 다음 식에서도 산출할 수 있다.

$$\ln x_{0.5} = \frac{\Sigma(n \ln x)}{\Sigma n}, \ln \sigma_g = \sqrt{\frac{\Sigma\{n(\ln x - \ln x_{0.5})^2\}}{\Sigma n}} \tag{2.27}$$

질량 기준의 입자경분포가 대수정규분포로 표시되면, 개수 기준의 분포도 역시 대수정규분포가 된다. 기하표준편차 σ_g는 동시에 같고, $Q_3(\ln x)=0.5$인 입자경 $x_{M0.5}$, $Q_0(\ln x)=0.5$인 입자경 $x_{N0.5}$는 다음 식으로 관계 지어진다.

$$x_{M0.5} = x_{N0.5} \exp(3 \ln^2 \sigma_g) \tag{2.28}$$

또한 단위체적당 표면적인 비표면적 S_v는 다음 식에서 계산할 수 있다.

$$S_v = \frac{6}{x_{M0.5}} exp\left(\frac{1}{2} ln^2 \sigma_g\right) \tag{2.29}$$

고던－슈만(Gaudin－Schuhmann) 분포 : 다음 식으로 정의되는 분포식이며, 종종 줄여서 G－

S 분포식으로도 불린다.

$$Q(x) = \left(\frac{x}{x_{\max}} \right)^m \tag{2.30}$$

m은 분포지수, $x_{\max}$는 최대입자경으로 입도계수라 불린다. m 값이 작을수록 분포의 폭은 넓어진다. 1에 가까운 값을 취하는 분체가 많다. 식 (2.30)은 양대수지 상에서 직선이 되고, 그 기울기로부터 m 값이 구해지며, $x_{\max}$는 $Q(x)=1$이 되는 값으로서 구해진다.

로진－람러(Rosin－Rammler) 분포 : 로진과 람러는 석탄 등의 분쇄산물(분쇄생성물)의 입자경 분포를 광범위하게 조사하여 분포함수로서 다음 식을 제안했다. 식 (2.31)은 간략히 R－R 분포식으로 불리기도 한다.

$$Q(x) = 1 - \exp(-bx^n) = 1 - \exp\left\{ -\left(\frac{x}{x_e} \right)^n \right\} \tag{2.31}$$

여기서 n은 균등수, x_e는 입도특성수라 하며, $Q(x)=0.632$가 될 때의 x 값이다. 또한 그림 2.22에 식 (2.31)이 직선으로 표시할 수 있는 로진－람러 선도를 보였지만, 시판 와이블(Weibull) 확률지를 사용할 수도 있다. 고딘－슈만 분포식과 로진－람러 분포식은 분쇄의 추이를 나타내는데 널리 이용되고 있다.[20,21]

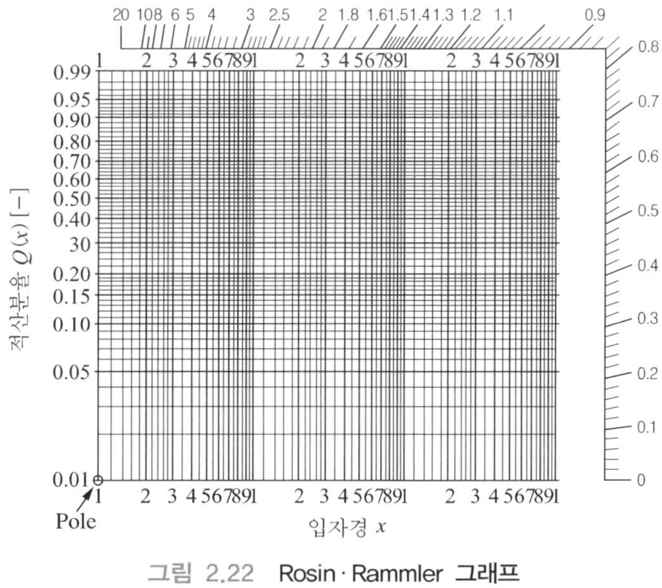

그림 2.22 Rosin·Rammler 그래프

4) 분포를 대표하는 입자경

입자경분포가 영향을 주는 분체현상을 설명할 경우, 복잡한 입자경분포를 이용하는 대신에 그 분포를 대표하는 입자경을 이용할 수가 있다.

적산분포가 0.5가 되는 입자경 $x_{0.5}$를 50% 경, 메디안경(median diameter) 혹은 중위경이라 부르며 널리 이용되고 있다. 분쇄에 요하는 일량을 예측할 경우에는, 분쇄 전후의 입자경분포를 대표하는 입자경으로서 80% 경을 이용하며[22], 시멘트공업 등의 제품관리에 사용되고 있다[23].

또한, 입도분포의 최대치를 주는 입자경은 모드경(mode diameter) 혹은 최빈도경이라 불린다.

5) 평균입자경(mean particle diameter)

입자경 x_1, x_2, x_3, $\cdots$, x_n인 입자가 각각 n_1, n_2, n_3, $\cdots$, n_n개, 총수로 N개 있을 때, 산술평균경 $\overline{x_a}$, 기하평균경 $\overline{x_g}$, 조화평균경 $\overline{x_h}$ 값은 각각 다음 식으로 주어진다.

$$\text{산술평균 ; } \overline{x_a} = \frac{n_1x_1 + n_2x_2 + n_3x_3 + \cdots + n_nx_n}{N} = \sum_{i=1}^{n} \frac{n_i}{N} x_i \tag{2.32}$$

$$\text{기하평균 ; } \log \overline{x_g} = \frac{n_1 \log x_1 + n_2 \log x_2 + n_3 \log x_3 + \cdots + n_n \log x_n}{N}$$

$$= \sum_{i=1}^{n} \frac{n_i}{N} \log x_i,$$

$$\therefore \overline{x_g} = (x_1^{n_1} x_2^{n_2} x_3^{n_3} \cdots x_n^{n_n})^{1/N} = \left(\prod_{i=1}^{n} x_i^{n_i} \right)^{1/N} \tag{2.33}$$

$$\text{조화평균 ; } \frac{1}{\overline{x_h}} = \frac{\dfrac{n_1}{x_1} + \dfrac{n_2}{x_2} + \dfrac{n_3}{x_3} + \cdots + \dfrac{n_n}{x_n}}{N} = \sum_{i=1}^{n} \frac{n_i}{N} \frac{1}{x_i},$$

$$\therefore \overline{x_h} = \frac{N}{\dfrac{n_1}{x_1} + \dfrac{n_2}{x_2} + \dfrac{n_3}{x_3} + \cdots + \dfrac{n_n}{x_n}} = \frac{1}{\displaystyle\sum_{i=1}^{n} \frac{n_i}{N} \frac{1}{x_i}} \tag{2.34}$$

입자경 x_i의 질량을 w_i, 전질량을 W라 하면, 질량 기준의 평균입자경은, 식 (2.32)~(2.34)의 n_i / N을 질량 w_i / W로 치환해서 주어진다.

입자경 x의 밀도분포함수 $q_r(x)$가 주어질 경우 산술평균경, 기하평균경, 조화평균경 값은 각각 다음 식으로 주어진다.

산술평균 ; $\overline{x_a} = \int_0^\infty x q_r(x) dx$ (2.35)

기하평균 ; $\log \overline{x_g} = \int_0^\infty \log x \cdot q_r(x) dx,$

$\therefore \overline{x_g} = 10^{\int_0^\infty \log x \cdot q_r(x) dx}$ (2.36)

조화평균 ; $\frac{1}{\overline{x_h}} = \int_0^\infty \frac{1}{x} q_r(x) dx,$

$\therefore \overline{x_h} = \frac{1}{\int_0^\infty \frac{1}{x} q_r(x) dx}$ (2.37)

같은 방법으로, 평균체적경, 평균표면적경은 다음 식으로 주어진다.

평균체적경 ; $\overline{x_v^3} = \int_0^\infty x^3 q_r(x) dx$ (2.38)

평균표면적경 ; $\overline{x_s^2} = \int_0^\infty x^2 q_r(x) dx$ (2.39)

따라서 일반적으로, 입자경 x의 밀도분포함수가 $q_r(x)$로 표기되어, 식 (2.35)에서 (2.39)의 x, $\log x$, $1/x$, x^3, x^2 등을 x의 정의함수 $f(x)$라 하면, 평균입자경 $\overline{x}$는 다음 식으로 주어진다.

$$f(\overline{x}) = \int_0^\infty f(x) q_r(x) dx \tag{2.40}$$

예제 2.3

어떤 분체의 입자경분포를 측정하여 이하의 데이터를 얻었다. 이하의 문제에 답하라.

x[μm]	10	20	40	60	80	100
$Q(x)$[−]	0.06	0.14	0.30	0.47	0.64	0.86

1) Gaudin−Schuhmann 분포식에 따른다고 하여, 분포지수와 최대입자경을 구하라.
2) 밀도분포 $q(x)$를 구하라.
3) 메디안경[μm]을 구하라.
4) 80% 통과 입자경[μm]을 구하라.

해답

1) 식 (2.30)의 대수를 취하면, $\log Q(x) = m(\log x - \log x_{\max})$. $\log x$에 대하여 $\log Q(x)$를 플롯하면, 최소 2승법에 의해 근사한 회귀직선의 기울기로부터 $m = 1.14$, $x_{\max} = 116\ \mu$m을 얻는다.

2) $q(x) = \dfrac{dQ(x)}{dx} = m\left(\dfrac{1}{x_{\max}}\right)^m x^{m-1}$ 로부터 ,$q(x) = 1.14 \times \left(\dfrac{1}{116}\right)^{1.14} \times x^{0.14}$

$= 5.05 \times 10^{-3} \times x^{0.14}$

3) $0.5 = \left(\dfrac{x_{0.5}}{116}\right)^{1.14}$ 로부터, $x_{0.5} = 63.1\,\mu$m

4) $0.8 = \left(\dfrac{x_{0.8}}{116}\right)^{1.14}$ 로부터, $x_{0.8} = 95.4\,\mu$m

2.2.2 비표면적(specific surface area)

분체의 표면이 관여하는 현상으로서는 계면반응, 용해, 추출, 융해, 분체표면에의 흡착, 물질이나 열의 이동이 있다. 이러한 현상을 취급할 경우, 분체의 미세함을 나타내기 위해서는 입자경분포보다 비표면적을 사용하면 편리하다.

비표면적의 정의에는 단위체적당 표면적 S_v[m^{-1}]와 단위질량당 표면적 S_w[m^2/kg]가 있다. 일반적으로는 체적에 비해 질량의 측정이 간단하기 때문에, 질량 기준의 비표면적 S_w가 사용되는 경우가 많다. 입자 밀도 ρ_p에 의해 두 비표면적은 다음 식으로 관계 지어진다.

$$S_v = \rho_p S_w \tag{2.41}$$

분체의 입자경분포가 주어질 경우는, 아래와 같이하여 비표면적의 계산도 할 수 있다. 입자의 밀도를 ρ_p라 하고, 비표면적 형상계수는 ψ로 입자경과 무관하게 일정하다고 한다. 입자경 x_i인 입자 1개의 질량 기준의 비표면적 S_{wi}는 다음 식이 된다.

$$S_{wi} = \frac{\psi}{\rho_p} \cdot \frac{1}{x_i} \tag{2.42}$$

입자경 x_i의 구간 폭을 Δx_i, 그 히스토그램을 $\overline{q_3}(x_i)$라 하면, 분체의 비표면적 S_w는 다음 식에서 산출할 수 있다.

$$S_w = \sum_{i=1}^{n} S_{wi}\overline{q_3}(x_i)\Delta x_i = \frac{\psi}{\rho_p}\sum_{i=1}^{n}\frac{\overline{q_3}(x_i)\Delta x_i}{x_i} \tag{2.43}$$

밀도분포함수 $q_3(x)$가 주어져 있을 경우는 다음 식이 된다.

$$S_w = \frac{\psi}{\rho_p}\int_0^{\infty}\frac{q_3(x)}{x}dx \tag{2.44}$$

분체 표면적의 측정에는 공기투과법, 흡착법, 침지열법 등이 있지만, 여기서는 널리 이용되고 있는 공기투과법과 흡착법에 대하여 언급한다.

공기투과법 : 그림 2.23에 나타냈듯이 분체를 공간율 $\varepsilon[-]$, 두께 L[m]로 충전하고, 이 분체층에 공기를 투과할 때 유속 u[m/s]와 압력 ΔP[Pa]의 관계는, 체적 기준의 비표면적을 $S_v[\mathrm{m}^{-1}]$라 하면 다음의 Kozeny－Carman 식으로 구할 수 있다(5.2.3「분체층의 유체투과」 참조).

$$u = \frac{1}{5}\cdot\frac{\epsilon^3}{(1-\epsilon)^2}\cdot\frac{1}{S_v^2}\cdot\frac{\Delta P}{\mu L} \tag{2.45}$$

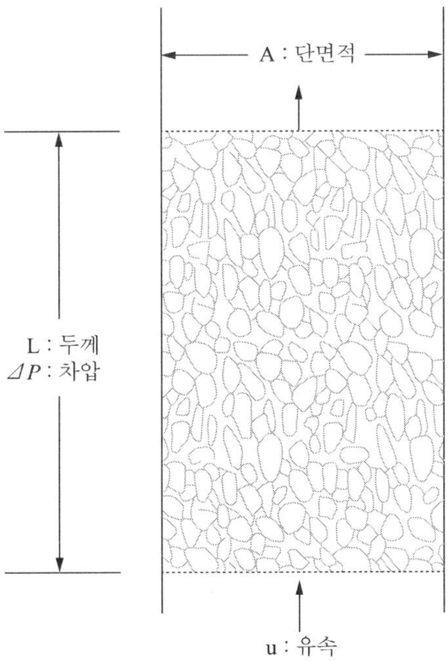

그림 2.23 **투과법에 의한 비표면적 측정**

여기서, μ[Pa·s]는 공기의 점도이다. 또한, 유속 u를 분체층의 단면적 A[m^2], 시간 t[s], 투과한 공기유량 Q[m^3]로 나타내고, 식 (2.41)의 관계를 대입하면 비표면적 S_w를 구할 수 있다.

$$S_w = \frac{1}{\rho_p}\left\{\frac{\epsilon^3}{(1-\epsilon)^2}\cdot\frac{\Delta PAt}{5\mu LQ}\right\}^{0.5} \tag{2.46}$$

입자가 작아지면 분체층의 유로 폭이 기체분자의 평균자유행정에 가까워지고, 공기가 연속체로 간주되지 않기 때문에, Kozeny－Carman 식이 성립되지 않는다. 따라서 측정치에 정확성이 결여되고, 일반적으로는 입자경이 1 μm 이상, 비표면적이 10^3 [m^2/kg] 단위 이하의 측정에 사용되고 있다. 그림 2.24에 대표적인 장치를 예시하였다.

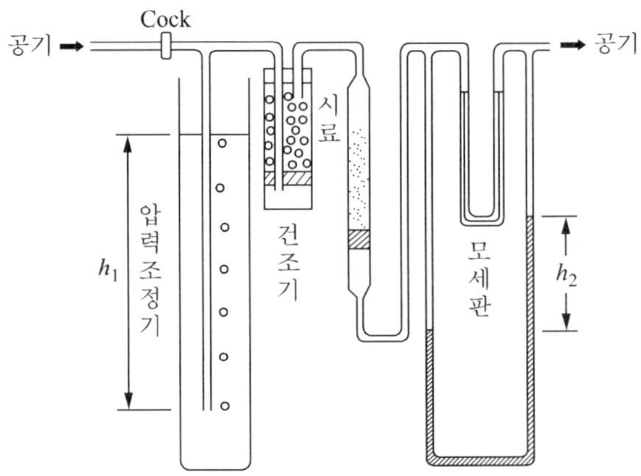

그림 2.24 **공기투과법에 의한 측정장치(sub－sieve sizer)**

예제 2.4

직경이 2.5 cm이고 깊이가 2 cm인 원통에 입자 밀도가 2.5×10^3 [kg/m^3]인 분체를 충전했더니 공간율은 0.389였다. 이 분체층을 100 cm^{3}의 공기(점도 : 1.8×10^{-5} Pa·s)가 투과하는데 27초를 요했다. 단, 압력손실은 1.96 kPa이었다. 다음의 문제에 답하라.

1) 이 분체의 비표면적은 얼마인가?

2) 입자를 구로 가정했을 때 비표면적경은 얼마가 될까?

해답

1) $$S_w = \frac{1}{2.5\times10^3}\left\{\frac{0.389^3}{(1-0.389)^2}\,\frac{1.96\times10^3\times4.91\times10^{-4}\times27}{5\times1.8\times10^{-5}\times2\times10^{-2}\times100\times10^{-6}}\right\}^{1/2}$$

$$= 60.3\,[\mathrm{m^2/kg}]$$

또는, $S_v = 60.3\times2.5\times10^3 = 1.51\times10^5\,[\mathrm{m^{-1}}]$

2) $x_s = \frac{6}{S_v} = \frac{6}{1.51 \times 10^5} = 3.98 \times 10^{-5}[\mathrm{m}] = 39.8[\mu\mathrm{m}]$

흡착법 : 입자표면에 크기가 주어진 분자(N_2 가스를 이용하는 경우가 많다)를 그 비점온도에서 흡착시켜, 그 흡착량으로부터 분체의 표면적을 구하는 방법이다. 일반 분체에 있어서는 다분자층 흡착모델인 소위 B. E. T 식(Brunauer, Emmett, Teller)이 사용된다. 다분자층 흡착모델은 그림 2.25에 나타냈듯이, 장소에 따라 흡착분자층 수가 다르고, 총 흡착가스량 $V[\mathrm{m}^3]$와 가스압력 P[Pa]의 관계는 다음 식으로 표현된다.[24)]

$$\frac{P}{V(P_0 - P)} = \frac{1}{V_m C} + \frac{C-1}{V_m C} \cdot \frac{P}{P_0} \tag{2.47}$$

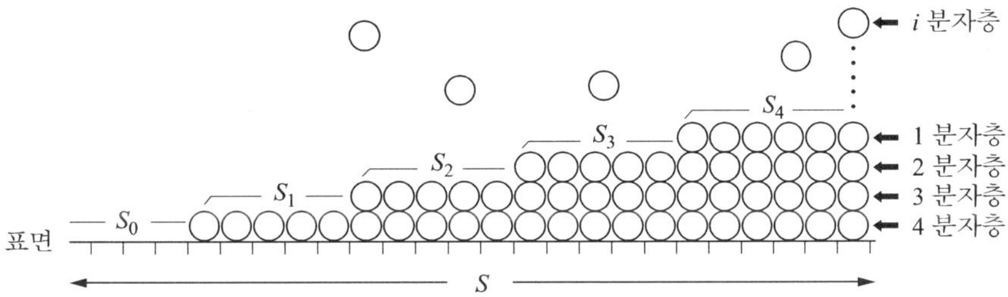

그림 2.25 B. E. T 다분자 흡착층 Model

여기서 P_0는 흡착가스의 포화증기압, V_m은 기체분자가 입자 표면에서 단분자층을 형성했을 때의 흡착량, C는 상수이다. 식 (2.47)의 좌변을 P/P_0에 대해 플롯하면 직선이 되고, 직선의 기울기와 절편으로부터 V_m과 정수 C를 구할 수 있다. 식 (2.47)은 P/P_0가 0.05~0.35의 범위에서 성립한다. 이 V_m을 표준상태의 체적 V_N으로 환산하고, 흡착 가스분자의 전유면적을 $a\,[\mathrm{m}^2]$(N_2에서는 $0.162 \times 10^{-18}\mathrm{m}^2 = 0.162\ \mathrm{nm}^2$)이라 하면, W[kg]인 분체시료의 비표면적 $S_w[\mathrm{m}^2/\mathrm{kg}]$는 다음 식으로 주어진다.

$$S_w = \frac{1}{W} a N_A \frac{V_N}{22.4 \times 10^{-3}} \tag{2.48}$$

여기서, N_A는 아보가드로수(6.02×10^{23}/mol)이다. 가스 흡착법은 단위질량당 흡착면적이 적은 큰 입자에서는 측정오차가 생기기 쉬우므로, 어림잡아 입자경이 1 μm보다 작은 분체, 비표면적으로 $10^3\ \mathrm{m}^2/\mathrm{kg}$ 단위보다 큰 비표면적을 가진 분체의 측정에 사용된다.

식 (2.47)의 상수 C는 질소 비점에서의 질소 혹은 아르곤 흡착의 경우에서는 상당히 큰 값이 된다. 따라서, 식 (2.47)은 $C \to \infty$일 때 근사적으로 다음 식이 된다.

$$\frac{P}{V(P_0 - P)} = \frac{1}{V_m} \cdot \frac{P}{P_0} \tag{2.49}$$

식 (2.49)에서 1조의 P와 V의 측정치로부터 V_m을 산출할 수 있다. 이렇게 해서 측정하는 방법을 일점법이라 부른다. 그에 대하여, 복수조의 데이터로부터 비표면적을 구하는 방법을 다점법이라 부른다.

침지열법은 입자표면이 액체에 접촉했을 때 발생하는 열량으로부터 비표면적을 측정하는 방법이다.

예제 2.25

질소 비점온도(−195℃)에서 시료분체 2.19 g에의 질소 흡착 실험을 행한 결과, 상대압 P/P_0가 0.1에서의 질소 흡착량은 0.6 mL, 0.2에서의 흡착량은 0.7 mL이었다. 다점법을 이용해서 이 분체의 비표면적을 구하라. 단, 질소의 흡착 단면적은 0.162 nm^2으로 한다.

해답

상대압 P/P_0가 0.1에서의 $1/V\{1-(P/P_0)\}$ 값은 $1.85\times10^5\ m^{-3}$, 0.2에서의 값은 $3.57\times10^5\ m^{-3}$이 된다. 다점법(이 경우는 2점)에서는 식 (2.47)에 2조의 P/P_0와 $1/V\{1-(P/P_0)\}$ 값을 대입하여 얻어지는 2가지 식을 연립해서 풀면, V_m 값 $5.77\times10^{-7}\ m^3$과 C 값 130이 얻어진다. 이 V_m 값을 표준상태로 환산하면 $V_m = 5.77\times10^{-7}\times273/78 = 2.02\times10^{-6}\ m^3$이 된다. 이 값을 식 (2.48)에 대입하여 계산하면, 구하는 비표면적 S_w 값은 4.02×10^3 [m^2/kg]이 된다.

2.2.3 입자 충전구조

1) 규칙충전과 랜덤충전

입자의 충전구조는 분체층 내에서 입자가 어떠한 기하학적 배열을 하고 있는지를 나타내는 것으로, 규칙충전(regular packing)과 랜덤충전(random packing)으로 대별된다. 규칙충전은 입자가 일정 간격으로 같은 모양의 배열을 반복해 있을 경우로, 그 최소단위를 유니트 셀이라 부른다. 균일구의 대표적인 6종류의 유니트 셀을 그림 2.26에 나타냈다.[25] 규칙충전에서는 각 입자의 위치나 공간율, 배위수 등의 값을 기하학적으로 계산할 수 있지만, 특히 미립자일 경우에는 현실적으로 완전한 규칙충전구조를 만들기란 어렵다.

그림 2.27에 나타낸 랜덤충전의 예에서는 배열에 방향성이나 주기성이 없고, 입자 배열이 장소에 따라 전부 다르기 때문에, 유니트 셀로는 표현할 수 없고 통계적인 표현법이 필요하게 된다. 또한, 규칙충전과 랜덤충전이 혼재하거나 양자의 중간적인 배열구조를 취할 경우가 있으며, 이러한 충전층에 대하여는 규칙충전과 랜덤충전을 조합해서 표현할 필요가 있다.

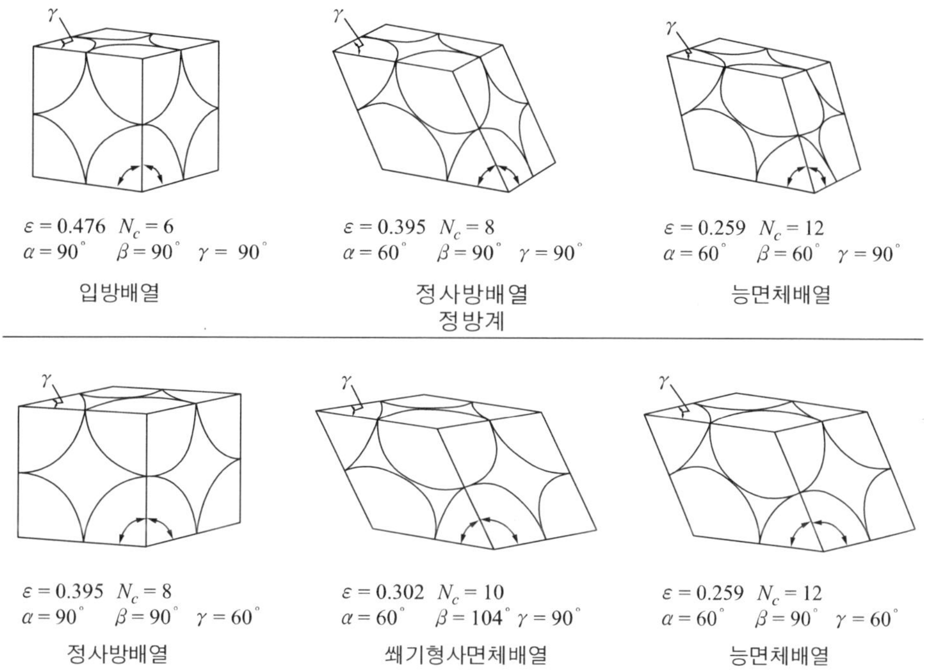

그림 2.26 **균일구 규칙 육방계(단사방계) 충전의 대표적 unit cell**

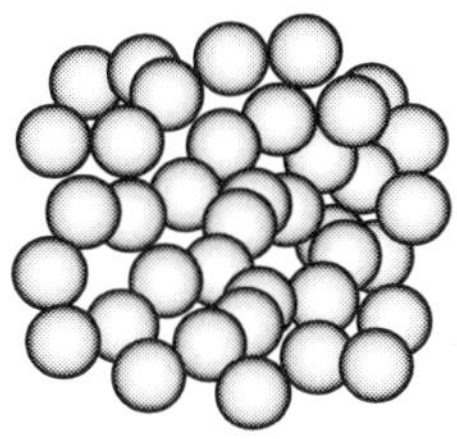

그림 2.27 **균일구 Random 배열의 예**

2) 공간율

분체층 내 입자간 공간체적의 비율을 공간율 $\varepsilon[-]$(void fraction)이라 부르며 식 (2.50)으로부터 산출한다. 공간율은 0~1의 값을 취하고, 밀충전 될수록 공간율 값은 감소한다. 이 공간율은 가장 간단한 충전구조의 표현법이지만, 다수 입자가 집합한 경우의 평균적인 값이며, 개개 입자의 배열상태를 나타낼 수는 없다. 그림 2.26에 나타낸 균일구의 규칙충전일 경우, 공간율은 입방 배열에서 0.476, 정사방 배열에서 0.395, 쐐기형 사면체 배열에서 0.302, 최밀충전(능면체 배열)에서 0.259가 됨을 기하학적으로 구할 수 있다. 또한, 입자 내의 세공도 포함한 공간비율을 공극율(porosity)이라 부르는 경우가 있지만, 세공이 없는 입자에서는 공간율과 일치한다.

$$\epsilon = 1 - \frac{\rho_b}{\rho_p} = 1 - \frac{M}{\rho_p V} \tag{2.50}$$

여기서 ρ_b[kg/m^3]는 후술하는 분체층의 겉보기밀도, ρ_p[kg/m^3]는 분체층의 입자 밀도, M [kg]은 충전된 분체 질량, V [m^3]는 분체층의 겉보기체적이다. 또한, 충전상태를 나타내는 데에 분체층 내의 입자 체적비율을 나타내는 충전율 $1-\varepsilon$(packing fraction)을 이용하는 경우도 있다. 그리고 입자 체적에 대한 공간체적의 비를 공간비, e[−](void ratio)라 부른다. 공간율 ε과 e 사이에는 다음식이 성립한다. 또한, 입자 내의 세공도 포함한 공간비를 공극비라 부르는 경우가 있다.

$$e = \frac{\epsilon}{1-\epsilon} \tag{2.51}$$

입자 충전층 단위체적당 질량은 부피밀도(bulk density) 혹은 겉보기밀도, ρ_b(apparent density)이고, 입자간의 공간도 포함한 밀도이므로, 같은 분체에서도 충전상태에 따라 다른 값을 보인다. 겉보기밀도 ρ_b의 측정은 용기에 충전된 분체의 질량을 용기의 내용적으로 나누어 간단히 구할 수 있다.

식 (2.50)에서 정의한 공간율 ε을 사용하면, 겉보기밀도 ρ_b와 입자 밀도 ρ_p 사이에는 다음 식이 성립한다.

$$\rho_b = (1-\epsilon)\rho_p \tag{2.52}$$

이 값을 물의 밀도로 나눈 값이 겉보기비중(apparent specific gravity)이다. 겉보기밀도의 역수가 겉보기비용적(apparent specific volume)이 된다. 이와 같이 분체의 충전성에는 여러 가지 표현법이 있으나 모두 공간율로부터 환산할 수 있으므로, 이하에서는 공간율에 대하여 언급한다.

공간율을 측정하기 위해서는, 분체층의 겉보기체적 V와 질량 M을 측정하면 된다. 공간율은 분체의 충전방법에 따라 바뀌기 때문에, 충전방법을 규정하지 않으면 안 된다. 분체의 소충전방법으로서는 로드나 체를 통해 충전하는 방법, 2중관 인상법, 역전법 등이 있다. 밀충전방법으로서는 탭핑법, 봉찌르기 진동법, 피스톤 가압법, 원심법 등이 있다.

3) 공간율에 대한 입자 물성의 영향

실제의 분체에서는 입자 자체의 무게와 입자간 부착력의 관계로부터 공간율은 입자경에 따라 다르다. 같은 조건에서 충전한 입자경이 균일한 분체층의 공간율 ε은, 그림 2.28에 나타낸 것처럼 분체의 입자경 x가 한계입자경 x_c 이상이면, 입자경에 무관하게 일정치 ε_c를 나타내지만, 그 이하에서는 입자경의 감소와 함께 증가하고, 충전성이 나빠진다. 충전성에 대한 입자경의 영향이 나타나기 시작하는 한계입자경은 분체의 표면상태나 밀도, 분위기 등에 따라 변하지만, 일반적으로 수십 μm~수 mm 범위에 있다. 롤러(Roller)는 이러한 입자경에 따른 충전성의 차이를 다음의 실험식으로 정리했다.[26)]

$$\epsilon = \epsilon_c \ (x_c \le x) \tag{2.53}$$

$$\epsilon = \frac{1}{1+\left(\dfrac{1}{\epsilon_c}-1\right)\left(\dfrac{x}{x_c}\right)^n}, \quad (x \le x_c) \tag{2.54}$$

식 중의 지수 n은 분체의 종류, 분위기나 충전방법에 따라 다르며, 일반적으로 0~1인값을 취한다.

공간율에 대한 입자경분포의 영향에 대해서는, 분포를 대표하는 입자경이 같으면 분포의 폭이 넓어질수록 큰 입자간의 공극에 작은 입자가 끼어들게 되고, 밀충전되어 공간율은 감소하는 경향을 나타낸다.[27)] 그러나, 분체에 따라서는 분포 폭이 너무 넓으면 한계입자경 이하의 충전되기 어려운 미립자의 비율이 증가하므로, 공간율은 분포가 넓어질수록 증가하는 경우도 있다.[28)]

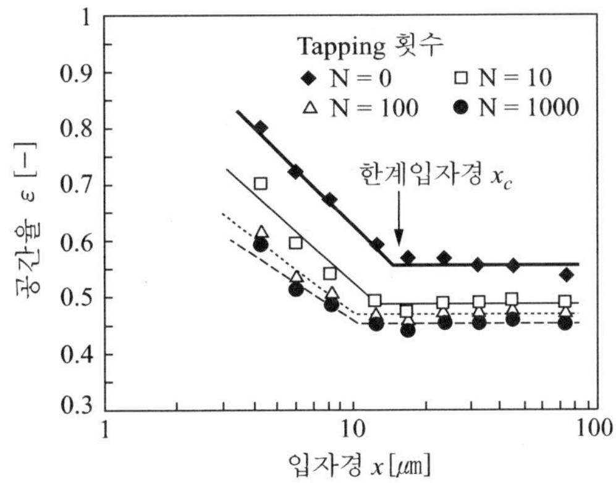

그림 2.28 공간율의 입자경 의존성(fly ash의 tapping 충전 결과)

공간율에 대한 입자 형상의 영향에 대해서는, 구형에 가까운 표면이 매끄러운 입자일수록 밀충전하는 경향이 있다. 특히, 입자 표면의 요철(凹凸)이 크면 입자간 마찰이 증가하고, 유동성이 악화하므로[29] 공간율이 증대한다. 입자 표면의 영향에 대해서는, 표면을 소수화하면 부착성이 저하하고, 충전성이 향상하여 공간율이 감소한다.[30]

4) 배위수

입자 충전층 내 입자 1개의 표면에 존재하는 접촉점 수를 배위수(coordination number)라 부른다. 배위수는 주변의 입자와 몇 개소에서 접촉해 있는지를 나타내고, 분체층의 전열, 전기전도, 역학특성 등을 검토할 시에 중요하다. 그림 2.26에 나타낸 균일구의 규칙충전일 경우에는, 유니트 셀로부터 입방 배열에서 6, 정사방 배열에서 8, 쐐기형 사면체 배열에서 10, 최밀충전에서 12가 됨을 기하학적으로 구할 수 있다.

그림 2.27에 나타낸 것과 같은 랜덤충전일 경우에는, 개개의 입자에 따라 배위수가 다르므로, 배위수의 평균치를 이용할 필요가 있다. 균일구 랜덤충전층의 배위수 N_c를 공간율 ε에서 추정하는 식은 많은 연구자에 의해 제안되어 있다. 그 대표적인 예를 표 2.3에 나타내었다. 이들 식에 의한 계산결과를 그림 2.29에 나타내었지만, 모두 공간율의 증가와 함께 배위수가 감소하는 경향을 보인다. 입자의 배열구조가 상이함에 따라 같은 공간율에서도 배위수는 다른 값을 나타내는 경우가 있으므로, 배열구조에 적합한 추정식을 이용하지 않으면 안된다.[31]

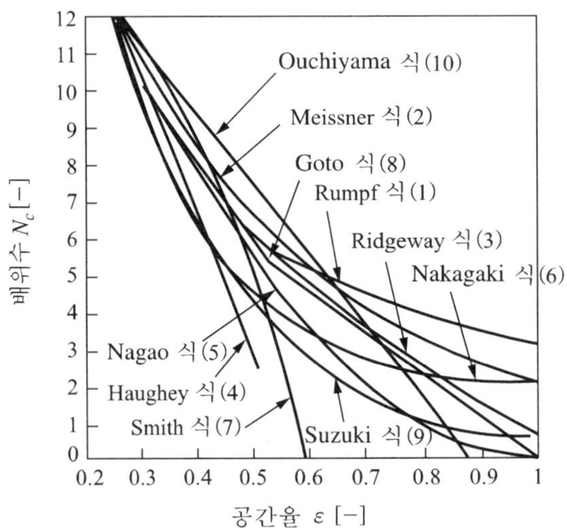

그림 2.29 균일크기 구형입자의 충전층 내 배위수 추정식의 계산결과 (그림 중의 식 번호는 표 2.3의 식 번호와 동일)

표 2.3 균일구 충전층의 배위수 추정식

식	보고자	발표년도
$N_c = 3.1/\epsilon$ 또는 π/ϵ ······ (1)	Rumpf	(1958)
$N_c = 2e^{2.4(1-e)}$ ······ (2)	Meissner, et al.	(1964)
$\epsilon = 1.072 - 0.1193N_c + 0.00431N_c^2$ ······ (3)	Ridgeway, et al.	(1967)
$N_c = 22.47 - 39.39\epsilon$ ······ (4)	Houghey, et al.	(1969)
$N_c = \{8\pi / (0.727^3 \times 3)\}(1-\epsilon)^2$ ······ (5)	Nagao	(1978)
$N_c = 1.61\epsilon^{-1.48}$ ······ $(\epsilon \leq 0.82)$ (6) $N_c = 4.28 \times 10^{-3}\epsilon^{-17.3} + 2$ ······ $(0.82 \leq \epsilon)$	Nakagaki et al.	(1968)
$N_c = 26.49 - 10.73/(1-\epsilon)$ ······ $(\epsilon \leq 0.595)$ (7)	Smith, et al.	(1929)
$N_c = 20.7(1-\epsilon) - 4.35$ ······ $(0.3 < \epsilon \leq 0.53)$ (8) $N_c = 36(1-\epsilon)/\pi$ ······ $(0.53 \leq \epsilon)$	Goto	(1978)
$N_c = \dfrac{2.812(1-\epsilon)^{-1/3}}{(b/D_p)^2\{1+(b/D_p)^2\}}$ ······ (9) $(b/D_p) = 7.318 \times 10^{-2} + 2.193\epsilon - 3.357\epsilon^2 + 3.194\epsilon^3$	Suzuki et al.	(1980)
$N_c = (32/13)(7-8\epsilon)$ ······ (10)	Ouchiyama	(1980)

배위수에 대한 입자경분포의 영향에 대해서는, 한계입자경 이하에서는 50% 입자경이 감소할수록 배위수가 감소하는 경향을 보인다. 한편 50% 입자경은 같고 입자경분포의 폭이 넓어지는 경우에는, 분포 폭이 넓어짐에 따라 공간율은 감소하나 평균 배위수는 그다지 변화하지 않는다. 따라서 공간율에서 배위수를 추정할 경우에는 배위수가 균일경일 경우보다 작아짐에 주의할 필요가 있다. 즉, 입자경분포 폭이 넓은 경우에는 표 2.3에 나타낸 균일구 충전층에 대한 추정식에서 구한 값보다 배위수는 작아진다.[32)]

예제 2.6

내경 50 mm, 깊이 50 mm의 원통용기에 입자 밀도 2500[kg/m^3]인 분체를 넣었더니, 용기에 충전된 분체는 130 g이었다. 이 분체층의 겉보기밀도, 공간율, 평균 배위수를 구하라.

해답

용기의 내용적은 $\dfrac{\pi(50 \times 10^{-3})^3}{4} = 9.817 \times 10^{-5}[\mathrm{m}^3]$

따라서, $\rho_b = \dfrac{130 \times 10^{-3}}{9.817 \times 10^{-5}} = 1.32 \times 10^3[\mathrm{kg/m}^3]$

식 (2.52)에서 $1320 = 2500(1-\varepsilon)$, 따라서 $\varepsilon = 0.472$. 식 (2.51)에서 $e = 0.894$.

배위수는 표 2.3 중의 어떤 추정식을 사용하는가에 따라서 값이 다르지만, 예를 들어 Rumpf 식을 사용하면 6.57, Smith 식에서 6.17, Nakagaki 식에서 4.89, Suzuki 식에서 4.84가 된다.

5) 고·액·기의 3상 충전구조

분체층은 고체입자가 충전되어 입자간의 공간이 기체 혹은 액체로 채워져 있는 경우가 일반적이다. 그러나, 건조분체에 액체를 가한 경우나 분체 현탁액을 건조하는 과정 등에서는, 입자 사이의 공간에 기체와 액체가 상존하는 경우가 있다. 이러한 습윤입자의 충전상태는 입자간의 액체비율이 적은 쪽부터 차례로, 그림 2.30에 나타낸 것과 같은 4종류로 대별된다.

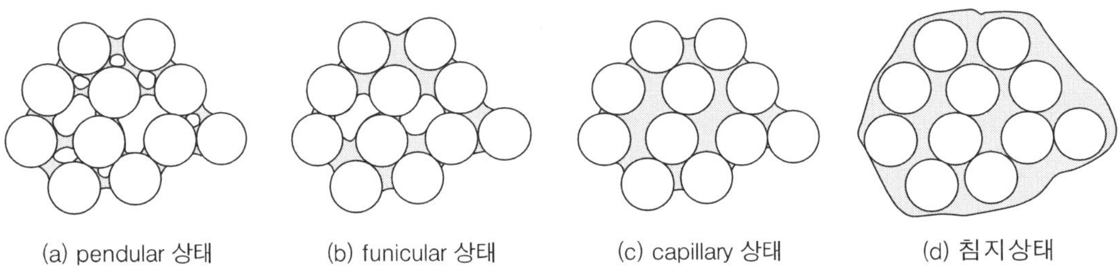

그림. 2.30 **입자층내의 액상 존재상태**

진자상태(pendular state) : 입자간의 접점 부근에 액가교로서 액체가 존재할 경우로, 입자간의 기체는 연속하여, 액체는 각 접점에 고립하여 존재하는 상태. 이 경우, 입자간에 존재하는 액가교로 인하여 생기는 부착력, 즉 액가교력은 5.1 「입자 간에 작용하는 힘」에서 언급한다.

퓨니큘라상태(funicular state) : 입자간의 액체가 연속하여 망눈상으로 존재하고, 그 사이에 기포가 고립해서 점으로 존재하는 상태

모세관상태(capillary state) : 입자간의 모든 공간이 액체로 채워진 상태에서 입자층 표면에만 기액계면이 존재하는 상태

침지상태(immersed state) : 입자군이 모두 액체 중에 적셔있어, 입자가 기체와 접하는 일이 없는 상태

분체의 부착이나 조립, 건조 등을 검토할 때, 분체층 중의 액체가 상기의 어떤 상태로 되어있는지를 알 필요가 있다.

참고문헌

1) 粉體工學便覽 : 粉體工學用語辭典, P.197, 日刊工業新聞社(2000)
2) 三輪茂雄 : 粉粒体工學, P.66, 朝倉書店(1972)
3) Tsubaki, J. and G. Jimbo : Powder Technology, 22, 161(1979)
4) Tsubaki, J. and G. Jimbo : Powder Technology, 22, 171(1979)
5) Mandelbrot, B. B., 広中平祐監譯: 프렉털기하학, 日経사이언스사(1984)
6) 鈴木道隆, 六車嘉貢, 廣田滿昭, 大島敏男 : 粉體工學會誌, 25, 287(1988)
7) 松下貢他 : かたちの科學´ 朝倉書店(1987)
8) 鈴木道隆, 山田真輔, 加田博之, 廣田滿昭, 大島敏男 : 粉體工學會誌, 34, 4(1997)
9) 粉體工學會編 : 粉體工學便覽－第2版－, 日刊工業新聞社, P. 38, 39(1998)
10) 粉體工學會編 : 粒子径計測技術, 日刊工業新聞社(1994)
11) 椿淳一郎, 早川修 : －現場で役立つ－ 粒子径計測技術, 日刊工業新聞社(2001)
12) 神田良照, 安部保志, 細失豊秀 : 粉體工學會誌, 24, 81(1987)
13) 三輪茂雄 : ふるい分け読本, P. 256, 産業機術ｾﾝﾀｰ(1977)
14) 早川修, 中平兼司, 椿淳一郎 : 粉體工學會誌, 30, 652(1993)
15) 早川修, 安田佳弘, 內藤牧南, 椿淳一郎 : 粉體工學會誌, 32, 796(1995)
16) 椿淳一郎, 森英利, 杉本理充, 前田俊介, 早川修 : 粉體工學會誌, 35, 346(1998)
17) 小竹直哉, 本間裕介, 戸井田直之, 望月隆裕, 岡一郎, 神田良照, 田口仁 : 素材物性學雜誌,13, 13(2000)
18) 岩田博行, 大矢仁史, 遠藤茂寿, 古屋仲茂樹, 增田 薫 : 粉體工學會誌, 37, 238(2000)
19) 山本健市, 井上友景, 官嶋俊明, 土山武範, 杉本益規 : 粉體工學會誌, 37, 862(2000)
20) 中条金兵衛 : 化學工學と化學機械, 7, 1(1949)
21) Charls, R. L : Transactions of the American Institute of Mining, Metallurgical and Petroleum Engineers, 208, 80(1957)
22) Bond, F. C. : Transactions of the American Institute of Mining, Metallurgical Engineers, 193, 484(1952)
23) 伊藤光弘 : 粉體工學會誌, 33, 420(1996)
24) 粉體工學會編 : 粒子径計測技術, p. 236, 日刊工業新聞社(1994)
25) 八嶋三郎 : 粉體と粉體物性, p. 205, 培風館(1986)
26) Roller, P. S. : Industrial and Engineering Chemistry, 22, 1206(1930)
27) 鈴木道隆, 市場久貴, 長谷川勇, 大島敏男 : 化學工學論文集, 11, 438(1985)
28) 鈴木道隆, 大島敏男 : 化學工學論文集, 22, 612(1985)
29) 大島敏男, 張 祐林, 廣田滿昭, 鈴木道隆, 中川 武 : 粉體工學會誌, 30, 496(1993)
30) 鈴木道隆, 小林正佳, 飯村健次, 廣田滿昭 : 粉體工學會誌, 38, 468(2001)
31) 鈴木道隆, 大島敏男 : 粉體工學會誌, 25, 204(1988)
32) Suzuki. M, H. Kada and M. Hirota : Advanced Powder Technology, 10, 353(1999)

제 3 장

분체의 생성

분체를 원료로 하거나 제품으로 사용하기 위해서는, 목적·용도에 상응한 특성을 가진 분체를 제조해야 한다. 본장에서는, 3.1에서 분쇄법과 성장법의 2가지 입자 생성기구에 대하여 언급하고, 3.2에서 분체의 제조조작인 분쇄와 조립 및 조제조작인 혼합·혼련에 대하여 언급한다.

3.1 입자의 생성기구

분체의 생성방법은 고체에 기계적인 에너지를 가해서 세분화하는 분쇄법과 원자, 분자의 집합체를 합체, 성장시켜 가는 성장법으로 대별된다. 분쇄법과 성장법은 각각 브레이크다운(break-down)법, 빌드업(build-up)법으로도 불린다. 전자의 장점은 분체의 생성프로세스가 단순, 다량의 처리가 가능, 제조비용이 낮은 점 등이고, 후자의 장점은 초미립자의 제조가 가능, 새로운 재료의 개발을 기대할 수 있고, 입자경분포가 좁아서 단분산에 가까운 분체를 얻을 수 있고, 입자 형상의 제어가 가능하고, 불순물 혼입이 적고 조성의 제어가 가능한 점 등이다.

3.1.1 단일입자의 파쇄

파쇄, 분쇄는 고체원료(여기서는 이하 분쇄원료라 부른다)에 외부에서 기계적 에너지를 가해 파괴하여 분쇄원료를 세분화하는 조작이다. 그러나, 분쇄조작에 포함되어 있는 파괴과정에는 정적, 동적, 충격하중 하의 모두가 있어 한결같지 않다. 또한, 하중이 가해지는 방법도 압축, 인장, 전단, 구부림, 비틀림, 마찰작용 등 모든 양식이 혼재하여 분쇄는 복잡하게 진행되어 간다. 이러한 점에서 분체의 분쇄과정을 이해하기 위해서는, 먼저 단일입자의 파쇄현상을 이해할 필요가 있다.

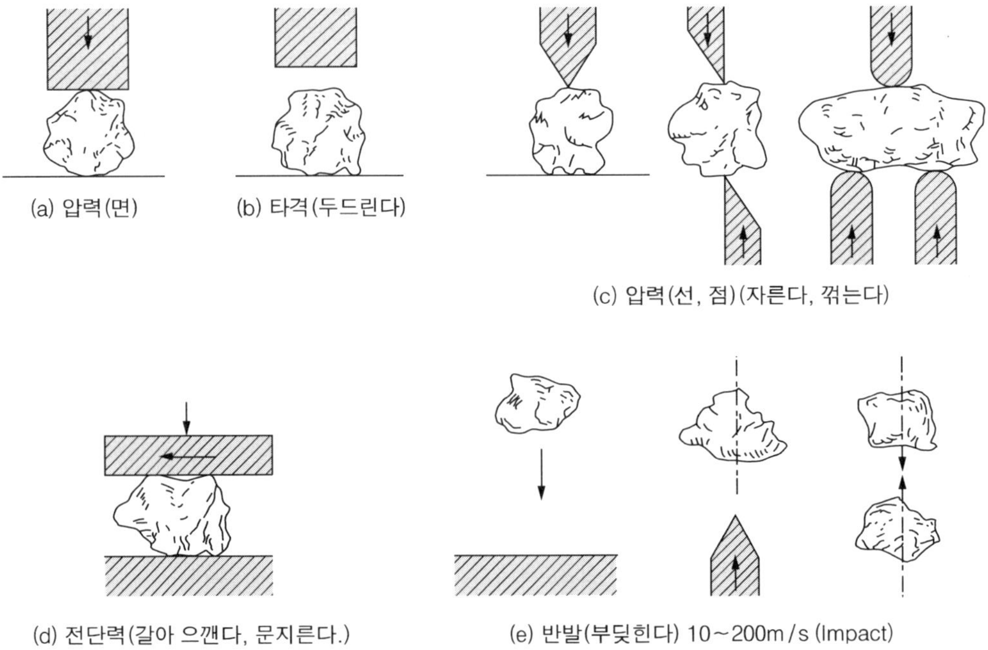

그림 3.1 단일입자의 파쇄 모델

파쇄는 얼핏 보아 단순한 현상이지만, 그 기구는 그림 3.1에 나타낸 것처럼 몇 가지로 분류된다. 파쇄를 일으키는 힘에는, 수직력으로서 인장력과 압축력, 접선력으로서 전단력이 있는데, 파괴에 필요한 힘을 작용한 단면적으로 나누어 그 값을 각각 압축강도, 인장강도, 전단강도라 부르고 있다. 암석, 유리의 강도 측정 예를 표 3.1에 나타냈다.[2,3]

표 3.1 암석, 취성 재료의 강도

시료	압축강도 [MPa]	인장강도 [MPa]	전단강도 [MPa]
화강암	98～244	6.86～24.5	13.7～49.0
조립현무암	196～343	14.7～34.3	24.5～58.8
현무암	147～294	9.80～29.4	19.6～58.8
사암	19.6～167	3.92～24.5	7.84～39.2
혈암	9.8～98	1.96～9.8	2.94～29.4
석회암	29.4～245	4.9～24.5	9.8～49
규암	147～294	9.8～29.4	19.6～58.8
대리석	98～245	6.86～19.6	14.7～29.4
석영유리	515	–	–
붕규산유리	343	–	97.3
석영	146	–	54.8
장석	136	–	50
석회석	95.7	–	17.9
대리석	48.8	–	11.1
석고	30.4	–	7.94
활석	17.9	–	6.00

1) 구의 압괴강도

표 3.1의 값에서 알 수 있듯이, 인장강도는 2가지의 강도에 비해 작고 분쇄에 대해 지배적인 인자이다.[4] 인장강도는 원주시험편을 이용해서 측정해야 하나, 원주에서는 시험편의 제작 정도가 측정치에 영향을 주기 때문에, 구형 시험편을 평행평판으로 압괴하여 다음 식에서 산출되는 구 압괴강도 S_s[Pa]를 이용하는 경우도 있다.[5]

$$S_s = \frac{2.8P}{\pi x^2} \tag{3.1}$$

여기서 P[N]는 파괴시의 압축력, x[m]는 구의 직경이다. 표 3.2에 암석, 유리의 구 압괴강도를 측정한 예를 나타냈다.[2] 불규칙형상 입자에 식 (3.1)을 적용할 경우, 식 중의 x는 재하점 간의 거리로 한다.[5,6]

표 3.2 구 압괴강도

시료	구 압괴강도	
	평균치 [MPa]	변동계수 [%]
석영유리	27	24.0
붕규산유리	45.1	32.3
소다유리	31.4	25.7
석영	11.4	16.3
장석	9.75	38.0
석회석	4.15	27.9
대리석	2.48	25.7
석고	2.42	26.7
활석	1.05	39.5

2) 이상적 강도

재료가 완전히 균일하고 결점을 전혀 포함하지 않는 경우의 강도를 그 재료의 이상적(이론적) 강도라 한다. 그것은 원자간 혹은 분자간 결합력에 상당하는 강도이다. 원자 상호간에는, 그림 3.2에 나타낸 것처럼 인력과 반발력이 서로 작용하고, 그들은 원자간 거리에 의해 변화한다. 이렇게 하여 원자 간의 거리가 어떤 값 a(격자상수)인 곳에서 평형을 유지하고 있다. 이상적 강도는 그 평형을 파괴하는 강도인데, 아래의 방법으로 구할 수 있다.

그림 3.2에서 원자를 l [m]만큼 떼어 놓기 위해서는, 인력과 반발력의 합성력에 상당하는 인장응력이 필요하게 된다. 이 합성력 곡선은 식 (3.2)의 정현곡선으로 근사되어 있다.

$$\sigma = \sigma_{th} \sin\left(\frac{2\pi l}{\lambda}\right) \tag{3.2}$$

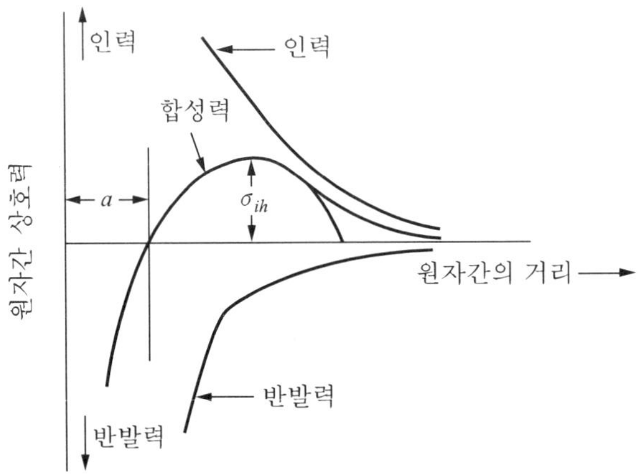

그림 3.2 원자간의 거리와 원자간 상호력

여기서 λ [m]는 파장, σ_{th} [Pa]는 이상적 강도이다. 따라서, 파괴까지에 요하는 단위면적당 최소일량 W [J/m^2]는 다음 식이 된다.

$$W = \int_0^{\lambda/2} \sigma_{th} \sin \frac{2\pi l}{\lambda} dl = \frac{\lambda}{\pi} \sigma_{th} \tag{3.3}$$

이 일량이 파괴로 생기는 새로운 면을 만들기 위한 에너지와 같은 것이라 하고, γ [J/m^2]를 표면에너지라 하면 다음 식이 성립한다.

$$\frac{\lambda}{\pi} \sigma_{th} \equiv 2\gamma \tag{3.4}$$

σ_{th}는 이하와 같이 하여, 측정 가능한 물성치로부터 구할 수 있다. 원자를 l만큼 떼어 놓을 경우, 훅(Hooke)의 법칙을 적용할 수 있다고 하면 다음 식이 성립한다.

$$\sigma = Y \frac{l}{a} \tag{3.5}$$

Y [Pa]는 영률이다. 식 (3.2)는 $(2\pi l)/\lambda$ 값이 작은 원점 부근에서는 다음 식으로 근사할 수 있다.

$$\sigma \fallingdotseq \sigma_{th} \frac{2\pi l}{\lambda} \tag{3.6}$$

식 (3.6)을 식 (3.5)에 대입하면 다음 식이 된다.

$$\sigma_{th} = Y \frac{\lambda}{2\pi a} \tag{3.7}$$

식 (3.4), (3.7)에서 λ를 소거하여 다음 식을 유도할 수 있다.

$$\sigma_{th} = \left(\frac{\gamma Y}{a} \right)^{1/2} \tag{3.8}$$

식 (3.8)에서 계산되는 이상적 강도와 동일 물질의 실측강도를 표 3.3[7)]에 나타냈다. 대부분의 재료는 변형(원자간 거리의 변위/격자정수)이 10～20%에 달했을 때 파괴가 일어난다. 개괄적으로 이상적 강도는 영률 Y의 10%로 하여 대략적으로 계산되고 있다.[8)]

$$\sigma_{th} \fallingdotseq 0.1\,Y \tag{3.9}$$

표 3.3 이상적 강도와 실측강도

물질	이상적 강도[GPa]	실측강도[MPa]	이상/실측[－]
다이아몬드	200	～1800	111
그라파이트	1.4	～15	93
텅스텐	86	3000 (늘려서 단단한 철사)	29
철	40	2000 (고장력용망제철사)	20
산화마그네슘	37	100	370
식염	4.3	～10 (다결정상시료)	430
석영유리	16	50 (보통 시료)	320

3) 실측강도

표 3.3에 나타내었듯이, 실측강도는 이상적 강도의 수십 분의 1에서 수백분의 1로 되어 있다. 이것을 설명하기 위해서는, 원자간 혹은 분자 간에 어떤 약한 결합부분이 존재하지 않으면 안된다. 그리피스[9](Griffith)는 결정전이, 불순물 혼입 등 강도저하를 초래하는 모든 요인을 미소 크랙으로 모델화했다. 실제 파괴는 이상적 강도에 달하기 전에, 이 크랙이 어느 한계응력에 달함으로써 일어난다고 생각했다. 이 크랙은 일반적으로 그리피스 크랙이라 불리고 있다.

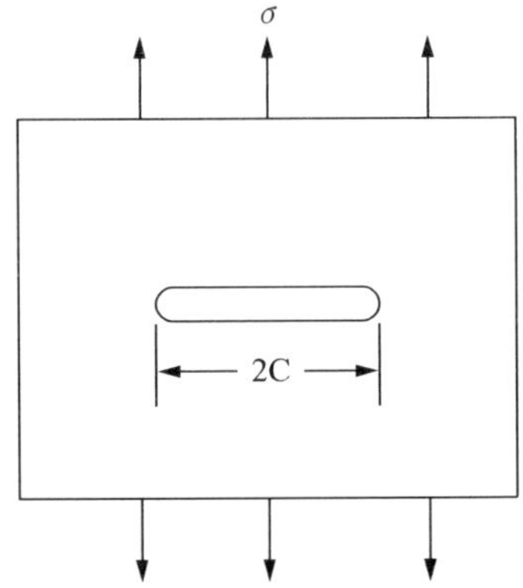

그림 3.3 그리피스 크랙(σ = 응력, 2C = 크랙의 크기)

Griffith는 이상강도와 실측강도의 차이는 재료에 존재하는 크랙(균열)에 의한 것이라 생각했다. 그림 3.3에 나타낸 것이, 단위두께의 평판 중에 길이가 $2C$인 매우 작은 편평타원형인 크랙을 가진 경우를 생각한다. 이 시험편을 응력 σ로 똑같이 끌어당길 때, 크랙 부분에서는 응력이 전파되지 않으므로 탄성변형에너지는 그만큼 감소한다. 이 감소분은 평판 중의 응력 분포를 가정해서 계산에 의해 다음 식과 같이 구할 수 있다.

$$U = -\frac{\pi C^2 \sigma^2}{Y} \tag{3.a}$$

또한, 크기가 $2C$인 크랙의 단위두께당 표면에너지는 γ를 표면에너지라 하면 다음 식으로 표기된다.

$$W = 4\gamma C \tag{3.b}$$

여기서 크랙이 더욱 dC만큼 진전할 경우를 생각한다. 크랙이 진전함에 따라 해방되는(감소하는) 탄성변형에너지 $-dU$가 크랙의 진전으로 증가하는 표면에너지 dW와 같거나 상회하면 크랙은 진전할 수 있지만, 밑돌면 크랙은 진전할 수 없다. 따라서 크랙이 더욱 진전하는 것은 다음의 조건식을 만족하는 경우이다.

$$\frac{dU}{dC} + \frac{dW}{dC} \leq 0 \tag{3.c}$$

식 (3.a), (3.b)를 식 (3.c)에 대입하면, 크랙의 진전조건은 다음 식이 된다.

$$-\frac{2\pi C\sigma^2}{Y} + 4\gamma \leq 0 \tag{3.d}$$

$$\frac{\pi C\sigma^2}{Y} \geq 2\gamma$$

재료 중에 식 (3.d)를 만족하는 크랙이 1개라도 있으면, 그곳을 기점으로 하여 크랙은 진전해서 파괴에 이르기 때문에, 재료의 파괴강도는 재료 중의 최대 크랙 사이즈 $2C_{\max}$에 의해 결정되어, 다음 식으로 표기된다.

$$\sigma_{ex} = \left(\frac{2\gamma Y}{\pi C_{\max}}\right)^{1/2} \tag{3.10}$$

4) 파괴인성치

식 (3.10)을 바탕으로, 인장응력 σ에 대해 다음의 응력확대계수 K [Pa·m$^{1/2}$]를 정의한다.

$$K = \sigma(\pi C)^{1/2} \tag{3.11}$$

파괴할 때의 K 값을 임계치 K_c라 하면, K_c는 식 (3.10), (3.11)로부터 다음과 같이 유도할 수 있다.

$$K_c = (2\gamma Y)^{1/2} \tag{3.12}$$

이 K_c는 파괴인성치(fracture toughness)라 불리고 있다. K값이 K_c보다 커지면 크랙은 진전해서 파괴에 이르므로, 강도특성치로서 재료강도 대신에 이 파괴인성치 K_c를 사용할 수 있다.[10)]

5) 강도의 편차와 치수효과

실측강도를 설명한 식 (3.10)에서 알 수 있듯이, 파괴는 재료 내의 미시적인 결함의 영향을 크게 받는다. 이러한 성질을 조직민감성이라 부르고 있다.

표 3.2에 직경 20 mm인 구를 평행평판으로 파괴했을 때의 강도 평균치와 변동계수, (표준편차/평균치)×100을 각각 나타내었다. 이러한 편차는 강도 그 자체의 본질로 이해되고 있다. 즉 재료강도는 결코 일정한 물성치가 아니라 본질적으로는 확률적인 값이며, 그 편차 즉 분포의 퍼짐도 재료에 고유한 물성이라 생각되고 있다.[11)]

강도는 시험편의 체적이 작아지면, 그림 3.4에 나타낸 것처럼 증대한다. 그것을 강도의 치수효과라 부른다. 그들의 원인은 전술한 그리피스 크랙의 존재이다. 그리피스는 크랙 수가 아주 많고, 크기, 모양, 방향 등 강도에 영향을 주는 요인은 모두 독립적인 분포를 하고 있다고 가정했다. 시험편의 강도는 식 (3.10)에 나타낸 것과 같이, 시험편 내에 포함되어 있는 크랙 내에서 가장 약한(큰) 크랙의 강도에 의해 결정된다. 이러한 문제는 수학적으로는, 강도에 영향을 주는 크랙의 크기 C가 분포를 가진 충분히 큰 시료에서 일정 체적의 시험편을 샘플링하고, 그중에 포함된 크랙의 최대치 분포를 조사함을 의미하고 있다.

샘플링한 시험편 내의 크랙 수는 시험편의 체적에 비례한다고 가정한다. 또한, 크랙의 크기 분포는 다음 식의 와이블(Weibull)분포로 표기된다고 가정한다.

$$f(C) = \alpha m C^{m-1} \exp(-\alpha C^m) \tag{3.13}$$

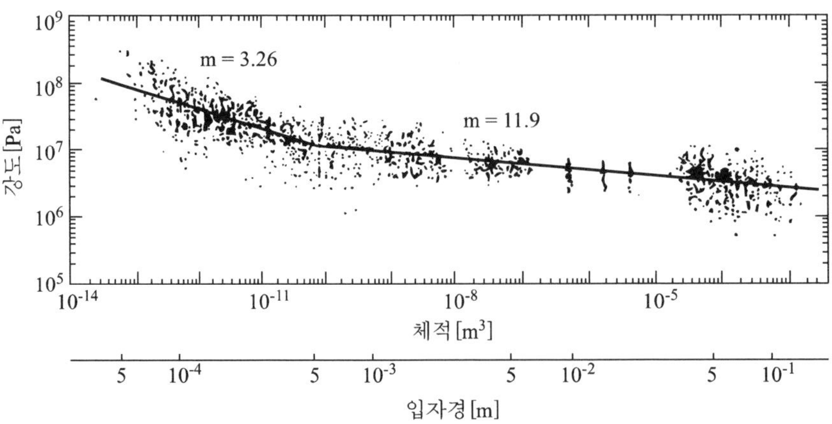

그림 3.4 구의 강도와 구 체적(입자경)의 관계(석회석)

여기서, $\alpha > 0$, $m > 1$에서 다 같이 재료에 따라 결정되는 상수이다. m은 와이블의 균일성계수라 불리고 있다. 이 2가지의 가정에서 강도의 치수효과를 확률론적으로 고찰하고, 강도 S_s와 시험편 체적 V의 관계로서 유도된 것이 다음 식이다.[12)]

$$S_s \propto V^{-1/m} \tag{3.14}$$

식 (3.13)의 정의에서 $m > 1$이므로, 위식의 강도 S_s는 시험편의 체적이 감소함에 따라 커짐을 나타내고 있다. 석회석에 대하여 식 (3.14)의 관계를 그림 3.4에 나타냈다.[13)] 입자경이 0.1 mm인 입자의 강도는 100 mm인 경우와 비교해서 강도가 약 10배로 되어있다.

예제 3.1

와이블의 균일성계수가 $m = 8.5$인 재료가 있다. 동일 재료의 입자경이 10 μm인 입자의 강도는 입자경이 1 cm인 입자의 몇 배가 될까?

해답

식 (3.14)에서 입자의 체적 V는 입자경 x의 3승에 비례하므로, $S_s \propto x^{-3/m}$이 성립한다. 따라서 $\dfrac{S_s(10\mu m)}{S_s(1cm)} = \left(\dfrac{0.001}{1}\right)^{-3/8.5} = 11.45$로, 약 11.5배가 된다.

6) 단일입자의 파쇄에너지

분쇄를 단순히 입자 1개의 파쇄(파괴)의 집적으로 생각할 수는 없지만, 분쇄는 기본적으로는 고체를 반복해서 파괴하는 조작이므로, 단일입자의 파쇄는 분쇄의 기본이 된다.

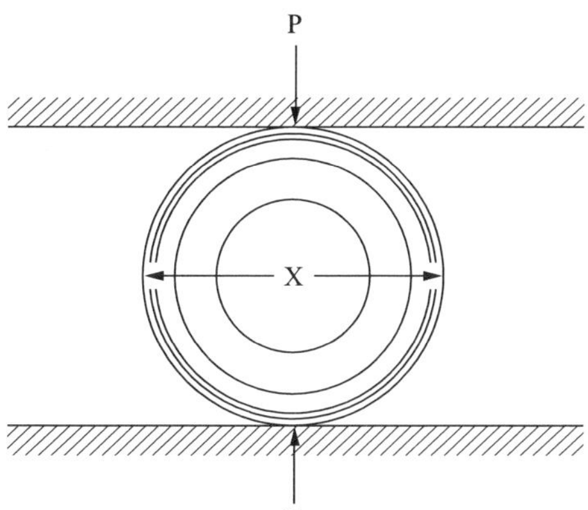

그림 3.5 구의 압괴

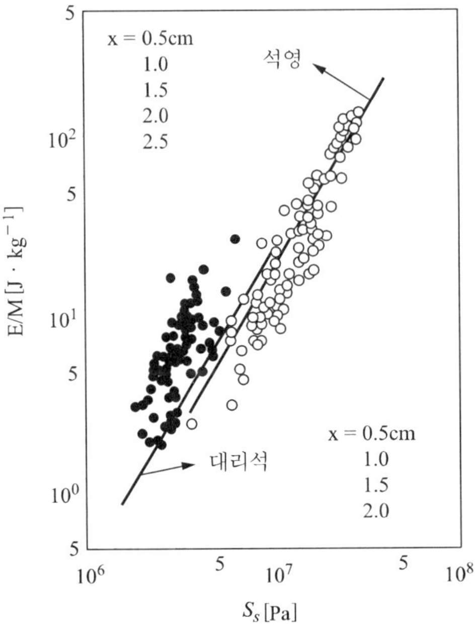

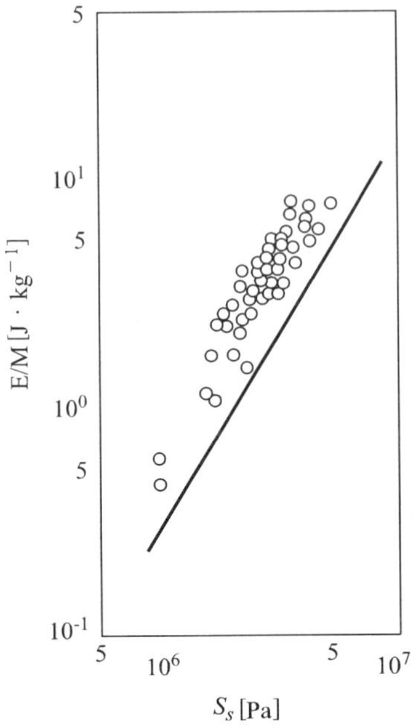

그림 3.6 **(좌) 단위질량당 에너지와 강도의 관계**
그림 3.7 **(우) 단위질량당 에너지와 강도의 관계 (직경 20 mm의 석회석 구)**

그림 3.5에 나타낸 것처럼 직경(입자경)이 x인 구를 평행평판으로 압괴할 경우, 파괴까지 단위질량당 축적되는 탄성변형에너지 E/M [J/kg]는 다음 식이 된다.[14)]

$$\frac{E}{M} = \frac{0.897\pi^{2/3}}{\rho_p}\left(\frac{1-\nu}{Y}\right)^{2/3} S_s^{5/3} \tag{3.15}$$

여기서 ρ_p[kg/m^3]는 입자 밀도, ν[−]는 포아송 비(Poisson's Ratio), Y[Pa]는 영률, S_s[Pa]는 식 (3.1)에 나타낸 구 압괴강도이다. 식 (3.15)의 관계를 실험적으로 확인한 결과를 석영 및 대리석에 대하여 그림 3.6에, 석회석에 대하여 그림 3.7에 나타냈다.[14)] 그림 중의 실선은 식 (3.15)에 대응한다. 그림 3.6에서 석영은 실험치와 계산치가 거의 같고 탄성체에 가까운 분쇄원료이다. 한편, 대리석 및 석회석은 소성적 성질을 갖고 변위량이 커지기 때문에, 실험치가 계산치보다 크게 나와 있다.

식 (3.14)를 식 (3.15)에 대입하면 입자경 x인 입자 1개의 파쇄에너지 E와 단위질량당 파쇄에너지 E/M을 유도할 수 있고, 각각 다음 식이 된다.[14)]

$$E \propto x^{3-5/m} \tag{3.16}$$

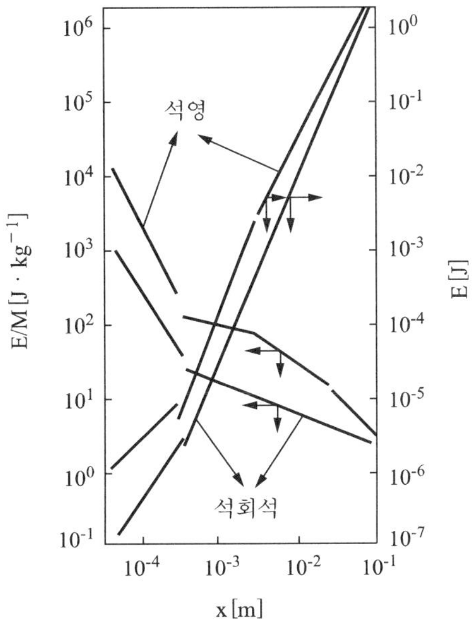

그림 3.8 **파쇄에너지와 입자경의 관계**

$$\frac{E}{M} \propto x^{-5/m} \tag{3.17}$$

석영과 석회석의 m 실험치를 이용하여, 식 (3.16), (3.17)의 관계를 그림 3.8에 나타냈다. 그림에서 알 수 있듯이, 입자경 x가 작아짐에 따라 단위질량의 입자 집합체를 분쇄하는 에너지 E/M은 증대하지만, 입자 1개를 파쇄하는 에너지 E는 감소한다. 그것은 분쇄하한을 nm 단위까지 넓히는 데, 3.2.1 「분쇄」에서 언급하는 초미분쇄기의 개발에 중요한 시사를 부여하고 있다.

7) 파쇄입자의 입자경분포

파쇄편의 크기, 즉 분쇄생성물의 입자경분포는 분쇄원료의 분쇄성 평가, 분쇄속도론에 있어서 중요한 인자이다. 식 (2.25), (2.30), (2.31)에 나타낸 입자경분포식은 수학적인 모델 또는 실험식이다. 1960년대 들어 재료강도학과 통계학적 입장에서, 단일입자 파쇄의 입자경분포 예측이 수행되어 왔다.

길버리[15](Gilvarry)는 마이크로한 결함이 외력에 의해 활성화되어, 마크로한 크랙으로 성장해서 파괴가 개시된다고 한 그리피스의 고찰을 바탕으로, 이 성장한 크랙에 둘러싸인 부분이 파쇄편(입자)이 된다고 했다. 게다가 외부응력에 의해 활성화되는 결함의 존재확률을 포아송 분포로 수여하여, 적산분포 $Q(x)$를 다음 식과 같이 유도했다.

$$Q(x) = 1 - \exp\left\{-\left(\frac{x}{k}\right) - \left(\frac{x}{j}\right)^2 - \left(\frac{x}{i}\right)^3\right\} \tag{3.18}$$

여기서 k, j, i는 길이의 차원을 가진 상수이고, 각각 활성화된 결합의 간격을 나타낸다. 미분영역에서는 식 (3.18)의 입자경 x의 2차, 3차 항을 생략할 수 있으므로, 다음 식이 된다.

$$Q(x) = 1 - \exp^{-x/k} \tag{3.19}$$

이것은 식 (2.31)의 Rosin-Rammler 분포식의 $n=1$일 경우에 상당한다. 또한 식 (3.19)를 급수전개해서 x^2 이상의 고차항을 생략하면 다음 식이 된다.

$$Q(x) = \frac{x}{k} \tag{3.20}$$

이것은 식 (2.30)의 Gaudin-Schuhmann 분포식의 $m=1$일 경우에 상당한다.

길버리 등은[16] 유리의 파쇄실험에서 분쇄생성물의 미세부분에서는 식 (3.20)이 성립한다고 보고하고 있다. 지금까지 경험식으로서 이용되어 온 식 (2.30), (2.31)의 각 분포식에 대하여, 길버리는 어느 정도까지 이론적인 근거를 부여한 것으로서 의의가 있다.

고던-멜로이(Gaudin-Meloy)[17]는 입자경 x_0인 입자가 파쇄되었을 때의 파괴면 수를 n이라 하고, 각 파괴면 간의 거리 x가 파괴로 인하여 생긴 입자경을 나타낸다고 하여 다음의 입자경 분포식을 제안했다.

$$Q(x) = 1 - \left(1 - \frac{x}{x_0}\right)^n \tag{3.21}$$

또한, 크림펠-오스틴(Klimpel-Austin)[18]은 파괴에는 1차원적으로 분포한 마이크로한 결함이 지배적이라고 한 길버리의 고찰에 대하여, 3차원적으로 분포한 결함이 지배적이라고 하여 다음 식을 제안했다.

$$Q(x) = 1 - \left[1 - \left(\frac{x}{x_0}\right)^3\right]^n \tag{3.22}$$

그러나 식 (3.21), (3.22)에 있어서 정수 n의 이론적인 근거는 명확하지 않다.

하리스(Harris)는 식 (3.22)에 실험적인 보정을 가하기 위해, 새로운 파라미터 α를 도입하여 다음 식을 제안했다.[19]

$$Q(x) = 1 - \left[1 - \left(\frac{x}{x_0}\right)^{\alpha}\right]^{n} \tag{3.23}$$

위 식에는 3개의 미지수 x_0, α, n이 있는데, 실험치에서 직접 구할 수 없거나 α, n의 물리적인 의미가 명확하지 않는 등의 난점은 있지만, 다른 분포식에 비하여 큰 입자 부분까지 적합한 이점이 있다.[20)]

3.1.2 성장법

파쇄, 분쇄법과는 반대로, 원자·분자의 집합·합체에 의해 모노머(단량체 ; 집합·합체의 반복단위)를 생성하여 미립자를 생성시키는 방법이다. 입자는 기상, 액상, 고상의 어느 상에서든 생성할 수 있고, 그 생성기구는 상에 무관하게 공통해 있다.[21)] 즉, 그림 3.9[22)]에 나타낸 것과 같이, 상 중의 모노머의 상대농도가 임계 과포화도를 초월하면 모노머끼리 충돌해서 핵이 생성되기 시작하여 입자 개수는 급격히 증대한다. 상 중의 모노머의 농도는 핵이 생성함에 따라 저하하기 때문에, 핵 생성은 멈추고 입자는 성장하여 입자의 개수농도는 일정한 상태로 질량농도가 증대해 간다. 원자, 분자가 확산하는 속도는 고상, 액상, 기상 순으로 증대하므로, 입자의 성장속도도 이 순번으로 증가한다. 입자의 성장이 너무 빠르면 핵의 발생이나 성장과정을 제어하기 어렵고, 반대로 느리면 제어는 쉬워지나 생산성은 저하한다.

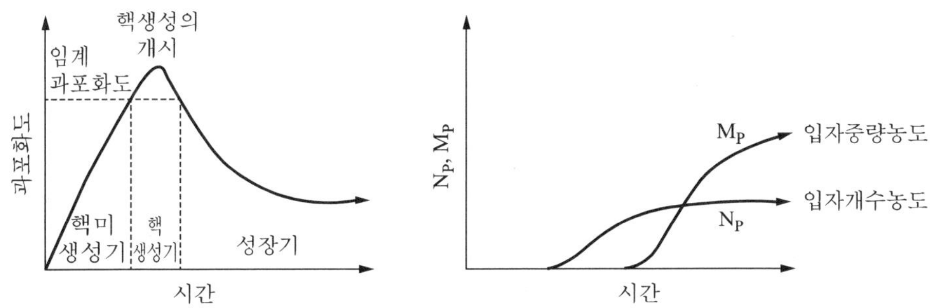

그림 3.9 핵생성 및 성장에 있어서 용질분자의 과포화도, 입자농도의 경시 변화

1) 기상에서의 생성

기상에서의 생성은 화학반응의 유무에 따라 증발응축법과 기상반응법으로 구분된다. 증발응축법은 PVD(Physical Vapor Deposition) 법이라고도 불리며, 고온가열에 의해 발생한 과포화 금속증기를 냉각하여 핵을 생성시켜 입자까지 성장시키는 방법으로, 금속 미립자의 제조에 적합하다. 금속은 저항가열, 고주파유도가열, 플라즈마, 전자빔, 레이저 등을 이용하여 가열 증발시킨다.

기상반응법은 CVD (Chemical Vapor Deposition) 법이라고도 불리며, 출발원료, 반응분위기·조건을 변화시킴으로써 산화, 환원, 열분해, 치환, 교환반응을 이용하여 금속산화물에 한하지 않고 질화물, 탄화물, 붕화물 등 다양한 미립자를 생성할 수 있다. 기상반응법도 열원에 따라 전기로법, 화염법, 플라즈마법, 레이저법 등으로 구분한다. 먹의 원료인 그을음의 전통적인 제법은 화염법으로 분류된다. 또한, 광섬유 원료가 되는 고순도 SiO_2 초미립자도 사염화실리콘 가스를 원료로 하여, 화염법을 이용해서 다음의 반응으로 제조되고 있다.

$$SiCl_4 + O_2 + 2H_2 \rightarrow SiO_2 + 4HCl$$

2) 액상에서의 생성

출발원료로 금속염 용액을 이용하는 방법으로서, 모노머의 농도를 높이는 방법에 따라 침전법과 탈용매법으로 대별된다.

침전법은 침전제의 첨가나 가수분해, 용액농도의 제어 등을 통해 모노머 농도를 과포화 상태까지 높여서 침전입자를 석출시킨다. 침전물은 수산화물, 탄산염, 황산염 등인데, 이들을 열분해하여 산화물 입자를 얻는다. 침전제를 사용하는 방법에는 균일침전법과 공침법이 있다. 염 용액에 침전제 용액을 혼합할 경우, 2가지 용액 계면에서 침전이 일어나기 때문에 국소적으로 불균일이 생긴다. 균일침전법은 그것을 방지하는 방법으로, 예를 들어 pH를 높여서 침전물을 얻는 경우에는 염 용액에 요소를 균일하게 용해시킨 후 가열하면, 요소의 가열분해로 생기는 암모니아에 의해 용액 중의 pH를 균일하게 조정할 수 있다.

공침법은 복수의 금속이온을 포함하는 용액에서 동시에 금속이온을 침전시키는 방법이다. 금속이온의 석출조건이 같으면, 용액 중의 금속이온 농도에 의해 입자의 조성비를 원자단위로 제어할 수 있다.

가수분해법은 금속 알콕사이드법으로도 불린다. 금속 알콕사이드는 알코올 HOR(R은 알킬기, −OH는 알콕사이드기)의 수소 H를 금속 M으로 치환한 조성이며 M(OR)n으로 기술된다. 많은 금속원소로 알콕사이드를 만들 수 있다. 가장 대표적 알콕사이드 인테트라에톡시실란(tetraethoxysilane)은 다음 식과 같이 가수분해된다.

$$Si(OC_2H_5)_4 + xH_2O \rightarrow Si(OH)x(OC_2H_5)_{4-x} + xC_2H_5OH \qquad (3.24)$$

또한 OH 기를 포함하는 분자끼리 H_2O가 떨어져 나가, Si가 O를 만나서 연결된 실록산 결합 −Si−O−Si−가 생성하여, 분자는 중축합하고 입자는 성장한다. 가수분해 속도가 빠르고, 대부분의 $-OC_2H_5$ 기가 −OH 기로 치환한 후 중축합반응이 시작되면, Si를 중심하여 4방향으로 중축합이 가능하므로 입자는 구 모양으로 성장한다. 반대로, 가수분해 속도가 느리면 중축합 방향은 제한되어 입자는 실 모양으로 성장한다. 이와 같이 가수분해법에서는, 가수분해 속도와 중축합반응 속도를 제어함으로써 입자의 모양을 제어할 수 있다.

용액의 온도를 내려서 입자를 석출시키는 방법은 결정화라 불리며, 입자생성 뿐 아니라 목적성분의 정제 분리에도 이용된다. 입자의 성장속도는 용액 조성에 따라 다르다. 또한, 성장속도의 조성 의존성은 결정면에 따라 다르기 때문에, 석출시 용액 조성을 제어함으로써 그림 3.10과 같이, 조성이나 결정구조가 같으면서 모양이 다른 입자를 생성할 수 있다.[23)]

탈용매법은 용매를 어떤 방법으로 제거해서 입자를 석출시키는 방법이다. 용매는 가열증발, 진공증발, 용매추출에 의해 제거된다. 가열증발법의 일종인 분무 열분해법은, Y－Ba－Cu－O계 초전도 재료처럼 복잡한 조성에서도, 각 금속의 황산염 수용액으로부터 단시간에 간단한 처리로 입자를 얻을 수 있으므로[24)], 공업적으로 유용한 입자생성법이다.

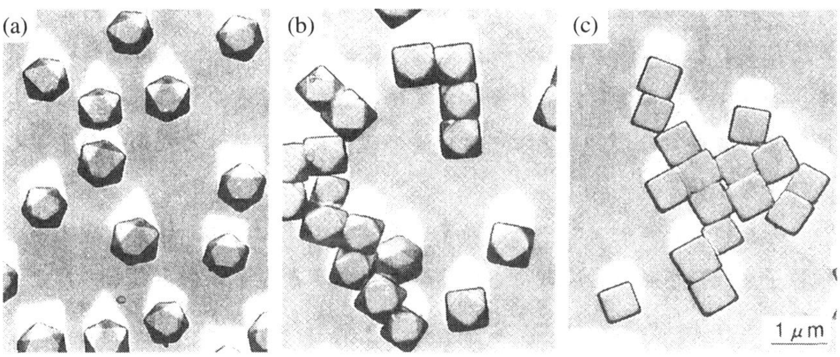

(a) $pBr = 2.0$　　(b) $pBr = 2.8$　　(c) $pBr = 4.0$, $pBr - \log[B_r^-]$

그림 3.10 결정화 시의 브롬 농도가 브롬화은 입자 형태에 미치는 영향

3) 고상에서의 생성

유리와 같은 아모퍼스(비정질체) 고상에서 결정 미립자를 생성하는 방법이며, 결정 미립자를 유리 중에 분산 석출시킴으로써, 재료에 광학적 기능이나 내열성을 부여할 수 있다. 예를 들어, AgCl 미립자를 분산 석출시킨 유리는 빛의 강도에 따라 광투과율이 변화하는 안경용 유리로서 실용화되어 있다.

예제 3.2

지금 증발응축법 혹은 침전법에 의해 입자를 생성하고 있다. 그림 3.9를 참고하여 다음의 질문에 답하라.

1) 냉각속도가 입자생성에 미치는 영향에 대해 고찰하라.
2) 냉각 전에 미리 입자(종자 입자)를 넣어두면 어떻게 될지 고찰하라.

해답

1) 단숨에 냉각하면, 도처에서 핵이 발생하여 모노머는 핵생성에 소비되기 때문에 입자는 성장할 수 없고, 작은 입자가 다수 생성한다. 그에 반하여 천천히 냉각하면 핵은 서서히 발생하기 때문에, 모노머 농도는 그렇게 저하하지 않고 모노머는 발생한 핵과 충돌해서 핵을 성장시킨다. 그 결과 핵은 큰 입자까지 성장하지만, 모노머는 입자 성장에 소비되기 때문에, 발생하는 핵의 수는 적어진다.
2) 냉각에 의해 모노머는 종자입자와 충돌하기 쉬우므로, 핵을 생성하기 보다는 종자입자를 성장시키는데 소비되기 때문에 큰 입자를 얻을 수 있다. 예를 들어 인공강우에서는 AgI 초미립자가 종자입자로서 사용되고 있다.

3.2 입자 집합체의 생성 및 조제

분체를 대량으로 생성하는 주요한 기술은 분쇄이다. 성장법에 의해서도 입자 집합체는 생성되지만, 입자는 화학 및 물리화학 반응 프로세스에 의해 생성되므로 여기서는 열거하지 않는다.

과립이나 정제 모양의 약, 각설탕, 세제 등에서 볼 수 있듯이, 미립자를 응집시켜 크기나 조성, 또는 구조를 제어해서 입자 집합체의 유동성이나 충전성을 촉진하거나 새로운 기능을 부여하는 조립기술도 중요한 입자 집합체의 생성기술이다.

또한, 입자 집합체의 균일성 표시법, 혼합·혼련기술에 대해서도 언급한다.

3.2.1 분쇄

분쇄의 목적은 반응성 촉진, 유동성 촉진, 혼합, 성형성 부여, 조성분리의 전처리로서 고체의 세분화 등이다. 분쇄는 고체를 파괴하는 것으로, 예전에는 소맥으로부터 소맥분을 만드는 과정에서 볼 수 있듯이, 간단한 도구를 이용하여 그 목적이 일상생활 중에서 이루어져 왔다. 이처럼 분쇄는 산업기술 중에서 오래된 단위조작 중 하나로, 현재도 폭넓은 산업분야에서 사용되고 있다.

넓은 의미에서의 분쇄(comminution)를 대별하면 파쇄와 분쇄로 나누어진다. 큰 입자나 고체의 파괴를 파쇄(crushing)라 하고, 작은 입자의 집합체로서의 파괴를 분쇄(grinding)라 부르고 있다. 엄밀한 의미에서의 분류는 아니고, 미립자에서도 개개 입자의 파괴를 단일입자의 파쇄(single particle crushing)라 부르기도 한다.

분쇄의 기술적인 과제는, 목적으로 하는 분체를 얻기 위한 일량, 분쇄생성물의 입자경분포,

분쇄속도론 등이다. 나아가 고체재료의 세분화 외에도 새로운 분쇄조작을 이용하여 입자의 표면처리, 복합화, 기계적 합금화(mechanical alloying)와 비정질화, 입자의 형상 조정 등이 행하여지고 있다. 또한, 시멘트나 티탄산바륨의 제조로 대표되듯이, 고체간 반응으로 합성된 고체로부터 분체를 제조하는데 분쇄가 사용되고 있다.

1) 분쇄에 필요한 일량

분쇄에 사용되는 일량은 분쇄 전후의 입자경 혹은 입자경 분포의 차이, 변화와 연관되어있다.

리팅거(Rittinger)의 법칙 : 고체를 그림 3.11에 나타낸 것처럼 파괴했을 때, 파괴 전후에서 달라 보이는 중요한 점은 새로운 표면, 즉 파단면이 생성된 점이다. 1867년 리팅거는 분쇄에 소비된 분쇄원료의 단위질량당 일량 E는, 이 새롭게 생성된 표면적에 비례한다고 생각했다. 이것은 고체의 표면에너지에 기초를 둔 고찰로, 분쇄 일량은 다음 식으로 표기된다.

$$E = C_R(S_p - S_f) \tag{3.25}$$

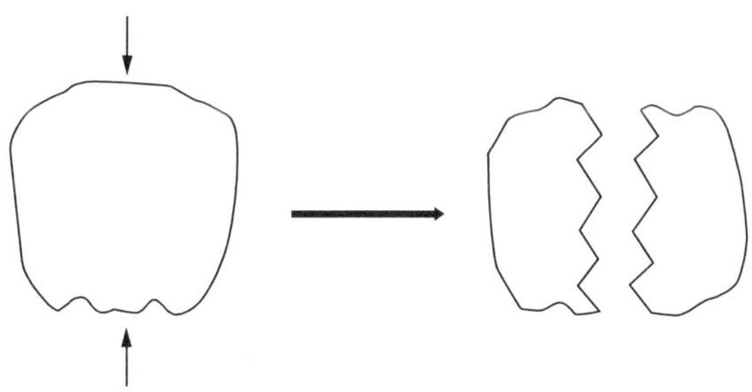

그림 3.11 **분쇄 작업량은 새롭게 생성한 표면적에 비례**

여기서 C_R[J/m^2]은 분쇄원료의 종류에 따라 정해지는 정수, S_f, S_p는 각각 분쇄 전후의 질량기준 비표면적이다. C_R의 역수는 리팅거수라 일컬어지며, 분쇄효율을 나타내는 하나의 기준으로 사용된다.

또한, 식 (3.25)를 식 (2.7)에 의해 비표면적경으로 나타내면 다음 식이 된다.

$$E = C_R'\left(\frac{1}{x_p} - \frac{1}{x_f}\right) \tag{3.26}$$

여기서 C_R'[Jm/kg]은 분쇄원료에 의해 정해지는 정수, x_f 및 x_p는 분쇄 전후의 비표면적경이다.

킥(Kick)의 법칙 : 킥(1885년)은 분쇄원료에 기하학적으로 상이한 변형을 생기게 하기 위해 필요한 일량은, 분쇄원료 중의 입자 크기와 관계없이 분쇄원료 중의 입자 전체적에 비례한다고 했다. 그림 3.12에 나타냈듯이, 원료 입자경이 x_f인 입자를 반복 분쇄하여 입자경 x_p인 분쇄 생성물을 얻었다고 한다. 이때의 분쇄 일량은 분쇄비 x_f / x_p로 정해지며, 분쇄원료의 단위질량당 분쇄 일량 E를 다음 식으로 나타냈다. 이 물리적 개념은 고체 내에 축적되는 탄성변형 에너지에 기초를 둔 생각이다.

$$E = C_K \ln \frac{x_f}{x_p} \tag{3.27}$$

여기서, C_K[J/kg]은 분쇄원료에 의해 정해지는 정수이다.

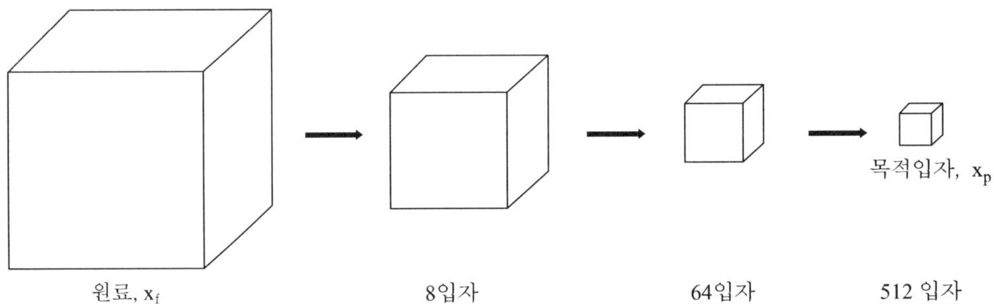

그림 3.12 **어느 분쇄과정에서도 작업량은 같음**

본드(Bond)의 법칙 : 전술한 2가지 사고방식을 비교하면, 리팅거는 분쇄 전후의 변화에 주목하고 있는데 대하여, 킥은 분쇄원료의 파괴 직전에 주목하고 있지만, 다함께 분쇄를 이상적인 파괴로서 인식하고 있다. 그에 반하여 본드는, 분쇄를 무한히 큰 입자를 입자경이 제로인 무한개수의 입자로 분쇄하는 도중의 현상이라 인식하여, 리팅거 및 킥의 중간적인 사고방식을 보였다. 분쇄의 개시단계에서는, 입자에 가해진 변형에너지는 입자의 체적에 비례하지만, 입자 내에 균열이 발생한 후에는 생성한 파쇄단면적에 비례한다고 하여, 분쇄원료의 단위질량당 분쇄 일량으로서 다음 식을 제안했다.

$$E = C_B \left(\frac{1}{\sqrt{x_p}} - \frac{1}{\sqrt{x_f}} \right) \tag{3.28}$$

여기서, C_B[J·m$^{1/2}$/kg]는 분쇄원료에 의해 정해지는 정수이다.

식 (3.26), (3.27), (3.28)은 다음의 루이스(Lewis) 식으로 도출된다.

$$dE = -Cx^{-n}dx \tag{3.29}$$

여기서, C는 정수이며 위 식을 $n=1$, 1.5, 2로 대입하여 각각 적분하면 킥, 본드, 리팅거의 식을 얻는다.

본드는 식 (3.28)의 실용성을 높여서, 분쇄에 필요한 일량을 W[kWh/t]로 나타낸 다음 식을 제안하고 있다.[26)]

$$W = W_i\left(\sqrt{\frac{100}{x_{p0.8}}} - \sqrt{\frac{100}{x_{f0.8}}}\right) \tag{3.30}$$

여기서 $x_{f0.8}$[μm], $x_{p0.8}$[μm]은 각각 분쇄 전후의 80% 통과 입자경이다. 본드의 법칙을 그림 3.13에서 설명한다. 본드는 식 (3.30) 중 W_i[kWh/t]를 1톤의 분쇄원료를 무한 크기($x_{f0.8}=\infty$)에서 100 μm($x_{p0.8}=100$ μm)까지 분쇄하는데 필요한 일량이라 정의하여, 그것을 분쇄 일지수(work index)라 불렀다. 분쇄에 요하는 일량을 예측하는데, 식 (3.30)이 널리 사용되고 있는 것은 그 값을 앎으로써 분쇄 일량의 예측을 가능하게 했기 때문이다.

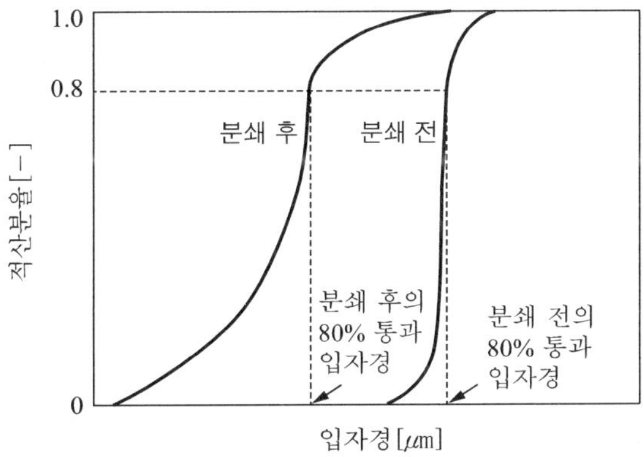

그림 3.13 **분쇄 작업량을 분쇄 전후의 80% 통과 입자경의 차이로 정의**

예제 3.3

본드의 분쇄 일량 이론에 있어서, 분쇄 일지수 W_i가 50 kWh/t인 분체가 있다. 입자경 분포가 Gaudin−Schuhmann 분포에서 $Q(x)=(x/90)^{1.3}$으로 표시되는 원료 분체를 분쇄하여, 입자경 분포가 Rosin−Rammler 분포에서 $1-Q(x)=\exp(-0.1\,x^{1.3})$가 되는 분쇄 생성물을 얻었다. x[μm]으로 하여 다음의 질문에 답하라.

1) 원료의 80% 통과 입자경을 구하라.
2) 분쇄 생성물의 80% 통과 입자경을 구하라.
3) 80% 통과 입자경으로 정의하는 분쇄비를 구하라.
4) 이때의 분쇄 일량을 구하라.

해답

1) $0.8=(x/90)^{1.3}$에서 $x_{fo.8}=75.8\ \mu m$

2) $1-0.8=\exp(-0.1x^{1.3})$에서 $x_{p0.8}=8.48\ \mu m$

3) 분쇄비 R은, $R=\dfrac{x_{f0.8}}{x_{p0.8}}=\dfrac{75.8}{8.48}=8.94$

4) $E=50\left(\dfrac{10}{\sqrt{8.48}}-\dfrac{10}{\sqrt{75.8}}\right)=114\ \text{mkWh/t},\ 1\ \text{kWh}=3.6\times 10^6 \text{J}$

따라서, $E=4.10\times 10^5\ \text{J/kg}$

홈스(Holmes)의 법칙 : 실제 입자 강도는 그림 3.4에 나타낸 것과 같이, 킥의 사고방식과는 달리 입자경에 따라 다르다. 이 실험사실을 기초하여 홈스[27]는 분쇄 일량에 관한 이론식을 얻었다. 그것은 본드가 제안한 식 (3.28)에서는 입자경의 지수가 0.5인데 반하여, 홈스는 그 값은 분쇄원료의 종류에 따라 다르다고 하여 분쇄원료의 단위질량당 일량 W [kWh/t]는 다음 식이 됨을 제안했다.

$$W= W_{iH}\left\{1-\left(\frac{x_{f0.8}}{x_{p0.8}}\right)^{-n}\right\}\left(\frac{100}{x_{p0.8}}\right)^{n} \tag{3.31}$$

여기서 W_{iH}는 홈스의 분쇄 일지수, $n[-]$은 "킥 법칙으로부터의 지수"라 불리고, 분쇄원료의 종류에 따라 다르며 0.25～0.73의 값이 측정되어 있다.

2) 분쇄원료의 분쇄 편리성, 곤란성 지표

분쇄기의 선정, 프로세스의 설계, 운전, 생산량의 컨트롤을 위해, 취급하는 분쇄원료, 분쇄원료의 분쇄 편리성, 곤란성을 나타내는 지표를 미리 측정할 필요가 있다. 지금까지 분쇄원료의 분쇄성 정의나 측정법이 많이 제안되어 있다.[28] 그중에서도 널리 알려져 이용되고 있는 것은, 분쇄의 곤란성을 나타내는 본드가 제안한 W_i와, 분쇄의 편리성을 나타내는 하드그로브 분쇄성 지수이다.

분쇄 일지수(work index) : 분쇄 일지수 일정량의 분쇄생성물을 얻는데 필요로 하는 일량으로부터 구해지는 지수이다. 그 측정은 JIS M 4002에 규정된 볼밀을 이용하여, 정해진 조건에서 분쇄를 진행하여 다음 식에서 구할 수 있다.

$$W_i = \frac{44.5}{X_s^{0.23} G_{b \cdot p}^{0.82} \left(\frac{10}{\sqrt{x_{p0.8}'}} - \frac{10}{\sqrt{x_{f0.8}}} \right)} \times 1.10 \tag{3.32}$$

여기서 $X_s[\mu m]$는 분쇄시험에 이용된 체 눈, $x_{p0.8}'[\mu m]$는 X_s 이하의 분쇄생성물 80% 통과 입자경, $G_{b \cdot p}$[g/rev]는 볼밀 분쇄능이라 불리며, 밀 1회전 당 X_s 이하의 분쇄생성물 질량, $x_{f0.8}[\mu m]$은 시험용 시료의 80% 통과 입자경이다. W_i[kWh/t] 값은 유리 13.5, 석회석 14.0, 시멘트 클링커 17.8, 금강사 62.4, 석고 7.4 등의 측정치가 보고[29]되어 있다.

하드그로브 분쇄성 지수(Hardgrove Grindability Index, HGI) : 이것은 일정한 일량을 분쇄원료에 가해서 얻어지는 분쇄생성물 양으로 정해지는 지수이며, JIS M 8801에 규정한 하드그로브 시험기에 의해 측정된다. HGI[30]의 측정은 W_i를 측정함으로써 간편히, HGI와 W_i의 다음과 같은 관계식이 몇 가지 제안되어 있다.[31]

$$W_i = \frac{435}{(HGI)^{0.91}} \tag{3.33}$$

3) 분쇄 일량과 분쇄생성물의 입자경분포

분쇄생성물은 입자경분포를 가지기 때문에, 식 (3.29)를 각 크기의 입자에 적용해서 입자경분포의 추이와 분쇄 일량의 관계가 연구되어 왔다. 입자경분포를 밀도분포 $q(x)$로 나타내면, 식 (3.29)는 다음 식으로 확장된다.

$$E = \int_{x_{\min}}^{x_{\max}} \int_{x_f}^{x} (-Cx^{-n} dx) q(x) dx \tag{3.34}$$

여기서 $x_{\max}$, $x_{\min}$은 각각 분쇄생성물의 최대 및 최소입자경, x_f는 분쇄기에 공급한 원료의 입자경이다. 찰스(Charles)[32]는 분쇄생성물의 입자경 분포에 Gaudin－Schuhmann 식을 사용해서 분쇄 일량과 식 (2.30) 중의 입도계수 관계를 유도하고, 로드밀(rod mill) 분쇄와 충격분쇄의 실험결과에 적용했다. 또한, 그 밖의 입자경 분포식을 사용함으로써 분쇄 일량과 분쇄생성물의 입자경분포 관계를 유도할 수 있었다.[33]

4) 분쇄속도론

단위시간 당 분체의 생성량을 정확히 파악하고 관리하는 일은 생산현장에서 피할 수 없다. 또한, 분쇄에 필요로 하는 일량은 분쇄의 진행과 더불어 증가하므로 속도론적인 고찰이 필요하다. 분쇄속도론은 분쇄에 필요로 하는 일량의 연구와 동시에 시작되었다고 생각되지만, 그 상세한 내용이 명확해진 것은 1950년대 이후이다.[34]

분쇄기에 공급한 원료입자 및 그로부터 생성한 미립자와 중간적 크기인 입자 질량의 분쇄시간에 대한 변화를 그림 3.14에 나타냈다. 분쇄속도는 주목하는 입자의 크기에 따라 크게 다르므로, 분쇄속도론은 임의의 입자경에 착안한 경우와 분쇄기 내 분쇄원료의 비표면적처럼 전체적인 변화에 착안한 경우로 구분된다.

임의 입자경에 착안한 속도론 : 이 경우 속도과정은 공급입자 질량의 감소과정과 미립자의 생성과정에 의해 논할 수 있다.

공급입자 질량의 감소과정은 그림 3.14에 나타낸 것과 같이, 분쇄기 내에 공급한 원료입자가 분쇄시간과 함께 분쇄되어 감소해 간다. 이 속도과정은 다음 식에 나타내는 1차의 감소속도식으로 표기된다.

$$\frac{dR}{dt} = -k_1 R \tag{3.35}$$

여기서 t[s]는 분쇄시간, $R[-]$은 공급입자의 질량분율, k_1 [s^{-1}]은 분쇄 속도상수이다. 그 예를 그림 3.15에 나타냈다.[35]

미립자의 생성속도는 많은 실험결과에서 그림 3.14에 나타낸 것처럼 분쇄시간에 대하여 직선적으로 증가한다고 간주해도 무방하다. 이 과정은 그림 3.16과 같이, 다음의 0차의 생성속도식으로 나타낼 수 있다.[36]

$$\frac{dQ(x)}{dt} = k_x \tag{3.36}$$

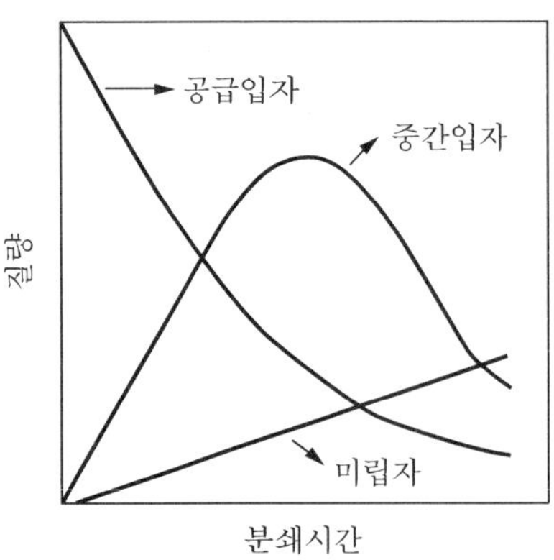

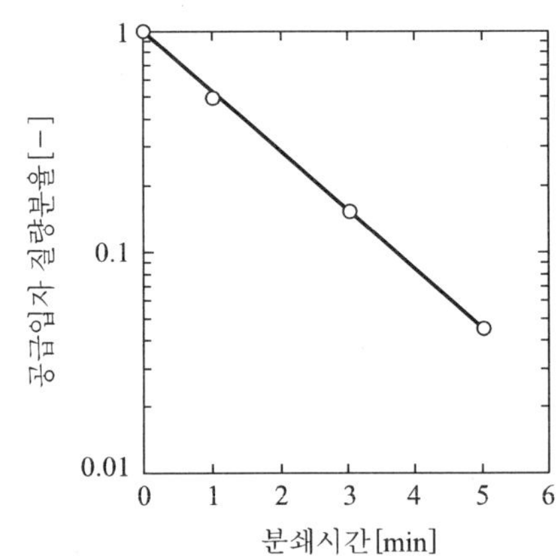

그림 3.14 (좌) 분쇄기 내에의 임의 입자경을 갖는 입자의 질량변화
그림 3.15 (우) 공급입자의 감소속도 (석회석의 볼밀 분쇄)

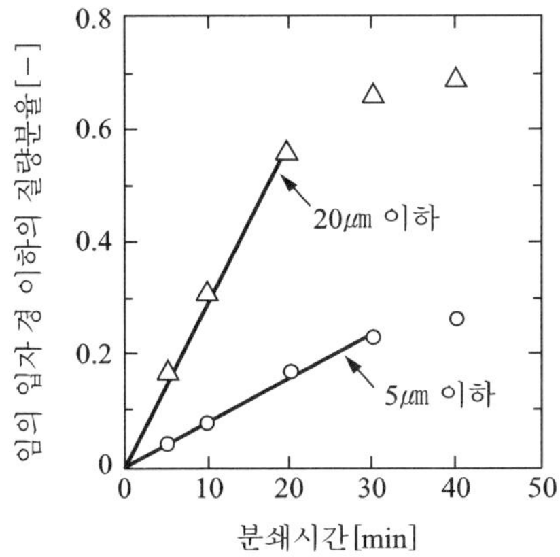

그림 3.16 **임의 입자경 이하의 증가속도(석회석의 볼밀 분쇄)**

여기서 $Q(x)$는 입자경 x보다 작은 입자의 질량분율 [−], k_x[s^{-1}]는 분쇄 속도상수이다. 식 (3.35) 및 (3.36)은 다같이 분쇄시간이 길어지면 분쇄속도는 저하해서 성립하지 않게 된다.

분쇄생성물 전체에 착안한 속도론 : 분쇄원료의 비표면적은 분쇄의 진행과 함께 증가하여 입자경은 작아진다. 따라서 분쇄생성물 전체에 착안한 속도론에서는, 비표면적과 입자경의 변화로서 논해진다. 석회석의 볼밀 분쇄생성물에 대하여 비표면적을 공기투과법으로 측정한 결과를 그림 3.17에 나타냈다. 비표면적은 분쇄초기에 직선적으로 증가하지만, 분쇄시간이 경과함에 따라 속도는 저하해서 일정치(한계치) S_∞에 근접해 간다. 이 속도과정은 다음 식으로 표기된다.[37)]

$$\frac{dS_w}{dt} = k_s (S_\infty - S_w) \tag{3.37}$$

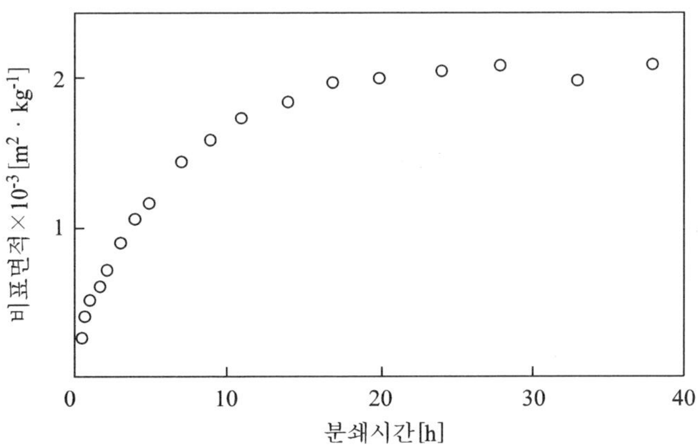

그림 3.17 **비표면적의 증가 과정(석회석의 볼밀 분쇄)**

여기서 S_w는 시간 t에 있어서의 비표면적, k_s[s^{-1}]는 속도상수이다. 한계비표면적 S_∞ 값으로서, 유성밀에 의한 알루미나 분체의 습식분쇄에서 $S_\infty = 2\times10^5$ m^2/kg이 보고되어 있다.[38] 분쇄초기에는 식 (3.38)의 0차 증가속도가 성립하고, 그 후 완만히 속도가 감소해 가는 과정은 식 (3.39)로 나타낼 수 있다.

$$\frac{dS_w}{dt} = k_{s1} \tag{3.38}$$

$$\frac{dS_w}{dt} = k_{s2} S_w^{-n} \tag{3.39}$$

단, $n > 0$이다.

분쇄 일량이 시간에 비례한다고 가정하면, 식 (3.39)는 루이스(Lewis) 식 (3.29)와 동등하며, 분쇄과정을 일량으로 의론할 수 있다.

분쇄의 진행을 나타내는 입자경으로서 비표면적경, 80% 통과 입자경, 메디안경 등이 이용된다. 메디안경의 분쇄시간에 따른 감소과정을 그림 3.18에 나타냈다.

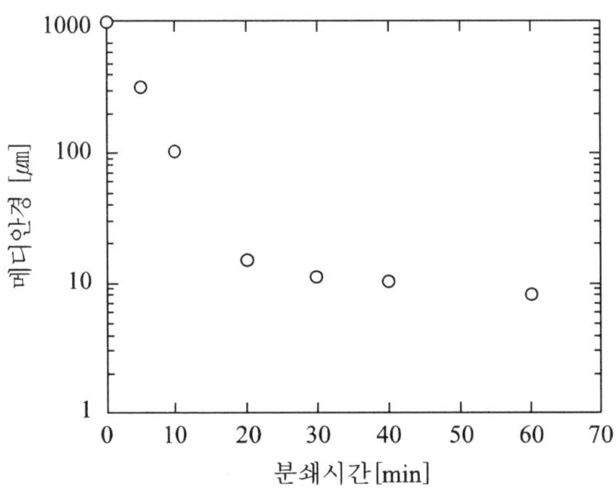

그림 3.18 **메디안경의 감소속도(석회석의 볼밀 분쇄)**

예제 3.4

분쇄에 의한 비표면적의 증가속도는, 식 (3.37)에 나타낸 것처럼 분쇄시간과 함께 감소한다. 이 관계를 사용해서 분쇄시간과 비표면적 증가의 관계를 도출하라.

해답

식 (3.37)을 정적분해서 $\int_{S_0}^{S_w} \frac{dS_w}{S_\infty - S_w} = \int_0^t k_s dt$ 에서 $\ln\frac{S_\infty - S_w}{S_\infty - S_0} = -k_s t$ 를 얻는다.

$S_\infty \gg S_0$에서 $\ln\dfrac{S_\infty - S_w}{S_\infty} = -k_s t$, $1-\dfrac{S_w}{S_\infty} = e^{-k_s t}$

따라서, $S_w = S_\infty(1-e^{-k_s t})$ 를 얻는다.

물질수지에 기초한 분쇄속도론 : 분쇄시간이 t에서 $t+\Delta t$로 증가할 동안에, 어느 착안한 입자경 범위 $x \sim x+\Delta x$ 사이에 어느 입자의 변화량은 아래의 수지식으로 나타낼 수 있다.

$$\text{변화량} = -\left(\begin{array}{c}\text{분쇄되어 착목 입자경}\\ \text{범위로부터 나오는 양}\end{array}\right) + \left(\begin{array}{c}\text{착목입자보다 큰 입자가 분쇄되어}\\ \text{착목입자 범위에 들어오는 양}\end{array}\right)$$

이 물질수지를 식으로 표시하면 다음 식이 된다.[39)]

$$\frac{\partial^2 Q(x,t)}{\partial t \cdot \partial x} = -\frac{\partial Q(x,t)}{\partial x} S(x,t) + \int_x^{x_{\max}} \frac{\partial Q(r,t)}{\partial r} S(r,t) \frac{\partial B(r,x)}{\partial x} dr \tag{3.40}$$

여기서 x, r은 모두 입자경이지만, r은 입자가 착목 입자경보다 큼을 나타낸다. $Q(x, t)[-]$ 및 $Q(r, t)[-]$는 분쇄시간 t에 있어서의 입자경 적산분포, $S(x, t)[s^{-1}]$ 및 $S(r, t)[s^{-1}]$는 분쇄시간 t에 입자경 x, r인 입자가 분쇄되는 확률을 나타내며 선택함수라 한다. 또한, $B(r, x)[-]$는 입자경이 x보다 큰 입자 r이 분쇄되어 입자경 x 이하가 되는 질량비율, 즉 r이 최대입자경이 되는 입자경 적산분포를 나타내며 파쇄함수라 한다.

따라서 선택함수와 파쇄함수가 정의되면, 식 (3.40)에 의해 분쇄의 진행과정을 수치적으로 계산할 수 있다.[40)] 그러나, 양자 공히 분쇄기의 종류, 분쇄조건 등에 따라 변화하며, 충분히 규명되어 있지 않다.

예제 3.5

식 (3.40)에서 $\partial Q(x,t)/\partial x$, $\partial Q(r,t)/\partial r$, $\partial B(r,x)/\partial x$가 나타내고 있는 내용을 설명하라.

해답

$\partial Q(x,t)/\partial x$, $\partial Q(r,t)/\partial r$: 분쇄시간 t에서의 입자경 x 및 r의 밀도(빈도) $q(x,t)$, $q(r,t)$를 나타낸다.

$\partial B(r,x)/\partial x$: 입자경 r인 입자가 분쇄되어 입자경 x인 입자를 생성할 때, r의 입자량에 대한 x의 입자량 비율(밀도).

5) 분쇄기의 종류

화학공업, 시멘트, 선광(광물처리), 석탄, 골재, 리사이클산업 등의 분쇄조작에서 취급되는 고체, 분체의 크기는 m 단위의 덩어리에서 nm 단위의 초미립자까지 10^9의 범위에 걸쳐 있다. 그 때문에 많은 분쇄기가 개발되어 있다. 분쇄기의 분류는 그 기구, 처리량, 분쇄의 목적 등에 의해 분류방법은 다르지만, 여기서는 분쇄원료의 크기에 의해 분류했다. 그것을 요약하면 표 3.4가 된다.[41)] 또한, 표 중에 나타낸 입자경 범위는 분쇄기 분류의 기준이 된다.

표 3.4 **파쇄기, 분쇄기의 분류**

파쇄, 분쇄 조작의 구분	쇄료와 쇄성물의 대략의 입자경	파쇄기, 분쇄기와 파쇄, 분쇄기구	
소할	2 m ↓ 1.5 ~ 1 m >	플랜트 조광 수입부의 그리즐리 오버 사이즈의 파쇄, 햄머, 피크 혹은 소할 분쇄에 의해 파쇄했지만, 최근에는 작업의 안전의 입장에서 에어 브레이커, 유압 브레이커, 혹은 드롭볼에 의해 파쇄하고 있다.	
조쇄	1.5 ~ 1 m ↓ 10 cm	조 크러셔 싱글 롤 크러셔	고정 조 크러셔와 가동 조 크러셔에 의한 간헐적 압축분쇄, 의치에는 스트레이트 조 플레이트와 커브 조 플레이트가 있다. 롤과 커브 브레이킹 플레이트의 사이에서 압축, 전단과 커팅
중쇄	10 cm ↓ 1 cm >	선회분쇄기 해머밀, 슈레더	고정 콘 케이브와 그 내부에 선회하는 맨틀에 의한 연속적 압축 분쇄 고속회전하는 해머로 충격, 전단분쇄, 커팅
미분쇄	2 ~ 1 cm ↓ 10 ~ 1 μm	로드밀 롤러밀 볼밀 제트밀 고속회전충격, 전단형미분쇄기 진동 볼밀 유성밀	로드에 의한 충격, 압축분쇄와 마쇄 롤러와 타이어, 롤러와 회전 테이블 사이의 압축, 전단, 분쇄와 마쇄 롤러 혹은 쇄볼은 스프링 또는 유압으로 회전 테이블 위의 분쇄에 압접당한다. 볼에 의한 충격, 압축분쇄와 마쇄 고속기류에 의한 충격분쇄, 마쇄 고속회전하는 해머, 핀, 디스크에 의한 충격, 전단파쇄 분쇄매체에 끼어 입자의 충격분쇄와 마쇄 포트의 공전과 자전에 의해 파쇄매체에 가속도를 준다. 압축, 충격파쇄와 충격, 네거티브 그라이팅이 일어나기 쉽다.
초미분쇄	10 ~ 1 μm ↓ 1 μm >	매체교반형 초미분쇄기	적당한 크기의 분쇄매체와 쇄료입자를 혼합교반하는 것에 의해 분쇄 에너지를 유효하게 쇄료입자에 전하고, 소위 고 에너지 밀도분쇄를 한다. 주로 마쇄, 충격 전단분쇄도 같이 한다.

조쇄기는 대략 m 단위의 덩어리를 10 cm 이하로 파쇄한다. 주된 분쇄기로 그림 3.19에 나타낸 조 크러셔(Jaw Crusher)가 있다. 그 분쇄기구는 상대하는 고정치판과 가동치판 사이에 분쇄원료를 끼워 넣어 압축파쇄한다. 파쇄와 분쇄생성물의 배출은 가동치판의 왕복운동에 의한다.

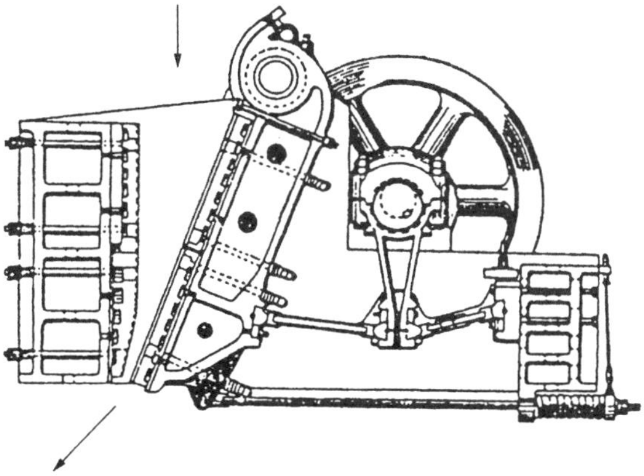

그림 3.19 **조 크러셔**

중간분쇄기는 입자경이 대략 10 cm인 분쇄원료를 1 cm 이하로 파쇄한다. 주된 분쇄기로 그림 3.20에 나타낸 자이러토리 크러셔(gyratory crusher)가 있다. 그 분쇄기구는 역원추형의 쇄

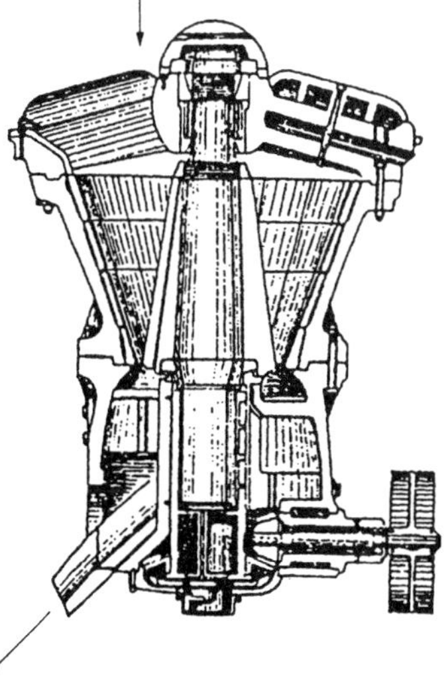

그림 3.20 **자이러토리 분쇄기**

광발(碎鑛鉢)인 콘케이브(concave) 중을 크러싱헤드(crushing head)가 편심 선회운동을 하여, 상부에서 공급한 분쇄원료가 파쇄되어 하부로 배출된다.

미분쇄기로 분류되는 분쇄기는 다종다양하다. 분쇄 전후의 입자경에도 폭이 있지만, 입자경 1 cm 정도인 쇄료를 10 μm 이하로 분쇄하는 장치이다. 대표적인 분쇄기에 볼밀(ball mill)이 있다. 회전 원통용기 내에 분쇄원료와 분쇄매체인 볼을 넣어 분쇄를 하는 기구로, 이 역사와 실적에 있어 신뢰성이 높다. 분쇄기의 구조는 간단하고 scale-up이 용이하여 미분쇄기로서 널리 이용되고 있다.

초미분쇄기는 대략 입자경 10 μm인 분쇄원료를 1 μm 이하로 분쇄하는 장치로, 주된 분쇄기로서 매체교반형 분쇄기가 있다. 매체교반형 분쇄기는 약 60년의 역사를 가지며, 그 분쇄기구는 분쇄매체와 분쇄원료를 혼합, 교반함으로써 충돌, 전단, 압축, 마쇄 등의 복합작용에 의해 분쇄를 진행한다. 분쇄매체의 교반방법을 적용하여 다른 온갖 분쇄기가 개발되고 있다. 그림 3.21에 나타내는 분쇄기는, 교반축의 중심부에서 슬러리 상태로 공급한 분쇄원료를 로터의 회전에 의해 분쇄매체인 볼과 교반 혼합하여 분쇄하는 방법이다. 분쇄원료의 흐름 방향이 볼이 받는 원심력 방향과 일치하기 때문에, 볼에서 받는 전단력도 크고 또한 힘을 받는 확률도 높아진다. 이 분쇄기를 이용한 안료의 분쇄에서는, 메디안경이 수십 nm인 분쇄생성물이 얻어지고 있다.[42] 그밖에 표 3.4에 미분쇄기로서 나타낸 유성밀, 진동밀도 분쇄조건에 따라 이 분류에 넣을 수 있다.

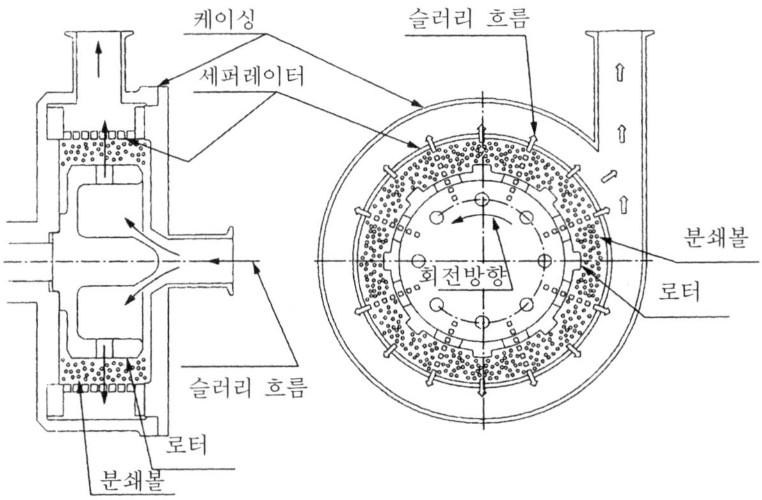

그림 3.21 **매체교반형 분쇄기**

분쇄원료 입자 1개의 파쇄에너지 E와 그 단위질량당 파쇄에너지 E/M의 입자경에 따른 변화를 그림 3.8에 나타냈다. E/M은 입자경이 감소함에 따라 현저히 증대하지만, E는 감소한다. 따라서 분쇄가 진행되기 위해서는 분쇄원료 입자와 분쇄매체의 충돌횟수 증가가 중요하다. 일반적으로, 분쇄기 내에 있는 분쇄원료의 질량은 일정하다고 생각해도 좋으며, 전체입자 개수는 분쇄의 진행, 즉 입자경의 감소와 함께 입자경의 3승에 반비례하여 증가한다. 이 때문에 초미분쇄기의 개발 및 분쇄조작에 있어서는, 단시간에 분쇄원료 입자와 분쇄매체의 충돌횟수를 증가시키는 방법이 필수조건이 된다.

3.2.2 조립

1장에서 고체물질을 입자나 분체로 하는 것의 이점으로, 우선 용해성이나 반응성 촉진을 들고, 다음에 유동성 부여를 들었다. 입자를 잘게 부수어 가면 용해성이나 반응성은 확실히 향상되지만, 반대로 분체의 유동성은 나빠진다. 입자의 생성조작 만으로 두 가지 특성을 동시에 만족시키기는 불가능하지만, 입자를 적당한 결합력으로 결합하여 적당한 충전성을 갖는 크기가 고른 과립으로 만들면, 용해성이나 반응성을 떨어뜨리지 않고 유동성을 향상시킬 수 있다. 이와 같이, 조립조작은 분체가 가진 이점을 잃어버리지 않으면서 결점을 보완할 수 있다. 새로운 기능을 부여하는 등 많은 효과를 기대할 수 있기 때문에, 대부분의 경우 미분체는 최종제품 뿐 아니라 중간제품에서도 과립체로서 취급된다.

조립에 의해 기대되는 효과는 다음과 같이 요약된다.[43]

분체 자체의 처리

① 편석방지 ; 밀도, 입자경, 형상 등이 다른 다성분 혼합분체의 편석을 저감할 수 있다.편석에 대해서는 3.2.4「분체층의 균일성」참조

② 압축특성의 향상 ; 분체 압축시의 응력 전달성을 향상하고, 성형시의 균열 방지나 충전밀도의 향상을 꾀할 수 있다.

③ 유동성의 향상 ; 크기가 고른 구상과립의 조립에 의한 유동성 향상을 꾀할 수 있다.

열물질 이동·반응성

④ 용해성의 향상 ; 과립의 공극율을 적당히 조정함으로써, 채 가루를 방지할 수 있다.

⑤ 통기성의 향상 ; 고정층, 이동층 등의 통기(액) 저항을 저감하고, 동시에 열·물질이동이나 반응 제어를 쉽게 할 수 있다.

⑥ 새로운 기능부여 ; 코팅 조립이나 마이크로 캡슐화는 약 기운이 돌기 시작하는 시간을 제어(서방성)하거나, 분말 주(술)를 만드는 등 다양한 기능을 부여할 수 있다.

분체 관리상의 대책

⑦ 이송성의 향상 ; 반출입의 에너지절감과 자동화, 수송용량의 저감을 꾀할 수 있다. 분진

발생이나 용기로의 부착을 방지할 수 있다.

⑧ 보전 ; 분진발생을 저감함으로써 작업환경을 정화하고, 분진폭발이나 진폐 등의 재해를 방지할 수 있다.

⑨ 계량의 용이성 ; 정제나 펠릿 모양으로 조립한 것은, 개수계량이 가능해지고 계량 정도도 높일 수 있다. 또한, 포장도 용이해진다.

⑩ 외관 ; 외관을 아름답게 꾸며 상품가치를 높인다.

예제 3.6

코코아분말을 물에 녹이면 녹지 않고 분말상태로 유지되는 이유를 생각하고, 조립을 이용해서 녹지 않는 분말을 만들지 않는 방법을 고안하라. 단, 물을 붓는 것만으로도 마실 수 있도록 하고 밀크와 설탕도 함께 넣고 싶다.

해답

분체가 친수성인 경우, 분자간의 간극이 좁을수록 물은 흡인되기 쉬워서 쉽게 물에 녹는다. 그러나, 코코아나 밀크 등과 같이 지방분을 많이 포함하는 소수성 분체에서는, 모세관력은 저항력으로서 거동한다(그림 2.7 참조). 그 때문에, 입자간의 간극이 좁을수록 물은 침입하기 어려워져서 녹지 않는 분말이 되기 쉽다. 또한, 일단 녹지 않는 분말이 생기면, 입자 간극에 생기는 물의 메니스커스(meniscus)는 녹지 않는 분말의 중심을 향해 凸이 되기 때문에, 녹지 않는 분말에는 압축력이 작용하여 더욱 녹기 어려워진다.

따라서 녹지 않는 분말을 방지하기 위해서는, 코코아와 밀크 입자를 친수성과 용해성을 갖는 설탕으로 코팅하여, 친수성 입자로 만드는 방법과 공간율이 큰 과립을 만들어, 입자 간극을 넓혀서 물을 침투하기 쉽게 하는 방법을 생각할 수 있다. 후자의 경우, 설탕을 코코아 입자 사이에 분산시키는 방법도 유효하다.

예제 3.7

다음의 식품·일상품에서는 주로 어떤 조립효과가 발휘되고 있다고 생각되는지? 상술한 ①~⑩의 번호로 답하라.

세제, 밥에 뿌려서 먹는 식품, 각설탕, 고형연료, 지효성 캡슐 감기약

해답

세제(③, ④, ⑦, ⑧), 밥에 뿌려서 먹는 식품(①, ③), 각설탕(⑦, ⑨, ⑩), 고형연료(⑤, ⑨), 지효성 캡슐 감기약(③, ④, ⑥, ⑦, ⑨, ⑩)

3.2.3 조립기술

조립기술은 조립기구에 따라서 입자를 억지로 다지는 강제조립법, 입자를 상호 접촉시켜 과립을 성장시키는 자족조립법, 현탁액을 건조 고화하는 방법, 액상 중에서 미립자를 응집시키는 액상조립법이 있다.

1) 강제조립법

강제조립법은 입자를 억지로 다지는 방법에 따라 밀어내기 조립법, 압축조립법, 해쇄조립법으로 분류된다. 압출조립장치의 예를 그림 3.22에 나타냈다. 압축조립법에는 타정, 압축롤 표면에 장식된 거푸집을 이용해서 조립하는 방법이 있다. 해쇄조립법에서는 압축롤러 등을 이용해서 고밀도로 성형한 압분체를 해쇄한 후 정립하여 과립을 얻는다.

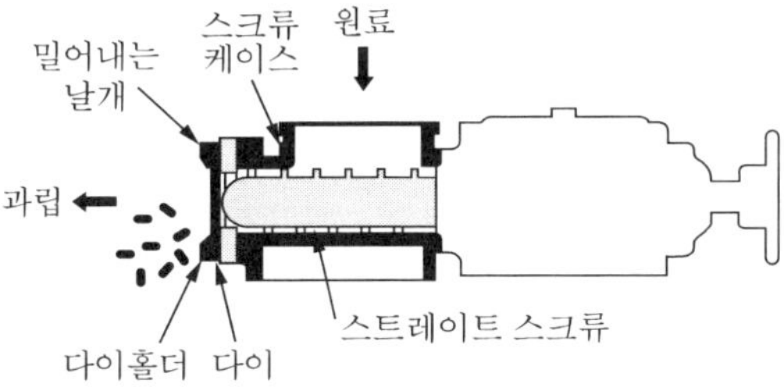

그림 3.22 **앞 밀어내는 식 스크류형 밀어내는 조립기**

2) 자족조립법

자족조립법에서는 입자 간에 작용하는 압축력이 약하기 때문에, 액상결합제(binder)를 첨가해서 과립을 눈사람 식으로 성장시킨다. 입자를 접촉시키기 위한 운동 양식에 따라 전동조립법, 유동층조립법, 교반조립법으로 분류된다. 전동조립법은 회전용기 내에서 입자를 전동시켜 조립하는 방법이다. 그림 3.23에 팬형 조립기를 예시한다. 그림 3.24에 나타낸 유동층조립장

그림 3.23 **접시(팬)형 조립기**

그림 3.24 **유동층조립장치**

치는 피복조립(coating)에 가장 적합하고, 교반조립법에서는 혼합이나 반죽을 동시에 행할 수 있다.

3) 현탁액을 건조고화하는 방법

현탁액적을 열풍 중에 분무하여 건조과립을 얻는 분무건조 조립법과 현탁액을 동결한 후에 진공건조하는 진공동결 조립법이 있다. 분무건조 조립법은 공정이 간단하기 때문에 연속화, 대형화, 공정관리가 용이하여 각종 공업에서 이용되고 있다. 진공동결법은 가열이 탐탁지 않은 식품이나 약품의 조립에 이용된다.

4) 액상조립

현탁액에 응집제를 가하여 조립하는 방법과 기름 중 물방울 혹은 물 중 기름방울 표면상에서의 계면중합반응을 이용해서 벽막을 만들어 입자를 마이크로 캡슐화하는 방법이 있다. 마이크로 캡슐화는 입자에 다양한 기능을 부가할 수 있는 이점이 있다.

3.2.4 분체층의 균일성

액체나 기체와 달리 분체를 구성하는 입자는 자기 확산성을 갖지 않기 때문에, 분체를 완전히 혼합, 분리하는 것은 어렵고, 불균일한 혼합상태를 취할 경우가 많다. 따라서, 목적에 따라 분체층의 균일성이나 혼합도를 평가하여 제어나 조작하는 일이 중요하다.

1) 편석 (segregation)

분체가 유동하면 입자경, 입자 밀도, 입자 형상, 표면상태 등의 차이로 인해 분체층의 조성이 장소에 따라 달라지는 현상으로, 분체층의 균일성을 저해하지만 그것을 유효하게 이용하여 혼합조성을 장소에 따라 바꾸는 일도 가능하다.

입도 편석(size segregation)은 입자경 차로 인하여 생기는 편석으로서 가장 현저히 볼 수 있다. 그림 3.25처럼 분체를 평면상에 원추형으로 퇴적시킬 때, 미립자는 퇴적한 조대입자의

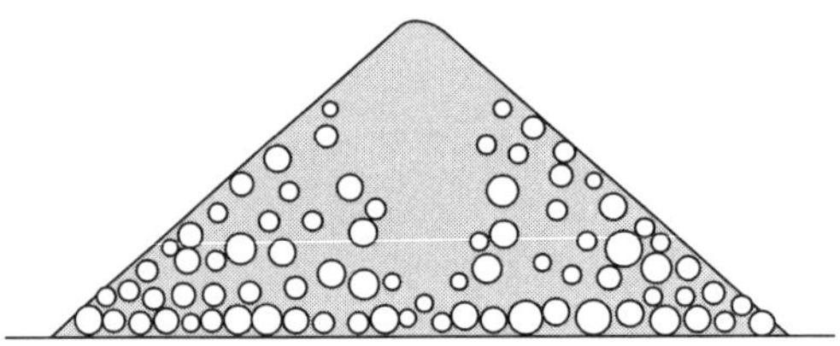

그림 3.25 입도 편석의 예

극간에 파고들기 위해 중심부에 모이고, 조대입자는 안식각이 작기도 하여 주변부까지 굴러 떨어진다. 그 결과 반경방향으로 입도편석이 생긴다. 또한, 원추형으로 퇴적한 분체를 중심 하부에서 배출하면 최초로 중심부의 미립자가 배출되고, 뒤따라 주변부의 조대입자가 많이 배출되기 때문에, 시간적으로 입자경이 변화하게 된다. 그밖에 충전층에 진동을 가하면 미립자가 층의 하부로, 조립자가 층의 상부로 이동해서 입도편석이 생긴다. 또한, 충전층을 진동시킬 경우, 동일 입자경에서도 밀도가 큰 입자가 아래로, 작은 입자가 위로 이동하는 밀도편석이 생긴다.

편석의 정도를 나타내는 지표가 편석도인데, 분체층 내의 장소에 따른 혼합도 차나 분산이 이용된다. 또한 분체층을 상하로 2분할하여, 층의 상부와 하부에서의 착목성분 농도 차를 농도의 합으로 나눈 값인 편석계수도 이용된다. 착목성분이 층의 상부에만 존재하면 편석계수 값은 1, 하부에만 존재하면 −1, 상부와 하부의 농도가 같으면 0이 된다.

2) 균일성의 평가

균일성을 검토할 경우, 어느 범위에서 의론할 것인지 목적에 따라 명확히 할 필요가 있다. 정제를 예로 들면, 그 약효성분의 함유량이 정제마다 들쭉날쭉 하는 것은 문제이나, 정제 1개 중에서 편석해 있어도 문제는 없다. 따라서 정제의 경우는 정제 1개의 양이 샘플 사이즈가 된다. 그러나 정제를 분할해서 복용할 경우는 분할된 최소단위를 샘플 사이즈로 하지 않으면 안된다.

혼합도에 의한 분산의 평가 : 혼합물에서 무작위로 채취한 N개의 샘플에 대하여 착목성분의 농도 혹은 혼합비율을 구해, 그 값이 $C_i\,(i=1,\ 2,\ 3,\ \cdots\ ,\ N)$라 하면, 그 평균치 C_a는 다음 식에서 구할 수 있다.

$$C_a = \frac{1}{N}\sum_{i=1}^{N} C_i \tag{3.41}$$

시료의 분산 σ_s^2은 다음 식이 된다.

$$\sigma_s^2 = \frac{1}{N-1}\sum_{i=1}^{N}(C_i - C_a)^2 \tag{3.42}$$

이 분산 혹은 그 평방근인 표준편차 σ_s 값은 N개의 샘플 모두의 농도가 평균치와 같은 즉 완전히 균일하면 0이 되고, 샘플에 의한 농도의 산포도가 클수록 큰 값이 되므로, 균일도의 지표로서 이용할 수 있다. 또한, σ_s를 C_a로 나눈 무차원 값을 변동계수 C_v라 부르며 혼합도를 나타내는 척도가 된다.

그러나, σ_s는 혼합도 뿐 아니라 샘플 사이즈나 착목성분 비율의 영향도 받기 때문에, 보편적인 혼합의 정도를 나타내기 위하여, 2항분포식에서 구해지는 완전혼합 상태의 분산 σ_r^2과 완전분리 상태의 분산 σ_0^2로부터 정의되는 혼합도 M이 이용된다. σ_r^2과 σ_0^2은 다음 식에서 구할 수 있다.

$$\sigma_r^2 = \frac{C_a(1-C_a)}{n} \tag{3.43}$$

$$\sigma_0^2 = C_a(1-C_a) \tag{3.44}$$

여기서, n은 1가지 샘플 중에 포함되는 입자수이다. 혼합도 M은 다음 식으로 나타내며, 완전혼합 상태에서는 1, 완전분리 상태에서는 0을 나타낸다.

$$M = \frac{\sigma_0^2 - \sigma_s^2}{\sigma_0^2 - \sigma_r^2} \tag{3.45}$$

예제 3.8

입자경이 같은 흑과 백 2종류 입자의 같은 개수 완전혼합물이 있다. 이때 샘플 사이즈를 바꾸면 변동계수 C_v는 어떻게 변화할까?

해답

개수농도 C_a가 0.5이므로, 샘플 사이즈가 입자 4개인 경우를 생각하면 변동계수는,

$$C_v = \sqrt{\frac{1-C_a}{nC_a}} = \sqrt{\frac{1-0.5}{4 \cdot 0.5}} = 0.5$$

샘플 사이즈가 입자 36개인 경우의 변동계수는

$$C_v = \sqrt{\frac{1-C_a}{nC_a}} = \sqrt{\frac{1-0.5}{36 \cdot 0.5}} = 0.167$$

샘플 사이즈가 입자 100개인 경우의 변동계수는

$$C_v = \sqrt{\frac{1-C_a}{nC_a}} = \sqrt{\frac{1-0.5}{100 \cdot 0.5}} = 0.1$$

이 되고, 샘플 사이즈의 1/2승에 반비례하여 변동계수 값은 작아진다.

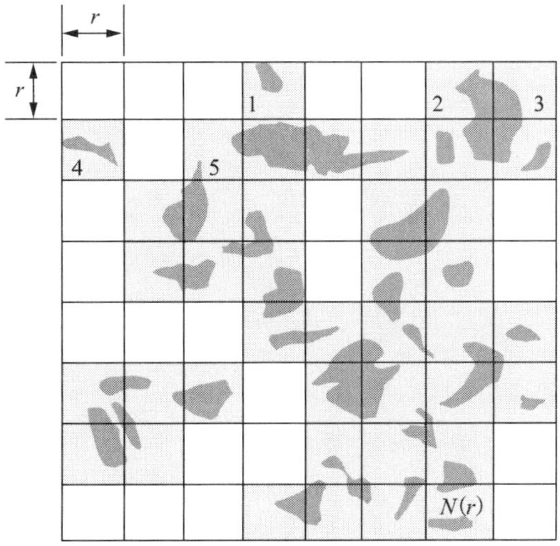

$N(r)$: 착목성분을 포함한 정방형의 수
r : 정방형의 변길이

그림 3.26 **커버법에 의한 혼합물의 프랙탈 차원측정**

프랙탈 차원에 의한 분산의 평가 : 착목성분의 평면 혹은 공간분산 상태를 화상화하여, 그 혼합 상태를 직접 정량화하는 지표로서 프랙탈 차원(fractal dimension)이 이용된다. 그림 3.26처럼 화상을 1변이 r인 정방형으로 분할하여, 착목성분(검은 부분)이 포함되는 정방형의 수 $N(r)$을 구한다. 정방형의 변 길이 r을 바꾸어 같은 조작을 반복해서, 그림 2.3과 같이 얻어진 $N(r)$을 r에 대하여 양대수 플롯하여 직선관계가 얻어지면 다음 식이 성립한다.

$$N(r) = r^{-D} \tag{3.46}$$

여기서 D가 이 화상의 프랙탈 차원이다. 측정이 평면화상이면 D는 0~2 범위 값을 나타내고, 0에 가까울수록 착안성분이 점상으로, 1에 근접하면 선상으로, 2에 근접하면 면상으로 분산혼합되어 있는 것을 나타낸다.

3.2.5 혼합·혼련

1) 혼합(mixing)

분체는 기체나 액체와 달리 개개 입자는 자기 확산성을 갖지 않기 때문에, 외력을 가해서 혼합시킬 필요가 있다. 혼합을 진행시키기 위해서는 분체를 강력히 교반 혹은 전동시켜, 정지부가 생기지 않도록 할 필요가 있다. 혼합기구로서는 다음의 3가지이다.

대류(이동)혼합 : 혼합기 내 입자군의 큰 이동 반복에 따른 혼합
전단혼합 : 분체 내의 속도분포 차로 인하여 생기는 입자끼리의 미끄럼 등에 따른 혼합
확산혼합 : 근접한 입자끼리의 위치교환에 따른 국소적, 확산적인 혼합

분체의 혼합기에는 이들 기구를 조합한 많은 종류가 있고, 목적에 맞는 특징을 가진 혼합기를 선택해서 사용할 필요가 있다. 혼합기의 종류를 대별하면 다음과 같다.

① 용기회전형(분체가 든 용기 자체가 회전, 진동, 요동한다) ; 수평원통형, V형, 2중원추형, 요동회전형 믹서 등
② 기계교반식(분체가 든 용기 내에 장착된 날개가 회전한다) ; 단축리본형, 복축패들형, 회전호미형, 2축 유성교반형, 원추스크루형, 플래시믹서
③ 유동교반식(분체가 든 용기 내에 기체를 흘린다) ; 기류교반형, 유동층형, 제트믹스
④ 무교반식(뒤틀린 관 내에 분체를 흘린다) ; 모션리스 믹서, 정지형 혼합기
⑤ 고속전단·충격식(분체를 고속회전하여 혼합) ; 고속 타원 로터형, 고속교반형

이들 중 ①, ③, ④는 비교적 유동성이 양호한 분체의 혼합에, ②와 ⑤는 유동성이 나쁜 분체의 혼합에 이용된다. 또한, 초기에 ①이나 ③, ④ 등의 혼합기로 어느 정도까지 혼합해 놓고, 그 후 ②나 ⑤의 혼합기로 충분히 혼합하는 방법이 이용되는 경우도 있다. 이들 중 용기회전형과 기계교반식의 대표적인 혼합기의 개략을 그림 3.27에 나타냈다.

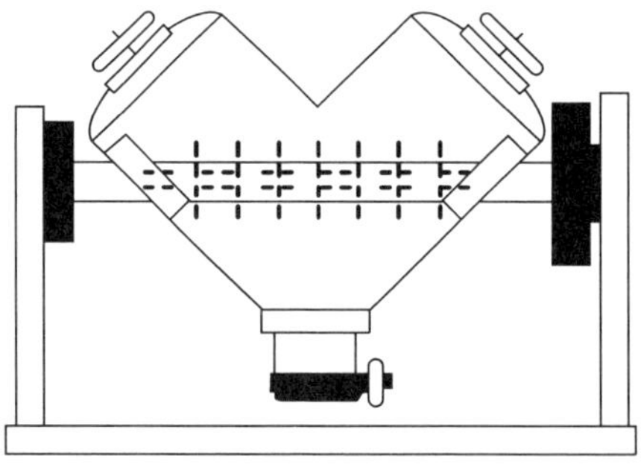
(a) V형(교반날개 포함)

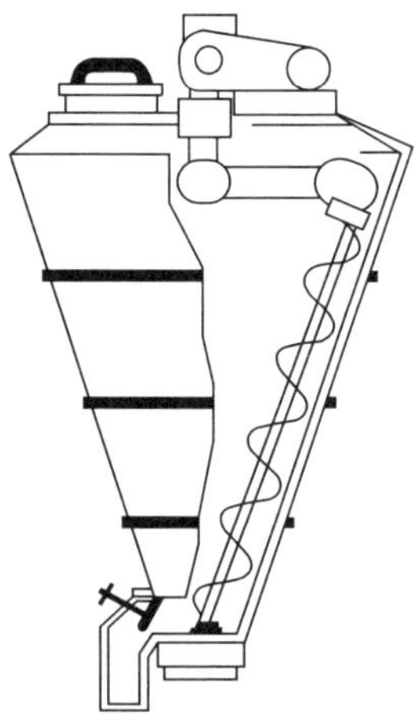
(b) 원추 스크루형

그림 3.27 **대표적인 혼합기**

2) 혼련·반죽 (mulling, kneading)

분체를 풀면서 그 표면을 액체나 페이스트로 적시고 피복, 분산하는 조작으로, 조립이나 성형, 도막화 등의 전처리로서 행하여진다. 혼련·반죽의 기구는 혼합물의 층류전단, 압연, 접힘 등이고, 그들로 인하여 혼합물 중의 분체나 응집입자는 압축력, 전단력, 인장력을 받아 해쇄되어 액체나 페이스트에 균일분산하게 된다.

혼련·반죽 상태의 평가는 혼련·반죽기의 토오크나 소비전력의 측정, 온도 변동, 압력 변동, 혼련물의 인장강도나 레올로지 특성의 측정이나 분석 등을 이용해서 행해지나, 대상이 되는 혼합물이나 장치에 의존하므로, 혼합도와 같은 일반적인 평가는 곤란하다. 전자현미경이나 주사형 프로브 현미경을 이용한 혼련물 관찰 등의 마이크로적인 평가법도 이용된다.

혼련·반죽기는 다음의 3종류로 대별된다. 이들 중 회전용기형과 고정용기형의 대표적인 혼련·반죽기의 개략을 그림 3.28에 나타냈다.

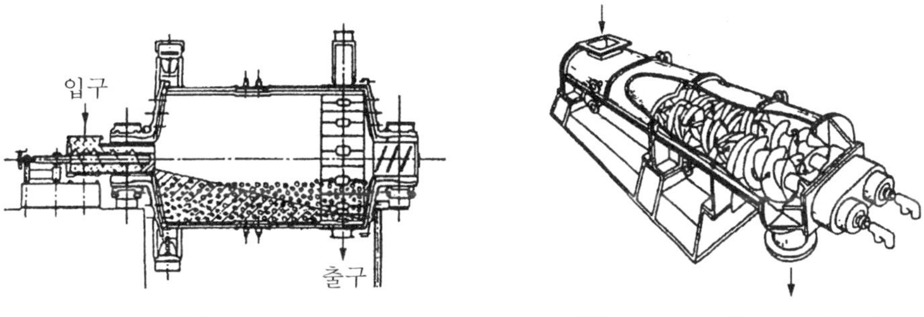

(a) 습식혼련 밀　　(b) 2축형 니더(셀프 크리닝식)

그림 3.28 **대표적인 혼련기**

① 회전용기형(용기를 회전하여 내부 분체를 충분히 섞는다) ; 습식혼련 밀, 콘크리트믹서
② 고정용기형(고정용기 내에서 교반날개를 회전하여 내부 분체를 섞어 이긴다) ; 보테이터 (votator), 밤바리(bambari) 믹서, 2축형 니더(kneader)
③ 롤형(회전하는 롤로 분체와 매체를 충분히 섞는다) ; 롤밀(roll mill), 테이퍼(taper) 롤밀

이와 같이 혼련·반죽기에는 여러 가지 타입이 있으므로, 혼련·반죽하는 물질이나 목적에 따라 적절한 장치를 선택할 필요가 있다.

참고문헌

1) 三輪茂雄 : 粉體工學通論, P. 152, 日刊工業新聞社(1983)
2) 八嶋三郎編 : 粉體と粉體物性, P. 58, 培風館(1986)
3) 神田良照, 八嶋三郎 : 粉體と工業, 26, 36(1994)
4) 八嶋三郎, 神田良照, 坂本宏, 粟野修, 諸橋昭一 : 化學工學, 34, 1199(1970)
5) 平松良雄, 岡行俊, 木山英郎 : 日本鑛業會誌, 81, 1024(1965)
6) 神田良照, 八嶋三郎, 下飯坂潤三: 日本鑛業會誌, 86, 847(1970)
7) 大井喜久夫, 中村輝太郎譯 : ガラスの物理, P. 147, 共立出版(1977)
8) 金丸競 : 材料强度論－亀裂と破斷, P. 16, 共立出版(1977)
9) Griffith A. A : Proceedings of First International Congress of Applied Mechanics, Delft, 55 1924)
10) 剛村弘之 : 線形破損力學入門, P. 22, 培風館(1976)
11) 山口梅太郎, 西村祐一 : 岩石力學入門, P. 96, 東京大學出版會(1969)
12) Epstein. B : Journal of Applied Physics, 19, 140(1948)
13) 八嶋三郎, 齊藤文良 : 粉體工學會誌, 16, 714(1979)
14) 神田良照, 佐野茂, 齊藤文良, 八嶋三郎 : 化學工學論文集, 10, 108(1984)
15) Gilvarry. J. J : Journal of Applied Physics, 32, 391(1961)
16) Gilvarry. J. J and B. H. Bergstrom : Journal of Applied Physics, 32, 400(1961)
17) Gaudin. A. M and T. P. Meloy : Transactions of the Society of Mining Engineers of A. I. M. E, 223, 40(1962)
18) Klimpel. R. R and L. G. Austin : Transactions of the Society of Mining Engineers of A. I. M. E, 232, 88(1965)
19) Harris. C. C : Transactions of the Society of Mining Engineers of A. I. M. E,235, 143(1966)
20) 八嶋三郎, 齊藤文良, 堀田浩充 : 化學工學論文集, 7, 83(1981)
21) 向阪保雄 : 粉體工學會誌, 26, 146(1989)
22) 奧山喜久夫, 島田學 : 粉體工學會誌, 29, 701(1992)
23) 杉本忠夫 : 粉體工學會誌, 29, 912(1992)
24) 奧山喜久夫, 安立元明, 新井康司, 向阪保雄, 峠登, 辰巳砂昌弘, 南努 : 粉體工學會誌, 26,4(1989)
25) 小久保正 :粉體工學會誌, 26, 189(1989)
26) Bond. F. C : Transactions of the American Institute of Mining andMetallurgicalEngineers, 193, 484(1952)
27) Holmes. J. A : Transactions of the Institution of Chemical Engineers, 35, 125(1957)
28) 松居國夫 : 化學工學, 35, 268(1971)
29) 粉體工學會編 : 粉體工學便覽, P. 295, 日刊工業新聞社(1998)
30) Lowrison. G. C : Crushing and Grinding, P. 53, CRC Press, Cleveland, Ohio(1974)
31) Bond. F. C : British Chemical Engineering, 6, 378(1961)
32) Charls. R. J : Transactions of the American Institute of Mining, Metallurgicaland petroleum Engineers, 208, 80(1957)
33) 八嶋三郎 : 粉體と粉體物性, p. 71, 培風館(1986)
34) 田中達夫, 官脇猪之介, 藤崎一裕 : 化學工學, 35, 276(1971)
35) Kotake. N, K. Suzuki, S. Asahi and K. Kanda : Powder Technology, 122, 101(2002)
36) 小竹直哉, 神田良照 : 資源と素材, 116, 901(2000)
37) 田中達夫 : 化學工學, 18, 160(1954)
38) 横山豊和, 窪田輝夫, 神保元二 : 粉體工學會誌, 29, 102(1992)
39) Sedlatshek, K and L. Bass : Powder metallurgy bulletin, 6, 148(1953)
40) Furuya. M, Y. Nakajima and T. Tanaka : I&EC Process Design&Development,10, 449(1971)
41) 八嶋三郎 : 粉體と工業, 26, 29(1994)
42) 三井鑛山(株) カタログ(2002)
43) 粉體工學會編 : 粉體工學便覽, P. 361, 日刊工業新聞社(1998)

제 4 장

장 중에서의 입자와 분체의 거동

입자는 중력 등 장의 작용에 따라 다양한 거동을 하며, 그 거동의 차를 이용해서 입자의 분리나 분급이 수행되고 있다. 본 장에서는 4.1에서 중력장, 전장, 자장 중에서의 입자 운동에 대하여 언급하고, 4.2에서 장을 사용한 분리·분급조작에 대하여 언급한다.

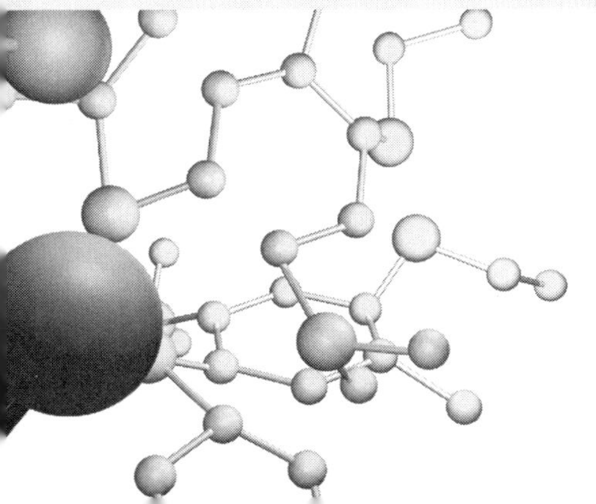

4.1 장 중에서의 입자의 거동

본 절에서는, 우선 무한으로 퍼지는 물이나 공기 등의 뉴턴유체 중에 놓인 구 입자의 운동에 대하여 언급하고, 다음에 입자의 모양이나 입자 농도, 기체압력 등이 입자 운동에 미치는 영향에 대해서 언급한다.

액체, 기체와 상관없이 뉴턴유체 중 입자의 운동방정식은 같지만, 액체의 밀도는 고체와 같은 수준이기 때문에 무시할 수 없는데 반하여, 기체의 밀도는 1000분의 1 수준이므로 무시할 수 있다. 그 때문에 동일한 입자 거동을 나타내는데, 고－기체계와 고－액체계에서 다른 식처럼 보일 수 있으므로 주의를 요한다.

4.1.1 구 입자의 운동방정식

진공 중에서 직경 x[m]이고 밀도가 ρ_p[kg/m^3]인 구 입자에 외력 F[N]이 작용할 때, 힘은 입자의 질량과 가속도의 곱이므로, 그 운동방정식은 다음 식으로 주어진다.

$$F = \frac{\pi}{6} x^3 \rho_p \frac{du}{dt} \tag{4.1}$$

여기서, u[m/s]는 입자의 속도이다. 입자에 끊임없이 외력이 작용할 경우, 입자는 등가속운동을 하고 초속도 $u_0 = 0$일 때 입자의 속도는 다음 식으로 주어져, 속도는 무한히 증가해 간다.

$$u = \frac{6F}{\pi x^3 \rho_p} t \tag{4.2}$$

그것에 대하여, 뉴턴유체 중에서 외력이 작용하면 입자에는 유체항력 R[N]이 작용한다. 또한, 입자는 진행방향의 유체를 밀어젖히고 그 유체를 가속하므로, 입자의 질량은 겉보기상 커지기(부가질량)때문에, 입자의 운동방정식은 다음 식으로 고쳐 쓸 수 있다.

$$\frac{\pi}{6} x^3 \left(\rho_p + \frac{1}{2}\rho_f\right) \frac{du}{dt} = F - R \tag{4.3}$$

$$R = C_D \frac{\pi}{4} x^2 \frac{\rho_f u^2}{2} \tag{4.4}$$

여기서, ρ_f [kg/m^3]와 μ [Pa·s]는 각각 유체의 밀도와 점도이다. C_D[－]는 항력계수 혹은 저항계수(drag coefficient)라 한다. 외력과 유체항력이 거의 같으면, 입자는 $du/dt = 0$이 되어 종말속도(terminal velocity)에 도달해서 일정속도로 운동한다.

항력계수는 다음 식으로 정의되는 입자 레이놀즈(Reynolds) 수 $Re_p[-]$의 함수로서 표시된다.

$$Re_p = \frac{xu\rho_f}{\mu} \tag{4.5}$$

Re_p는 입자 주위의 흐름 상태를 나타내는 무차원수로, $Re_p < 2$인 영역은 층류역 혹은 스톡스(Stokes) 역이라 하며, 흐름은 박리하지 않고 입자 주위를 흐른다. $2 < Re_p < 500$인 영역은 전이역 혹은 알렌(Allen) 역이라 불리며, 흐름은 박리하여 소용돌이를 발생시킨다. $500 < Re_p$에서는 흐름은 입자 후방에서 급격히 소용돌이치며, 난류역 또는 뉴턴(Newton) 역이라 불린다. 구 입자의 항력계수 C_D와 Re_p의 관계는, 그림 4.1의 표준저항곡선으로 표시되지만, 각각의 영역에 대하여 다음의 근사식이 널리 이용되고 있다.

$$\text{층류영역}\,(Re_p < 2),\ \text{Stokes 저항치}: C_D = \frac{24}{Re_p} \tag{4.6}$$

$$\text{전이영역}\,(2 < Re_p < 500),\ \text{Allen 저항치}: C_D = \frac{10}{\sqrt{Re_p}} \tag{4.7}$$

$$\text{난류영역}\,(500 < Re_p),\ \text{뉴턴 저항치}: C_D = 0.44 \tag{4.8}$$

넓은 범위에서 적용 가능한 식으로서 다음 식이 있다.

$$Re_p < 1000:\ C_D = \frac{24}{Re_p}\left(1 + \frac{{Re_p}^{2/3}}{6}\right) \tag{4.9}$$

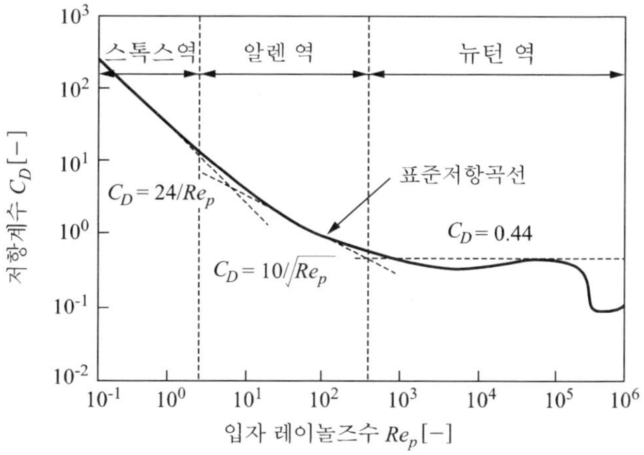

그림 4.1 구 입자의 저항계수와 입자 레이놀즈수의 관계

가장 중요한 층류역에서의 유체항력 R[N]은 식 (4.4)에 (4.5), (4.6)을 대입하여 다음 식이 된다.

$$R = 3\pi\mu u x \tag{4.10}$$

4.1.2 외력이 작용하지 않는 입자운동

층류역에 있어서는 식 (4.3)에서 $F = 0$으로 놓고, 식 (4.10)을 대입하면 다음 식을 얻는다.

$$\frac{du}{u} = -\frac{18\mu}{(\rho_p + \rho_f/2)x^2}dt \tag{4.11}$$

여기서 초기속도를 u_0라 하고 식 (4.11)을 적분하면, 시간 t에 있어서의 입자속도 u는 다음 식으로 주어진다.

$$u = u_0 \exp\left\{-\frac{18\mu}{(\rho_p + \rho_f/2)x^2}t\right\} \tag{4.12}$$

식 (4.12)으로부터 정지유체 중에 발사된 입자는 다음 식으로 정의되는 입자 완화시간 (particle relaxation time) τ 후에 입자속도는 초속도의 1/e=0.368배가 된다.

$$\tau = \frac{(\rho_p + \rho_f/2)x^2}{18\mu} \tag{4.13}$$

그 사이의 입자 이동거리 L은 다음 식으로 주어진다.

$$L = \int_0^t u\,dt = u_0\tau(1 - e^{-t/\tau}) \tag{4.14}$$

여기서 입자가 정지하기까지의 거리를 입자 정지거리(particle stopping distance) L_∞라 일컬으며, τ와 함께 입자가 가진 관성의 크기를 나타낸다. 입자 정지거리는 식 (4.14)에서 $t \to \infty$로 하여 다음 식으로 주어진다.

$$L = u_0\tau \tag{4.15}$$

4.1.3 중력장에서 입자침강

중력장에서 직경이 x, 밀도가 ρ_p인 구 입자에 작용하는 외력 F는 중력가속도를 g[m/s^2]라 하면, 다음 식으로 주어진다.

$$F = \frac{\pi}{6}x^3(\rho_p - \rho_f)g \tag{4.16}$$

먼저 중력과 유체항력이 거의 같은 상태의 종말침강속도 u_∞를 구한다. 식 (4.4)와 (4.16)을 같다고 놓고, 각 영역의 유체항력계수식 (4.6)~(4.7)을 대입해서 정리하면, 다음과 같이 u_∞가 구해진다.

$$\text{층류영역}(Re_{p\infty} < 2):\ u_\infty = \frac{(\rho_p - \rho_f)gx^2}{18\mu} \tag{4.17}$$

$$\text{전이영역}(2 < Re_{p\infty} < 500):\ u_\infty = \left\{\frac{4}{225}\frac{(\rho_p - \rho_f)^2 g^2}{\mu\rho_f}\right\}^{1/3} x \tag{4.18}$$

$$\text{난류영역}(500 < Re_{p\infty}):\ u_\infty = \left(3\frac{\rho_p - \rho_f}{\rho_f}g\right)^{1/2} x^{1/2} \tag{4.19}$$

예제 4.1

밀도가 3000 kg/m^{3}인 구형입자의 수중 및 공기 중에서의 종말침강속도를 입자경에 대하여 도시하라. 단, 물과 공기의 점도는 각각 1.0 mPa·s와 18.1 μPa·s로 한다. 물과 공기의 밀도는 각각 1000 kg/m^{3}과 1.21 kg/m^{3}로 한다.

해답

식 (4.4) = 식 (4.16)으로부터 다음 식을 얻는다.

$$u_\infty^2 = \frac{4}{3}\frac{\rho_p - \rho_f}{\rho_f}\frac{g}{C_D}x = \frac{4}{3}\frac{\rho_p - \rho_f}{\rho_f}\frac{g}{C_D}\frac{\mu Re_{p\infty}}{u_\infty \rho_f} \tag{a}$$

$$\therefore u_\infty = \left\{\frac{4}{3}\frac{(\rho_p - \rho_f)\mu g}{\rho_f^2}\frac{Re_{p\infty}}{C_D}\right\}^{1/3}$$

$Re_{p\infty} < 1000$ 범위에서는 식 (4.9)에서 C_D를 Re_p에 대하여 구하고, $1000 \leqq Re_{p\infty}$에서는 $C_D = 0.44$로 하여 식 (a)를 이용해서 u_∞를 $Re_{p\infty}$에 대해 계산한다. 다음에 식 (4.5)를 이용해서 $Re_{p\infty}$를 입자경 x로 환산한다.

수중을 침강할 경우

$Re_{p\infty} < 1000\,;$

$$u_\infty = \left\{ \frac{4}{3} \frac{(3000-1000)\times 0.001 \times 9.8}{1000^2} \frac{Re_{p\infty}}{4(6+Re_{p\infty}{}^{2/3})} Re_{p\infty} \right\}^{1/3}$$

$$= \left\{ 6.53 \times 10^{-6} \frac{Re_{p\infty}{}^2}{6+Re_{p\infty}{}^{2/3}} \right\}^{1/3}$$

$1000 \leq Re_{p\infty}\,;$

$$u_\infty = \left\{ \frac{4}{3} \frac{(3000-1000)\times 0.001 \times 9.8}{1000^2} \frac{Re_{p\infty}}{0.44} \right\}^{1/3} = (5.94 \times 10^{-5} Re_{p\infty})^{1/3}$$

$$x = \frac{\mu}{\rho_f} \frac{Re_{p\infty}}{u_\infty} = \frac{0.001}{1000} \frac{Re_{p\infty}}{u_\infty} = 10^{-6} \times \frac{Re_{p\infty}}{u_\infty}$$

공기중을 침강할 경우

$Re_{p\infty} < 1000\,;$

$$u_\infty = \left\{ \frac{4}{3} \frac{(3000-1.21)\times 18.1 \times 10^{-6} \times 9.8}{1.21^2} \frac{Re_{p\infty}}{4(6+Re_{p\infty}{}^{2/3})} Re_{p\infty} \right\}^{1/3}$$

$$= \left\{ 0.121 \frac{Re_{p\infty}{}^2}{6+Re_{p\infty}{}^{2/3}} \right\}^{1/3}$$

$1000 \leq Re_{p\infty}\,;$

$$u_\infty = \left\{ \frac{4}{3} \frac{(3000-1.21)\times 18.1 \times 10^{-6} \times 9.8}{1.21^2} \frac{Re_{p\infty}}{0.44} \right\}^{1/3} = (1.10 \times Re_{p\infty})^{1/3}$$

$$x = \frac{18.1 \times 10^{-6}}{1.21} \frac{Re_{p\infty}}{u_\infty} = 1.50 \times 10^{-5} \times \frac{Re_{p\infty}}{u_\infty}$$

$10^{-6} \leq Re_{p\infty} \leq 10^5$ 범위에서 계산한 결과를 그림 4.2에 나타내었다.

입자가 침강을 개시하고 나서 종말침강속도에 이르기까지의 속도는 입자의 운동방정식 식 (4.3)을 풀어냄으로써 주어지지만, 전이역에서 난류역에 미치는 경우는 해석적으로 풀 수 없고, 수치해석에 의해 구할 수 있다. 층류역에서는 식 (4.3)에 식 (4.10), (4.16)을 대입해서 정리하면 다음 식이 되며, 해석적으로 풀 수 있다.

$$\frac{du}{dt} + \frac{18\mu}{(\rho_p + \rho_f/2)x^2} u = \frac{\rho_p - \rho_f}{\rho_p + \rho_f/2} g \tag{4.20}$$

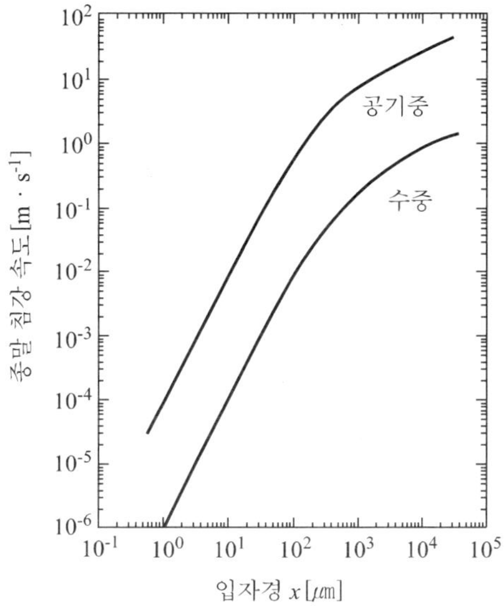

그림 4.2 **수중 및 공기 중의 구입자 종말침강속도**

초기속도를 제로라 하면, t[s] 후의 속도 u[m/s]는 다음의 적분식에서 구할 수 있다.

$$\int_0^u \frac{1}{\dfrac{\rho_p - \rho_f}{\rho_p + \rho_f/2}g - \dfrac{18\mu}{(\rho_p + \rho_f/2)x^2}u}du = \int_0^t dt$$

$$-\frac{(\rho_p + \rho_f/2)x^2}{18\mu}\left[\ln\left\{\frac{\rho_p - \rho_f}{\rho_p + \rho_f/2}g - \frac{18\mu}{(\rho_p + \rho_f/2)x^2}u\right\}\right]_0^u = [t]_0^t$$

이 식을 정리하면, 입자 주위의 흐름이 층류일 때의 침강속도는 다음 식에서 구할 수 있다.

$$u = \frac{(\rho_p - \rho_f)gx^2}{18\mu}\left\{1 - \exp(-\frac{t}{\tau})\right\} \tag{4.21}$$

식 (4.21)에서 $t \rightarrow \infty$라 하면 식 (4.17)의 종말침강속도와 일치한다.

Stokes 법칙을 적용할 수 있는 범위를 식 (4.6)에서는 $Re_p \langle 2$ 라고 했지만, 그림 4.3에 항력계수의 실측치와 Stokes 법칙에서 구한 값의 비교를 나타냈다.[1)] 실제로는 어디까지 오차를 허용할지에 따라서 Stokes 법칙의 적용범위가 정해진다. 따라서 Stokes 법칙을 적용할 수 있는 최대입자경 $x_{St\cdot\max}$[m]은 적용범위를 $Re_p \langle Re_{pC}$로 하여, 식 (4.5), (4.17)에서 u_∞를 소거한 다음 식으로 주어진다.

$$x_{St\cdot\max} < \left\{\frac{18Re_{pC}\mu^2}{(\rho_p - \rho_f)\rho_f g}\right\}^{1/3} \tag{4.22}$$

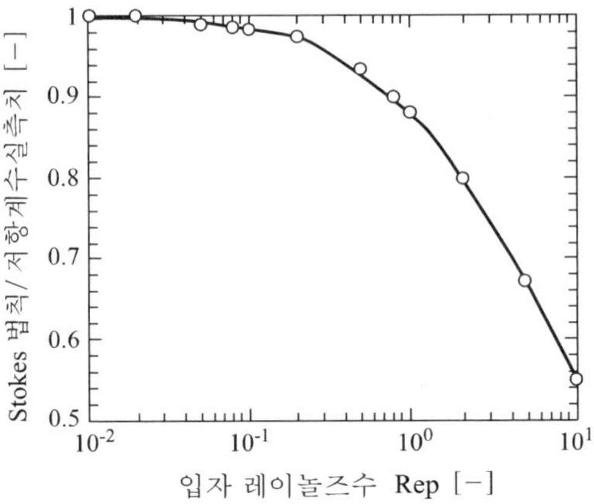

그림 4.3 항력계수 실측치와 Stokes 법칙의 비교

예제 4.2

식 (4.22)에서 $Re_{pC}=2$로 하여, Stokes 법칙을 적용할 수 있는 최대입자경$x_{St.max}$와 입자 밀도의 관계를 수중과 공기 중에 대해서 구하라. 물과 공기의 물성치는 예제 4.1의 값을 이용한다.

해답

수중 ; $x_{St.max}<\left\{\dfrac{18\times2\times0.001^2}{(\rho_p-1000)\times1000\times9.8}\right\}^{1/3}\times10^6=\left(\dfrac{3.67}{\rho_p-1000}\right)^{1/3}\times10^3[\mu\text{m}]$

공기중 ; $x_{St.max}<\left\{\dfrac{18\times2\times(18.1\times10^{-6})^2}{(\rho_p-1.21)\times1.21\times9.8}\right\}^{1/3}\times10^6=\left(\dfrac{0.995}{\rho_p-1.21}\right)^{1/3}\times10^3[\mu\text{m}]$

그림 4.4에 계산결과를 도시했지만, Stokes 법칙의 적용한계는 수중에서나 공기 중에서나 수십 μm 정도이다.

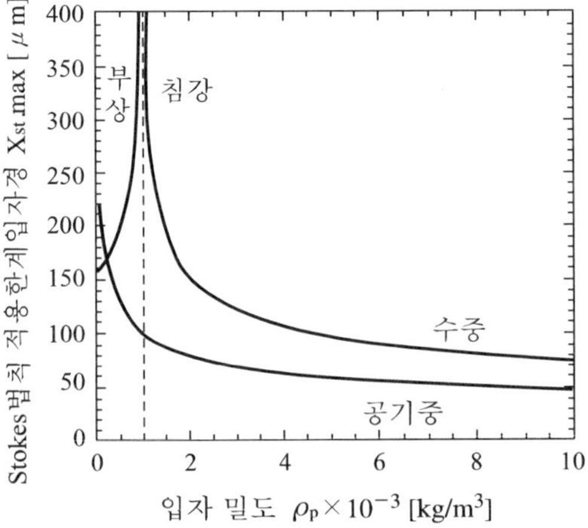

그림 4.4 Stokes 법칙 적용 한계입자경

예제 4.3

입자의 밀도를 3000[kg/m^3]으로 하여, 예제 4.2에서 구한 크기 $x_{St \cdot \max}$인 입자의 완화시간을 수중과 공기 중에 대해서 구하라.

해답

예제 4.2로부터 $x_{St \cdot \max}$를 구한다.

$$\text{수중 ; } x_{St \cdot \max} = \left(\frac{3.67}{3000-1000}\right)^{1/3} \times 10^{-3} = 0.122 \times 10^{-3} \text{ [m]}$$

$$\text{공기중 ; } x_{St \cdot \max} = \left(\frac{0.995}{3000-1.21}\right)^{1/3} \times 10^{-3} = 0.069 \times 10^{-3} \text{ [m]}$$

완화시간은 식 (4.13)으로부터,

$$\text{수중 ; } \tau = \frac{(3000+1000/2)}{18 \times 0.001}(0.122 \times 10^{-3})^2 = 2.9 \times 10^{-3} \text{ [s]}$$

$$\text{공기중 ; } \tau = \frac{(3000+1.21/2)}{18 \times 18.1 \times 10^{-6}}(0.069 \times 10^{-3})^2 = 4.4 \times 10^{-2} \text{ [s]}$$

이와 같이 수십 μm보다 작은 입자는 수중에서나 공기 중에서나 순간적으로 종말침강속도에 이른다고 해도 좋고, 초속을 유지하며 수평방향으로 발사된 입자는 순간적으로 정지한다고 보면 된다.

4.1.4 원심장에서의 입자운동

입자가 유체와 함께 각속도 ω[rad/s]로 회전하고 있을 때, 입자의 반경방향 운동방정식은 회전중심에서의 거리를 r[m]이라 하면, 식 (4.20)의 g를 $r\omega^2$으로 고쳐 쓴 다음 식으로 주어진다.

$$\frac{du_r}{dt} + \frac{18\mu}{(\rho_p + \rho_f/2)x^2}u_r = \frac{\rho_p - \rho_f}{\rho_p + \rho_f/2}r\omega^2 \tag{4.23}$$

$u_r = dr/dt$이므로 식 (4.23)은 r에 관한 2차 미분방정식이 된다. 정상상태에서 가속도 du_r/dt를 무시할 수 있을 정도로 작다고 하면, 입자의 침강속도는 다음 식으로 주어진다.

$$u_r = \frac{\rho_p - \rho_f}{18\mu}x^2 r\omega^2 \tag{4.24}$$

시간 t 후 입자의 반경방향 위치 r은, 입자의 초기 위치를 r_0라 하여 윗 식을 적분하면 다음 식으로 주어진다.

$$r = r_0 \exp(\frac{\rho_p - \rho_f}{18\mu} x^2 \omega^2 t) \tag{4.25}$$

시간이 짧은 경우에는 다음 식으로 근사할 수 있다.

$$r = r_0 \left(1 + \frac{\rho_p - \rho_f}{18\mu} x^2 \omega^2 t\right) = r_0 + u_{r0} t \tag{4.26}$$

4.1.5 전자장 중에서의 입자운동

입자가 대전하는 기구에서 중요한 것은, 이종물질과의 접촉, 정전유도, 이온이나 전자의 충돌이다. 접촉대전은 마찰대전이라고도 불린다. 정전유도로 인한 대전에서는 전기전도도에 따라서 입자의 대전상태가 달라진다. 입자를 전극판상에 놓고 전계를 걸면 정전유도로 인하여 분극을 일으켜, 전극과의 접촉면에는 전극과 반대의 전하가 모이고, 전극과 반대측 면에는 전극과 동종의 전하가 모인다. 절연체일 경우는 분극하는 것만으로 입자 전체의 전하량에 변화는 없지만, 전도체일 경우에는 입자와 전극간의 저항이 작기 때문에 분극한 전하가 전극으로 흘러들어 입자에는 전극과 동종의 전하가 남아서 대전한다.

q [C]에 대전한 입자를 전계강도 E [V/m] 또는 [N/C]인 전장 중에 놓으면, 입자에 작용하는 외력은 다음식이 된다.

$$F = qE \tag{4.27}$$

입자의 운동이 Stokes 법칙에 따를 때, 정상상태에 있어서의 입자 이동속도 u_e는 식 (4.10)과 식 (4.27)로부터 다음 식으로 주어진다.

$$u_e = \frac{q}{3\pi\mu x} E = Z_p E \tag{4.28}$$

여기서, Z_p [m^2/V · s]는 전기이동도라 불린다.

자기에 있어서는 전하와 달리, N극과 S극을 각각 단독으로 분리할 수는 없다. 따라서, 자장에 놓인 물질은 자장의 세기에 따라 분극하여 자기모멘트를 형성해서 자화된다. 세기 H [A/m]인 자장에 체적 v [m^3]인 입자를 놓으면, 입자는 자장으로 인해 자화된다. 입자 자기모멘트의 세기 B [Wb · m]는 다음 식으로 주어진다.

$$B = XvH \tag{4.29}$$

여기서 X는 대자율 또는 자화율이라 불리며, 식 (4.29)에서는 투자율과 동일한 [kg·m/C²]의 차원을 가진다. $X < 0$인 물질은 반자성체라 불리며, 외부자장과는 역방향으로 자화되는 물질이다. 외부자장이 없는 상태에서 자기모멘트를 형성하는 물질을 강자성체라 부른다. 물질의 자기적 성질은 전자 배열에 따라 정해지므로, 화학조성뿐만 아니라 결정구조도 큰 영향을 미친다.

자장은 입자를 자화하는 것만으로 힘이 미치지 못하고, 자장 기울기 dH/dL의 존재에 따라 다음 식에서 표현되는 힘이 발생한다.

$$F = XvH\left(\frac{dH}{dL}\right) = B\left(\frac{dH}{dL}\right) \tag{4.30}$$

4.1.6 복수외력을 받는 입자 운동방정식

실제 분체조작에서는 중력장과 전장과 같이, 입자에 대해 복수의 외력이 작용하는 일이 적지 않다. 그럴 경우에는 입자의 운동방정식 식 (4.3)을 벡터로 표시하면 좋다.

$$\frac{\pi}{6}x^3\left(\rho_p + \frac{1}{2}\rho_f\right)\frac{d\vec{u}}{dt} = \vec{F} - C_D\frac{\pi}{4}x^2\frac{\rho_f\vec{u}^2}{2} \tag{4.31}$$

$$\vec{F} = \sum_{i=1}^{n}\vec{F_i} \tag{4.32}$$

예제 4.4

전하를 띤 직경 x[m]이고 밀도가 ρ_p[kg/m³]인 미소 기름방울을 연직방향으로 전계를 형성한 정지공기 중에서 침강시켰더니, 전계강도가 E[V/m]일 때 기름방울은 정지했다. 기름방울의 전하량 q[C]를 구하라. 단, 하향을 정으로 한다.

해답

기름방울에 작용하는 힘이 균형을 이루고 있으므로,

$$\frac{\pi}{6}x^3\rho_p g + qE = 0,$$

따라서 $q = -\dfrac{\pi x^3\rho_p g}{6E}$

4.1.7 입자형상이 입자운동에 미치는 영향

입자가 비구형일 경우, 형상의 영향은 다음 식으로 정의되는 동역학적 형상계수(dynamic shape factor) κ로 보정된다.

$$\kappa = \frac{\text{입자와 동일밀도 동일체적 구의 침강속도}}{\text{실제 입자의 침강속도}} \tag{4.33}$$

층류역에 있어서, 비구형입자의 크기는 밀도가 같고 종말침강속도가 같아지는 구상입자로 치환할 수 있다. 그 구 입자의 직경을 침강상당경 혹은 Stokes경 x_{St}라 하고, 비구형입자의 체적상당경을 x_v라 하면, 식 (4.33)은 다음과 같이 고쳐 쓸 수 있다.

$$\kappa = \frac{{x_v}^2}{{x_{St}}^2} \tag{4.34}$$

κ는 일반적으로 1보다 큰 값이 되지만, 회전타원체 등에서는 침강시의 자세에 따라 1보다 작아지는 경우도 있다. 모델 연구(連球)의 실측 예를 그림 4.5에 나타내었다.

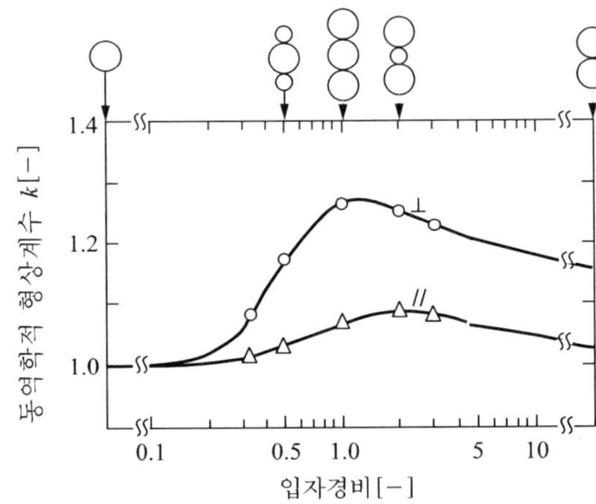

그림 4.5 **이형직쇄 3연구의 동역학적 형상계수(구의 중심을 묶는 축이, ⊥는 중력에 수직, //는 평행)**

4.1.8 기체압력이 입자운동에 미치는 영향

기체중의 입자운동에서, 입자가 작아지거나 기체의 압력이 내려가서 입자 크기가 기체 분자의 평균자유행정과 같은 정도 혹은 그 이하가 되면, 입자 주위의 매체는 연속체로 볼 수 없게 되고, 유체항력 R은 Stokes의 저항법칙에 의한 예측치보다 작아지기 때문에, 다음 식처럼 커닝햄(Cunningham)의 미끄럼 보정계수 C_c에 의한 보정이 필요하게 된다.

$$R = \frac{3\pi\mu x u}{C_c} \tag{4.35}$$

이 보정계수는 압력 P[kPa]인 공기 중에 있는 입자경 $x[\mu m]$인 고체입자에 대해서는 다음 식[3])으로 주어진다.

$$C_c = 1 + \frac{1}{xP}\{15.39 + 7.518\exp(-0.0741\,xP)\} \tag{4.36}$$

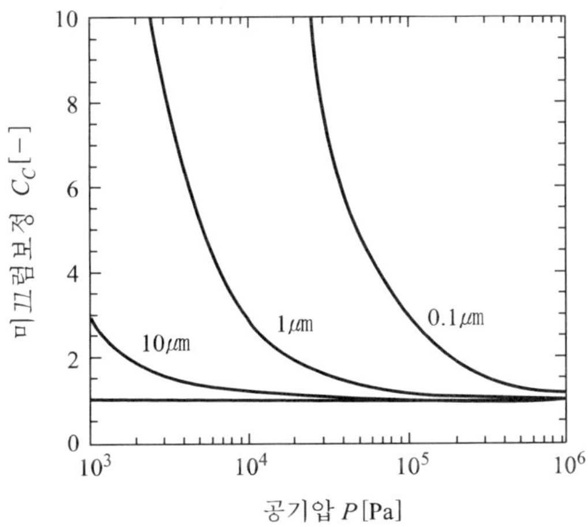

그림 4.6 **커닝햄의 미끄럼 보정계수**

그림 4.6에 식 (4.36)의 계산 예를 나타내었다. 그림에서 분명한 것처럼 상압(100 kPa) 부근에서는, 1 μm 정도 이하의 입자에 대해서는 보정이 필요하다. 또한 기체분자의 평균자유행정 λ와 입자경 비로 정의되는 크누센(Knudsen) 수 $K_n = \lambda / x$를 이용한 다음 식이 제안되어 있다.

$$C_c = 1 + K_n\left\{1.142 + 0.558\exp\left(\frac{-0.999}{K_n}\right)\right\} \tag{4.37}$$

4.1.9 입자 내 공극이 입자운동에 미치는 영향

과립체나 응집체처럼 내부에 공극을 가진 다공질 입자의 경우는, 입자밀도를 보정하지 않으면 안된다. 입자내부의 공극율을 $\varepsilon_p[-]$라 하고, 그 공극이 전부 유체로 채워졌다고 가정하면, 입자의 부피밀도 $\rho_{pb}[kg/m^3]$는 다음 식으로 구해지며, 침강거동의 해석에는 이 밀도를 이용해야 한다.

$$\rho_{pb} = (1-\epsilon_p)\rho_p + \epsilon_p \rho_f \tag{4.38}$$

내부의 공극이 전부 유체로 채워진 다공질 입자의 종말침강속도는, 식 (4.38)을 식 (4.17)에 대입하여 구할 수 있다.

$$u_\infty = \frac{(1-\epsilon_p)(\rho_p - \rho_f)g}{18\mu}x^2 \tag{4.39}$$

4.1.10 입자농도가 입자 침강거동에 미치는 영향

입자의 운동방정식 식 (4.3)은 입자가 무한유체 중에 1개만 존재하는 것을 전제하고 있다. 따라서, 벽 근처의 입자나 입자 농도가 증가해서 입자끼리 접근하면 식 (4.3)은 성립하지 않게 된다. 또한, 침강거동에서는 입자끼리의 간섭에 더하여 침강하는 입자와 같은 체적의 유체가 상승하므로 침강속도는 늦어진다. 중력장에서 1개 입자가 무한유체 중을 침강하는 경우를 자유침강이라 부르고, 입자가 유체 중에 균일하게 분산하여 서로 영향을 주면서 침강하는 경우를 간섭침강이라 부르며 구별된다.

층류역에 있어서 슈타이너(Steinour)[4]는 이론적인 고찰과 실험으로부터, 입자군의 공간율 (=1−체적농도)을 ε이라 하여 입자의 간섭침강속도 u_c를 다음 식으로 나타내었다.

$$u_c = u_\infty \epsilon^2 10^{-1.82(1-\epsilon)} \tag{4.40}$$

또한, 실험식으로서 다음 식이 제안되어 있다.

$$u_c = u_\infty \epsilon^n \tag{4.41}$$

리차드슨과 자키(Richardson−Zaki)[5]는 실험에 의해 $n=4.65$를 보고하고 있다. 나아가, 하펠(Happel)[6]은 이론적으로 다음 식을 유도했다.

$$u_c = u_\infty \frac{3-4.5(1-\epsilon)^{1/3}+4.5(1-\epsilon)^{5/3}-3(1-\epsilon)^2}{3+2(1-\epsilon)^{5/3}} \tag{4.42}$$

여기서, u_∞는 식 (4.17)에서 주어지는 자유침강시의 종말침강속도이다. 그림 4.7에 u_c / u_∞와 ε의 관계를 나타내었다.

한편, 입자가 유체 중에 불균일하게 분산할 경우, 예를 들어 청등한 물에 고농도의 입자 현탁액을 떨어뜨릴 경우, 입자는 자유침강보다 훨씬 빠른 속도로 침강한다. 이와 같은 거동은 현상이 복잡하고, 아직 충분히 해명되어 있지 않다.

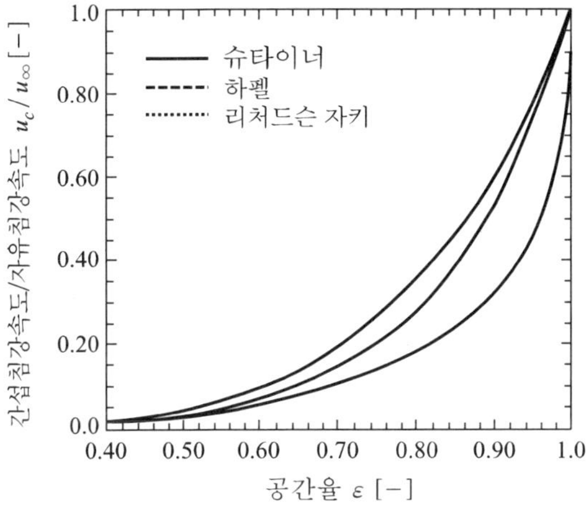

그림 4.7 **간섭침강속도식의 계산결과**

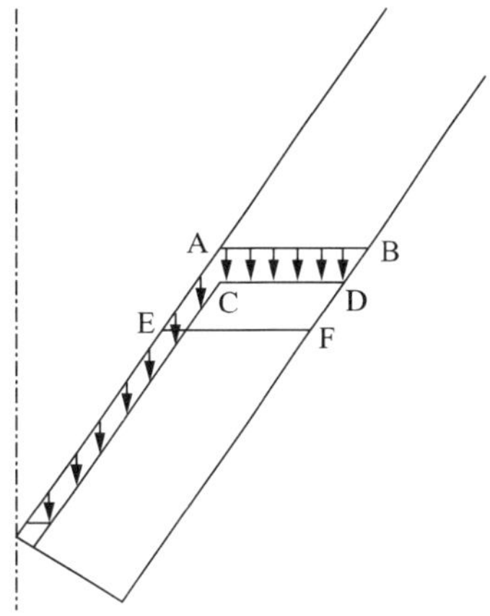

그림 4.8 **보이코트 효과의 설명**

침강관을 기울이면 입자의 침강을 촉진하는 효과가 있다. 의사인 보이코트(Boy Cott)가 혈침시험에서 발견했기 때문에 Boy Cott 효과라 일컫는다. 그림 4.8에 나타낸 것처럼 경사관 내에서 입자가 침강하면, 벽 근방의 밀도가 낮아져서 수평방향으로 밀도분포가 생긴다. 입자는 밀도분포를 없애는 방향으로 흘러, 결과적으로 침강계면은 EF가 되고, 침강관이 수직인 경우의 C_D 면보다 하부에 위치한다. 이 현상은 직관에서 뿐만 아니라, 3각 플라스크와 같이 경사진 면의 아래쪽에서는 반드시 생기는 현상이다.

4.1.11 브라운 확산과 영동

유체 중의 입자에는 끊임없이 유체분자가 충돌하고 있다. 입자가 클 경우, 분자는 모든 방향에서 입자에 균등하게 충돌한다고 간주되므로, 유체분자의 충돌은 정압(靜壓)으로서 입자에 작용하고, 분자의 충돌에 의해 입자가 운동할 일은 없다. 그러나 입자의 크기가 1 μm 정도 이하가 되면 분자의 충돌은 균등해지지 않으므로, 입자는 분자의 충돌에 의해 운동을 한다. 분자가 충돌하는 방향은 매순간 다르므로, 같은 위치에서 출발한 입자는 모든 방향으로 균등하게 번져가는 것처럼 보인다. 이와 같은 입자의 운동을 브라운 확산(Brownian diffusion)이라 부른다. 입자가 시간 t 사이에 이동한 거리의 평균을 $\overline{\Delta x}$라 하면, 브라운 확산계수 D[m²/s]는 다음 식으로 정의된다.

$$\overline{\Delta x^2} = 2Dt \tag{4.43}$$

또한, D는 다음 식에 의해 산출할 수 있다.

$$D = \frac{kT}{3\pi\mu x} \tag{4.44}$$

여기서 k는 볼쯔만(Boltzmann) 정수 1.38×10^{-23}[J/K], T[K]는 온도, 기체 중 입자일 경우 분자는 $C_c kT$가 된다.

입자를 온도 기울기가 있는 장에 두면, 고온 측의 분자운동이 활발해져서 많은 분자가 충돌하기 때문에, 입자는 저온 측으로 이동한다. 이와 같은 현상을 열영동(thermophoresis)이라 부른다. 그밖에 유체의 농도 기울기에 기인하는 확산영동, 광영동, 전기영동 등의 영동거동이 있다.

4.1.12 수중에서의 미립자거동

산화물 입자의 표면은 일반적으로 대기 중의 수증기와 반응하여 생긴 히드록실기(OH기)로 덮여져 있기 때문에, M을 임의의 금속원소로 하면 수중의 산화물 입자는 다음의 반응에 보인 것처럼 pH에 따라 정이나 부로 대전한다.

$$\text{산측 ; } \mathrm{M-OH+H^{+} \rightarrow MOH_2{}^{+}} \tag{4.45}$$

$$\text{염기측 ; } \mathrm{M-OH+OH^{-} \rightarrow M-O^{-}+H_2O} \tag{4.46}$$

산화물 이외의 입자도 몇 가지 대전기구에 의해 유체 중에서는 대부분의 경우 전하를 띠고 있다. 입자의 대전에 의한 효과는 ξ 전위(zeta potential)로 표시된다.

같은 부호의 전하를 띤 입자가 접근하면, 입자에는 정전반발력과 반데르발스(van der Waals) 인력이 작용한다. 입자가 더욱 전자구름이 겹쳐질 때까지 접근하면, 반대로 강한 반발력이 작용한다. 따라서, 입자에는 이 3가지 힘이 겹쳐져서 작용하고 있다. 그림 4.9는 입자 간의 상호작용을 입자간 포텐셜 ϕ[J]에 의해 나타낸 것이다. 입자 간에 작용하는 힘 F[N]는 입자 표면에서의 거리를 r[m]이라 하면, $F = -d\phi/dr$, 즉 포텐셜 곡선의 기울기로, $0 < d\phi/dr$에서 인력, $d\phi/dr < 0$에서 반발력이 된다. 포텐셜 곡선은 pH나 염을 첨가함으로써 변화

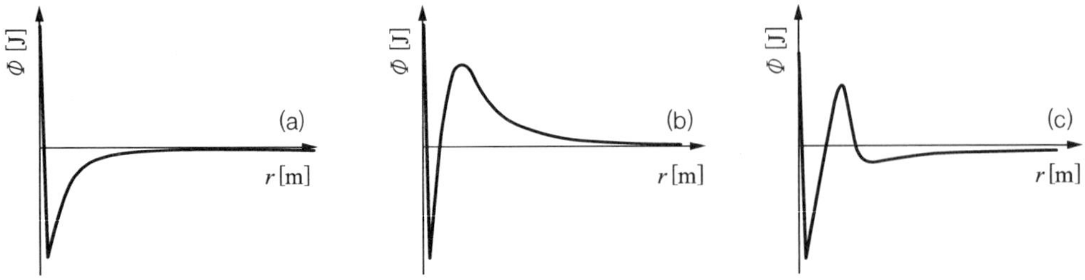

그림 4.9 **입자간 포텐셜**

한다. 그림 4.9에 3가지의 전형적인 예를 나타내었다. 그림 4.9(a)에서는, 전자구름이 겹치기 시작하는 극히 접근영역을 제외한 모든 영역에서 $0 < d\phi/dr$이기 때문에, 입자에는 접근할수록 강한 인력이 작용하며, 이러한 입자 분산계에서는 입자는 즉각 강하게 응집한다. 그림 4.9(b)에서는, 입자가 접근하면 먼저 반발력이 작용하기 때문에 응집하기 어렵다. 그러나, 포텐셜 고비를 넘는 에너지를 외부에서 입자로 주면 입자는 강하게 응집한다. 그림 4.9(c)에서는, 포텐셜이 제2극소를 가지므로 접근한 입자는 제2극소에서의 위치에서 안정하고, 극소치가 작기 때문에 부드러운 응집체를 형성한다. 외부에서의 에너지에 의해 포텐셜 고비를 넘어, 제1극소로 떨어지면 강한 응집체를 형성한다. 이러한 포텐셜 곡선은 DLVO (Derjaguin, Landau, Verwey, Overbeek) 이론에 의해 계산된다.

4.2 장을 사용한 분리 · 분급조작

입자를 공기나 물 등의 유체로부터 분리회수 혹은 제거하거나, 분체를 입자경으로 대표되는 물성의 차이를 이용해서 나누는 조작은 공업적으로 매우 중요한 조작이다.

본 절에서는 먼저 분리·분급 정도(sharpness)의 표시방법에 대하여 설명하고, 분리·분급기술에 대하여 언급한다. 분리·분급조작은 일반적으로 건식과 습식으로 나누어 설명되는 경우가 많지만 그들 원리는 같으므로, 여기서는 건식·습식으로 구분 없이 원리별로 설명한다.

유체 중의 입자 운동을 이용하여 분급하는 입자경은 수십 μm 이하이므로, 다른 가정이 없는 한 유체항력은 Stokes 법칙에 의해 주어지는 것으로 한다.

4.2.1 분리효율

분체를 임의의 입자경으로 나누는 조작과 같이, 물리적 성질이 연속적으로 변화하는 물질을 나누는 조작을 분급이라 한다. 그에 반하여 확실히 성질이 다른 물질을 나누는 조작을 분리라 부르고 있다. 쓰레기의 분별도 분리이다. 실제 조업에 있어서는 혼합물질을 완전히각 성분으로 분리, 분급하는 일은 불가능하다. 그래서 어떤 방법을 이용해서 분리기의 정도 혹은 성능을 표시할 필요가 있다.

1) 뉴턴(Newton)효율

종합적인 분리효율을 나타내는 것이 뉴턴효율이다. 그림 4.10에 나타낸 것처럼 ○인 물질 a와 ●인 물질 b의 혼합물 F[kg]를 분리하여, 물질 a 쪽에 A[kg], b 쪽에 B[kg]을 얻었다고 한다. 각각의 물질 a, b의 함유율을 이하와 같이 정의하면,

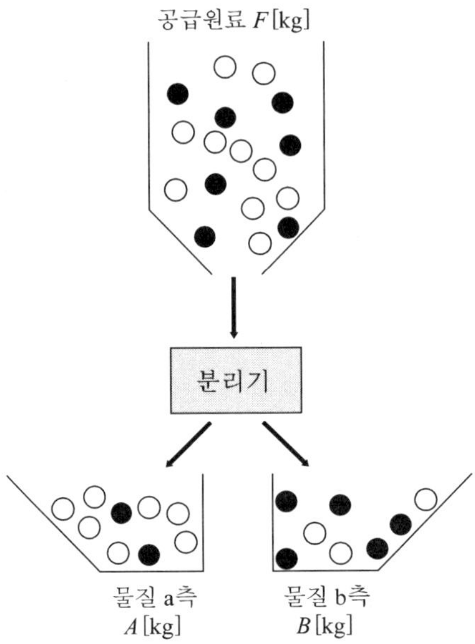

그림 4.10 **분리 모델**

C_f ; 공급원료 중 물질 a의 함유율　　$1-C_f$; 공급원료 중 물질 b의 함유율

C_a ; a 쪽 물질 a의 함유율　　$1-C_a$; a 쪽 물질 b의 함유율

C_b ; b 쪽의 물질 a의 함유율　　$1-C_b$; b 쪽 물질 b의 함유율

공급원료 중에 포함된 물질 a의 질량 C_fF에 대한 a 쪽에 분리된 질량 C_aA의 질량비율이 물질 a의 회수율 η_a이므로, η_a는 식 (4.47)이 된다. 또한, 마찬가지로 물질 b의 회수율은 식 (4.48)이 된다.

$$\text{물질 } a\text{의 회수율}: \eta_a = \frac{C_aA}{C_fF} \tag{4.47}$$

$$\text{물질 } b\text{의 회수율}: \eta_b = \frac{(1-C_b)B}{(1-C_f)F} \tag{4.48}$$

이때의 뉴턴효율 η_N은 식 (4.47), (4.48)을 이용하여 다음 식으로 정의된다.

$$\eta_N = \eta_a + \eta_b - 1 \tag{4.49}$$

그림 4.11에 나타내었듯이, 실제의 분리기를 물질 a와 물질 b로 완전분리하는 이상적인 분리기와 전혀 분리하지 않고 통과시키는 바이패스의 조합이라 생각한다. 각각의 질량배분 관계를 그림 중에 나타낸다. 물질 a가 F_a[kg], 물질 b가 F_b[kg] 섞인 공급원료가 질량비율로

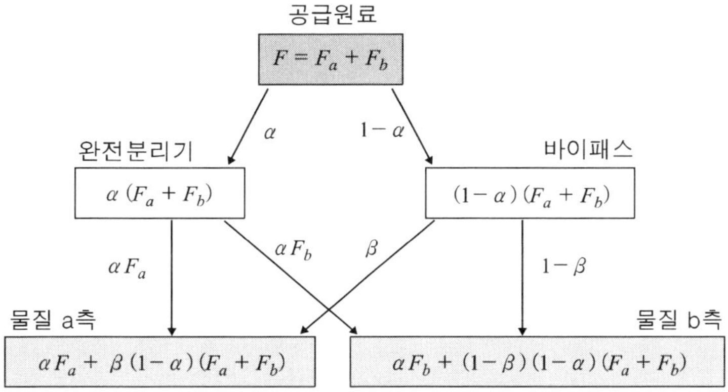

그림 4.11 **뉴턴 효율의 개념**

α만큼 완전분리된다고 하면, a 쪽에는 αF_a인 물질 a가, b 쪽에는 αF_b인 물질 b가 이동한다. 한편, 공급원료 중 바이패스를 통한 양은 $(1-\alpha)(F_a+F_b)$이다. 그중 질량비율로 β 만큼이 a 쪽으로, 나머지가 b 쪽으로 이동했다고 한다. a 쪽에 회수된 물질 a의 질량은 $\alpha F_a+\beta(1-\alpha)F_a$이므로, η_a는 다음 식이 된다.

$$\text{물질 } a\text{의 회수율 : } \eta_a = \frac{\alpha F_a + \beta(1-\alpha)F_a}{F_a} = \alpha + \beta(1-\alpha)$$

또한 b 쪽에 회수된 물질 b의 질량은 $\alpha F_b+(1-\beta)(1-\alpha)F_b$이므로, η_b는 다음 식이 된다.

$$\text{물질 } b\text{의 회수율 : } \eta_b = \frac{\alpha F_b + (1-\beta)(1-\alpha)F_b}{F_b} = \alpha + (1-\beta)(1-\alpha)$$

따라서 식 (4.49)의 뉴턴효율은 다음 식이 된다.

$$\eta_N = \eta_a + \eta_b - 1 = \{\alpha + \beta(1-\alpha)\} + \{\alpha + (1-\beta)(1-\alpha)\} - 1 = \alpha$$

이상과 같이 뉴턴효율은 공급원료 중 완전히 분리되는 질량비율 α가 된다. 또한, 그림 4.10의 물질수지를 취하면 다음 식이 성립한다.

$$\mathrm{F} = \mathrm{A} + \mathrm{B} \tag{4.50}$$

물질 a에 대한 물질수지는,

$$C_f F = C_a A + C_b B \tag{4.51}$$

이로부터 A, B를 소거하면 다음 식이 된다.

$$\frac{A}{F} = \frac{C_f - C_b}{C_a - C_b} \tag{4.52}$$

$$\frac{B}{F} = \frac{C_a - C_f}{C_a - C_b} \tag{4.53}$$

식 (4.52)를 식 (4.47)에 대입하여

$$\eta_a = \frac{C_a(C_f - C_b)}{C_f(C_a - C_b)}$$

식 (4.53)을 식 (4.48)에 대입하여

$$\eta_b = \frac{(1 - C_b)(C_a - C_f)}{(1 - C_f)(C_a - C_b)} = 1 - \frac{(1 - C_a)(C_f - C_b)}{(1 - C_f)(C_a - C_b)}$$

가 얻어지며, 이로부터 뉴턴효율 η_N은 다음 식이 된다.

$$\eta_N = \frac{(C_f - C_b)(C_a - C_f)}{C_f(1 - C_f)(C_a - C_b)} \tag{4.54}$$

식 (4.54)를 이용하면, 공급량 등을 평량할 필요가 없이 함유율만으로 η_N을 계산할 수 있다.

예제 4.5

알루미늄캔 60 kg과 스틸캔 40 kg의 혼합물을 분리했더니, 알루미늄캔 회수 측에서 알루미늄캔 55 kg과 스틸캔 5 kg의 혼합물이 얻어졌다. 이때 이하의 질문에 답하라.

1) 알루미늄캔의 회수율을 구하라.
2) 스틸캔의 회수율을 구하라.
3) 이 분리의 뉴턴 효율을 구하라.

해답

물질수지로부터 스틸캔 회수 측에서는 알루미늄캔 5 kg과 스틸캔 35 kg의 혼합물이 얻어지므로, 이하의 결과가 얻어진다.

1) 알루미늄캔의 회수율 = 55/60 = 0.917
2) 스틸캔의 회수율 = 35/40 = 0.875
3) 뉴턴 효율 = 0.917 + 0.875 − 1 = 0.792

2) 부분분리(분급) 효율

입자경이나 비중 혹은 화학성분 등에 따라 분체특성이 연속적으로 분포하는 경우에는, 어떤 특성을 몇 가지의 구분으로 나누어 구분마다의 부분·분급 정도를 표시한 것을 부분분리(분급)효율이라 한다. 원료분체를 입자의 크기에 따라 분급해서 조분을 회수하는 경우를 생각해 본다. 분급기에 들어가는 분체의 어느 입자경 범위 $x_i \sim x_i + \Delta x$인 분체의 질량을 f_i라 하고, 회수된 질량을 p_i라 하면, 이 입자경 범위의 회수율 η_i는 다음 식이 된다.

$$\eta_i = \frac{p_i}{f_i} \tag{4.55}$$

식 (4.55)는 입자경 범위에 따라 변화하며, 이것이 부분분리(분급)효율이다. 부분분리효율을 입자경에 대하여 플롯해서 얻어지는 곡선이 부분분리 효율곡선이며, 트름프(Tromp) 곡선으로도 불리고 있다.

입자경 x_c에서 이상적인 분리가 수행되면, $x < x_c$에서는 $\eta = 0$, $x_c \leq x$에서는 $\eta = 1$이 된다. 이 x_c를 분리입자경이라 부른다. 그러나 현실적으로는 그림 4.12에 나타낸 것과 같이, 분리효율은 부분분급효율곡선에 의해 표시된다. 이 경우, 조립자 측에 50%, 미립자 측에 50%로 등분되는 입자경을 50% 분리입자경이라 부르며, 분리(분급)입자경으로서 이용된다. 또한, 조립자 측의 미립자량과 미립자 측의 조립자량이 같아지는 입자경을 평형입자경이라 부르며, 마찬가지로 분리입자경으로서 이용된다.

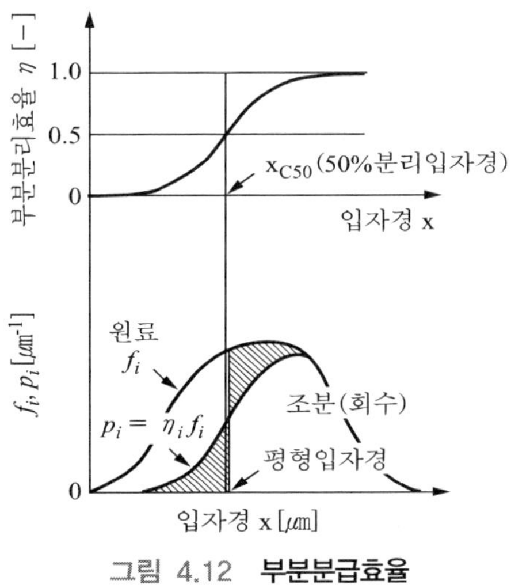

그림 4.12 부분분급효율

4.2.2 체분리

제2장 입자경분포의 측정에서 언급한 것과 같이, 체분리는 그림 4.13에 나타낸 것처럼 체망을 통과하는 분체와 망 위에 남는 분체로 나누는 분급조작이다. 이 경우, 눈 a가 분리경이 된다. 눈은 수십 cm에서 3 μm까지로 매우 넓고, 수십 μm보다 큰 입자에서는 가장 많이 사용되고 있는 분급방법이다. 각종 공업에서 이용되는 체분리기의 종류는 많고, 각각의 목적에 따라 구분해서 사용되고 있다.[7)] 또한, 체분리조작은 혼입 이물질의 제거 등에도 이용되고 있다.

입자는 망눈 위에서 운동함으로써 체분리되기 때문에, 입자에 운동을 가하는 방법에 따라 진동체, 까막체, 회전체, 유체를 이용해서 입자에 운동을 부여하는 체분리기로 대별할 수 있다. 나아가 부착성이 커지는 미립자 영역에서는, 수중에서 분산을 행하면서 체분리하는 습식체분리가 수행된다. 체분리 정도는 처리량, 분체의 성질 등에 의해 영향을 받지만, 일반적으로는 체분리 시간은 5～10분 정도이다.

눈 a인 망눈을 입자경 x인 입자가 통과할 수 있는 상태를 그림 4.13에 나타내었다. Gaudin은 입자경 x인 구 입자가 눈 a를 통과하는 확률 P를 그림 중의 점선으로 에워싼 사선의 면적비율로서 정의하여, 다음 식으로 나타내었다.

$$P = \frac{(a-x)^2}{a^2} = \left(1 - \frac{x}{a}\right)^2 \tag{4.56}$$

같은 크기의 입자 N개가 1회 체분리될 때, 식 (4.56)을 이용해서 체 위에 잔류하는 입자개수 n_1을 계산하면 다음 식이 된다.

$$n_1 = N(1-P) \tag{4.57}$$

이 체 위에 잔류한 n_1개의 입자를 다시 한 번 체분리하여, 체 위에 잔류하는 입자개수 n_2

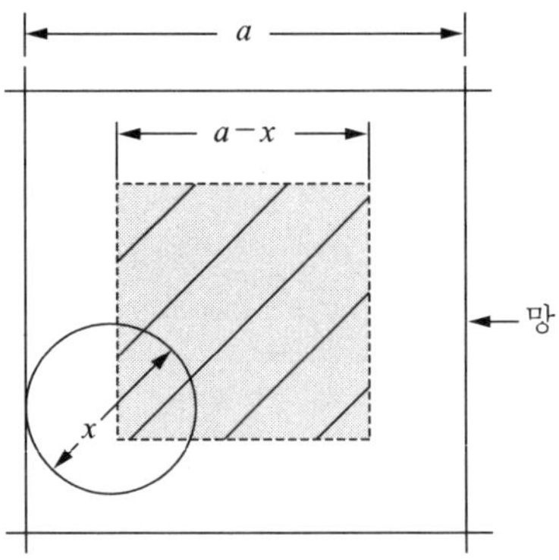

그림 4.13 **고딘의 체 분리 모델**

는 다음 식이 된다.

$$n_2 = N(1-P)^2 \tag{4.58}$$

같은 조작을 i회 반복해도 체 위에 잔류하는 입자개수 n_i는 다음 식이 된다.

$$n_i = N(1-P)^i \tag{4.59}$$

이때 체 위에 잔류하는 비율 β_i는 식 (4.56)으로부터 다음 식이 된다.

$$\beta_i = \frac{N(1-P)^i}{N} = (1-P)^i = \left\{1 - \left(\frac{a-x}{a}\right)^2\right\}^i \tag{4.60}$$

이 i는 시행수라 일컬어지고 있지만, 체분리 시간에 상당한다고 보면 된다. 이상은, 직경이 x인 구 입자를 정방형 망눈으로 체분리할 때의 모델 계산이다. β_i는 잔류율을 나타내므로 식 (4.60)의 대수를 취하고, x/a를 파라미터로 하여 체 위 잔류율을 나타낸 것이 그림 4.14이다. 현실적으로는 망눈은 정방형뿐만 아니고, 또한 입자의 모양은 복잡해서 식 (4.60)이 충분히 적용 가능하다고는 말할 수 없지만, 체분리 과정을 설명하는데 이용된다.

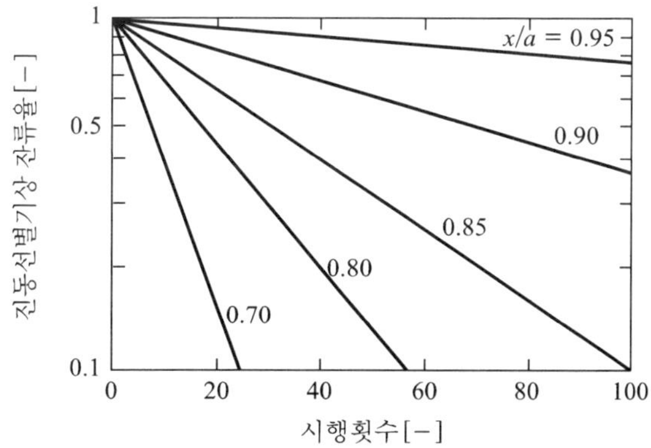

그림 4.14 **체 위의 잔류율의 변화**

4.2.3 중력을 이용한 분리 · 분급

중력침강을 이용한 분리·분급장치는 구조가 간단해서 건식, 습식 어떤 분급에도 이용되고 있다. 입자의 침강거동은 입자의 농도나 입자간 힘 등에 따라 다르고, 입자끼리의 충돌을 무시할 수 있을 만큼 입자 농도가 낮던지, 충돌이 다소 있더라도 입자 간에 반발력이 작용할 경우, 입자는 응집하지 않고 개개의 입자(1차입자) 단위로 침강한다. 그에 반하여, 입자 농도가 높을 경우는 입자 간에 반발력이 작용해도 응집하는 경우가 많고, 입자는 1차입자로서 개개로 침강하지 않고 응집체를 단위로 해서 침강하기 때문에, 입자 농도가 낮은 경우와는 전혀 다른 침강거동을 나타낸다. 따라서, 여기서는 희박계와 농후계로 구분하여 설명한다.

1) 희박계

가장 간단한 방법은 시료분체를 물에 분산해서 충분히 교반한 다음, 일정시간 t [s]만큼 정치하여, 깊이 h[m]인 위치에서 액을 배출하는 방법으로, 시간 t 후에 깊이 h에 존재할 수 있는 최대입자경 x_c[m]는 식 (4.17)로부터 다음 식으로 표기되므로, 배출액에서 x_c보다 큰 입자를 제거할 수 있다.

$$x_c = \sqrt{\frac{18\mu}{(\rho_p - \rho_f)g}\frac{h}{t}} \tag{4.61}$$

이 방법은 회분조작이지만, 유체를 연직상방으로 흐르게 함으로써 연속운전이 가능해진다. 유체의 상승속도를 v[m/s]라 하면, 다음 식에서 구해지는 x_c보다 큰 입자는 침강하고, 작은 입자는 유출한다.

$$x_c = \sqrt{\frac{18\mu}{(\rho_p - \rho_f)g}v} \tag{4.62}$$

유체로 물을 이용하는 조작은 수파(水簸), 공기를 이용하는 조작은 풍파(風簸)라 불린다. 수파는 조작이 간단하고 분급 정도가 높기 때문에, 요업원료의 조제나 연마제의 분급 등에 이용되고 있다.

입자의 침강속도는 입자경과 밀도에 따라 정해지기 때문에, 밀도가 다른 복수성분의 분체를 분리·분급하려 하면 문제가 생긴다. 입자밀도가 $\rho_{pA} > \rho_{pB}$인 분체 A, B를 생각한다. 종말침강속도가 같아지는 A, B 양 입자의 크기 x_A와 x_B의 관계는 식 (4.17)~(4.19)로부터 다음 식으로 나타낼 수 있다.

$$\frac{x_A}{x_B} = \left(\frac{\rho_{pB} - \rho_f}{\rho_{pA} - \rho_f}\right)^n \tag{4.63}$$

여기서 n 값은, 층류역에서는 $n=1/2$, 천이역에서는 $n=2/3$ 및 난류역에서는 $n=1$이 된다. 입자경비 x_A/x_B는 등속낙하비라 일컬어져, 분체 A 중의 최소입자경과 분체 B 중의 최대입자경 비가 이 값보다 크지 않으면 완전한 분리는 원리적으로 불가능하다.

예제 4.6

침강상당 입자경이 1 cm 이하의 구리와 플라스틱 혼합물 분체를 수중에서의 종말침강속도 차를 이용해서 분리하려 한다. 분리회수할 수 없는 각각의 입자경 범위를 구하라. 단, 구리와 플라스틱의 밀도는 각각 8.9×10^3 kg/m^3, 1.5×10^3 kg/m^{3}으로 하고, 유체항력은 뉴턴의 저항법칙이 적용되는 것으로 한다.

해답

뉴턴 법칙이 적용되므로 식 (4.63)에서

$$n=1,\ \ \rho_f=10^3\ \mathrm{kg/m^3}$$

으로 하여 등속낙하비를 계산하면,

$$\frac{(1.5-1.0)\times10^3}{(8.9-1.0)\times10^3}=0.0633$$

이 되므로, 1 cm인 플라스틱 입자와 0.633 mm인 구리입자의 침강속도가 같아지게 된다. 따라서 0.633 mm보다 큰 구리입자는 단독으로 분리해서 회수할 수 있지만, 플라스틱 중에는 반드시 0.633 mm보다 작은 구리입자가 섞이기 마련이다. 따라서, 모든 플라스틱 입자와 0.633 mm보다 작은 구리입자는 분리 회수할 수 없게 된다.

식 (4.63)에 있어서 ρ_f를 ρ_{pB}에 근접시키면, 분리 가능한 입자경 범위를 확대할 수 있다. 이와 같이 밀도가 높은 액체(중액)를 이용하는 침강분리조작을 중액분리(dense medium separation)라 부른다. 침강매체로는 사염화탄소 등의 중액뿐 아니라, 미립자 현탁액도 응중액(凝重液)으로서 이용할 수 있다.

입자가 비정상 상태에서 가속도 운동을 하고, 또한 유체항력 R을 무시할 수 있을 정도로 입자의 속도가 작을 때, 입자의 운동방정식은 식 (4.3), (4.16)으로부터 다음 식이 된다.

$$\frac{\pi}{6}x^3\left(\rho_p+\frac{1}{2}\rho_f\right)\frac{du}{dt}\fallingdotseq\frac{\pi}{6}x^3(\rho_p-\rho_f)g \tag{4.64}$$

정리하면, 입자 가속도는 다음 식에서 나타낸 것처럼 밀도만의 함수가 된다.

$$\frac{du}{dt}\fallingdotseq\frac{(\rho_p-\rho_f)g}{\rho_p+\rho_f/2} \tag{4.65}$$

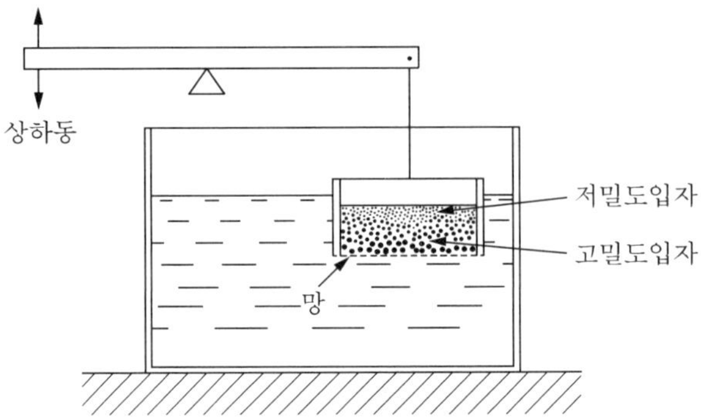

그림 4.15 **지그에 의한 입자의 비중 분리**

따라서, 극히 단시간에 침강을 종료하는 조작을 반복하면, 입자의 크기와 무관하게 밀도 차에 따른 분리가 가능해진다. 그림 4.15에 나타낸 지그(Jig)는 이 원리를 이용한 비중분리장치로, 선광조작에서 오래 전부터 이용되고 있다. 식 (4.65)에서 알 수 있듯이, 유체의 밀도가 분리하려는 입자 밀도에 가까울수록 유효하며, 유체 밀도를 무시할 수 있을 정도로 작은 고·기계에서는, 입자 밀도와 상관없이 항상 $du/dt=g$가 되기 때문에 적용할 수 없다.

중력침강이 건식분급에 사용되는 경우는 드물고, 조대입자를 침강에 의해 분리하는데 이용되는 경우가 많으며, 중력침강을 이용한 분리장치는 주요 분리장치의 부하를 줄이기 위한 pre−duster로서 이용된다. 보다 간단한 장치는 침강상자이지만, 여기서는 평행평판의 간격과 길이를 이용해서 분리경의 제어가 가능한 평행평판 타입에 대하여 설명한다. 길이 L[m], 폭 W[m]인 평판을 D[m]의 간격을 두고 수평으로 n매 포개어, 유속 v로 입자를 포함한 유체를 흘려 보낸다. 평판간의 유속분포를 무시하면, 입자의 체류시간은 L/v가 된다. 따라서, 입자의 침강속도가 $D/(L/v)$보다 큰 입자는 평판 위로 퇴적하여 제거된다. 분리입자경 x_c, 처리능력 Q[m^3/s]는 다음 식으로 주어진다.

$$x_c=\sqrt{\frac{18\mu}{(\rho_p-\rho_f)g}\frac{D}{L}v} \tag{4.66}$$

$$Q=(n-1)DWv \tag{4.67}$$

예제 4.7

대기 중의 분진농도를 측정하는 장치로 Low Volume Air Sampler가 있다. Sampler의 처리량은 30 L/min이다. 길이 10 cm인 평판 11매를 1 cm 간격으로 포개어, 10 μm 이상의 입자를 분급하려 한다. 평판의 폭과 유속을 구하라. 단, 입자 밀도는 10^3 kg/m^3, 공기의 점도는 18.1μ Pa·s로 한다.

해답

공기의 밀도는 무시할 수 있으므로, 식 (4.66)으로부터

$$10\times10^{-6}=\sqrt{\frac{18\times18.1\times10^{-6}}{10^{3}\times9.8}\frac{10^{-2}}{10\times10^{-2}}v}\qquad \therefore v=3.01\ [\text{cm/s}]$$

식 (4.67)로부터, $\frac{30\times10^{-3}}{60}=(11-1)\cdot10^{-2}\cdot W\cdot v \qquad \therefore W\cdot v=5\times10^{-3}$

따라서, $W=\frac{5\times10^{-3}}{3.01\times10^{-2}}=16.6$ [cm]

2) 농축계

고·기체계에 있어서는 입자간 반발력을 제어하기 곤란하기 때문에, 건식조작에서 미립자의 농도를 높이기는 곤란하다. 한편, 고·액계의 경우는 4.1.12「수중에서의 미립자 거동」에서 설명했듯이, pH나 분산제를 첨가함으로써 입자간 힘을 제어할 수 있으므로, 중력침강을 이용한 농축계의 조작은 습식에서 수행된다. 그러나 농후계에서는, 입자는 1차입자가 아니라 응집체로서 침강하기 때문에, 침강거동을 이용해서 입자를 분급할 수는 없고, 침강거동은 분리회수를 목적으로 하여 이용된다.

액체 중에 입자가 분산 현탁해 있을 경우는, 입자 현탁액 혹은 서스펜션(suspension)이라 일컬어져, 농도가 높아지면 니장이나 슬러리(slurry)라 일컬어진다. 슬러지(sludge)는 농도가 높은 슬러리를 가리키는 경우가 많다.

입자 현탁액을 침전농축해서 분리회수하는 장치는 시크너(Thickener)라 불린다. 시크너에 의한 농축조작은 거의 여과조작의 전처리로서 수행된다.

원통용기 내에서 고농도의 입자가 침강하여 퇴적해가는 과정을 단분산 구 입자가 침강하는 경우에서 생각해 본다. 체적농도 Φ[−]로 분산하고 있는 단분산 구 입자의 침강속도 u_c[m/s]는 식 (4.40), (4.41), (4.42)에 나타낸 것처럼 공간율 $\varepsilon(=1-\Phi)$의 함수가 된다. 모든 입자가 같은 속도로 침강하기 때문에, 정화층과 슬러리 사이에는 명료한 계면이 나타나, 속도 u_c의 일정속도로 강하한다. 한편, 용기 저부에는 슬러리와 퇴적층의 계면이 형성되어 시간과 함께 상승한다. 연직하향을 정으로 취하고, 퇴적층의 농도(충전율)를 Φ_∞라 하면, 계면의 상승속도 u_∞[m/s]는 다음의 단위면적당 물질수지식에서 구해진다.

$$(u_c-u_\infty)\Phi=-u_\infty\Phi_\infty \tag{4.68}$$

우변은 단위시간에 퇴적한 입자의 체적이다. 단위시간 후에 퇴적층 계면은 $-u_\infty$ 만큼 상승해 있으므로, 좌변의 단위시간에 침강하는 입자 체적은 $(u_c - u_\infty)\Phi$로 주어진다. 식 (4.68)로부터 계면의 상승속도는 다음 식이 된다.

$$u_\infty = \frac{-\Phi}{\Phi_\infty - \Phi} u_c \tag{4.69}$$

침강용기 내의 농도분포와 회분침강곡선이라 불리는 계면위치의 경시변화를 그림 4.16, 4.17에 각각 나타내었다.

다음에 임의농도의 계면 이동을 해석하기 위해, 그림 4.18에 나타낸 것과 같은 농도 ϕ_1과 ϕ_2인 슬러리가 명료한 계면을 형성해서 침강하는 경우를 생각하고, 그 계면의 이동속도 v를 구해 본다. 입자의 침강속도를 각각 u_{c1}, u_{c2}라 하면, 단위면적의 계면을 사이에 두고 다음의 물질수지식이 성립함으로써 v를 구할 수 있다.

$$(u_{c1} - v)\Phi_1 = (u_{c2} - v)\Phi_2 \tag{4.70}$$

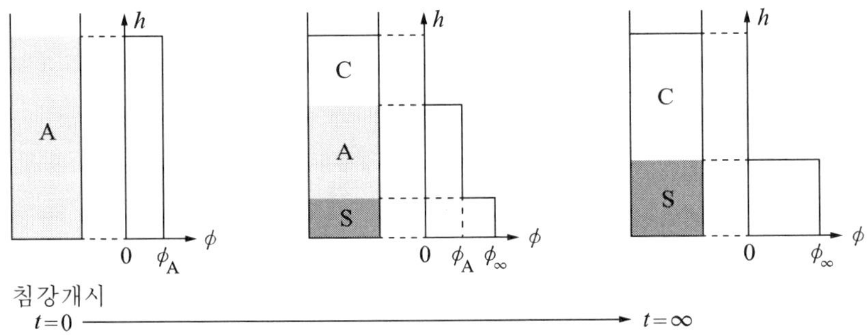

그림 4.16 단분산 입자가 침강할 경우의 농도분포(C:정화층, A:슬러리, S:퇴적층)

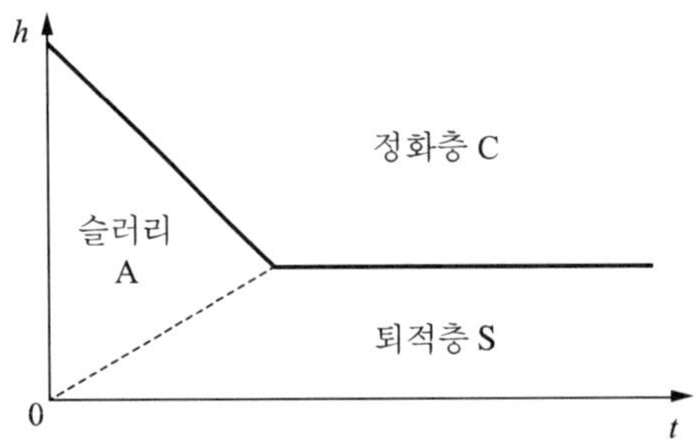

그림 4.17 단분산입자가 침강하는 경우의 계면위치 경시변화

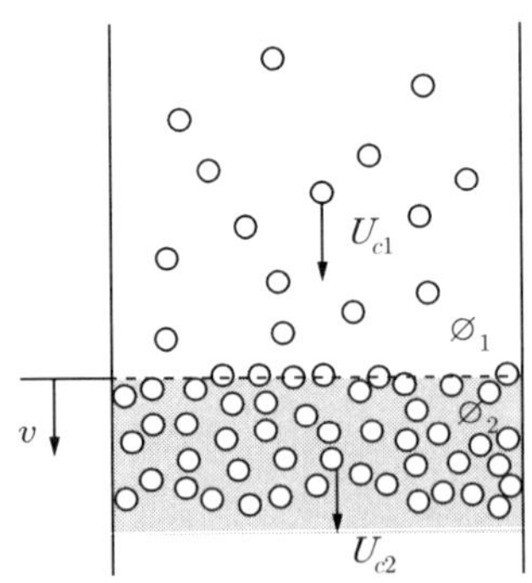

그림 4.18 침강과정에 있어서 농도계면

따라서,

$$v = \frac{u_{c1}\Phi_1 - u_{c2}\Phi_2}{\Phi_1 - \Phi_2} \tag{4.71}$$

여기서, $u_{c\phi}$는 단위시간에 단위면적을 통과하는 입자 체적, 즉 입자의 체적유속(volume flux)이므로, 유속을 $U = u_{c\phi}$[m/s]라 하고 식 (4.71)을 고쳐 쓰면 다음 식이 된다.

$$v = \frac{U_1 - U_2}{\Phi_1 - \Phi_2} \tag{4.72}$$

속도와 유속을 입자의 종말침강속도 u_∞로 나누어 무차원화하면 식 (4.72)는 다음 식으로 고쳐 쓸 수 있다.

$$v^* = \frac{U_1^* - U_2^*}{\Phi_1 - \Phi_2} \tag{4.73}$$

슬러리 중의 입자 침강속도가 식 (4.41)으로 주어진다고 하면, 무차원 유속 U^*는 다음 식이 된다.

$$U^* = \Phi(1-\Phi)^n \tag{4.74}$$

식 (4.74)에 Richardson－Jackie의 실험치 $n=4.65$를 대입하면 그림 4.19가 얻어진다. 식 (4.73)에서 분명한 것처럼, 계면의 이동속도는 그림 중 실선의 기울기와 종말침강속도로부터 구할 수 있다.

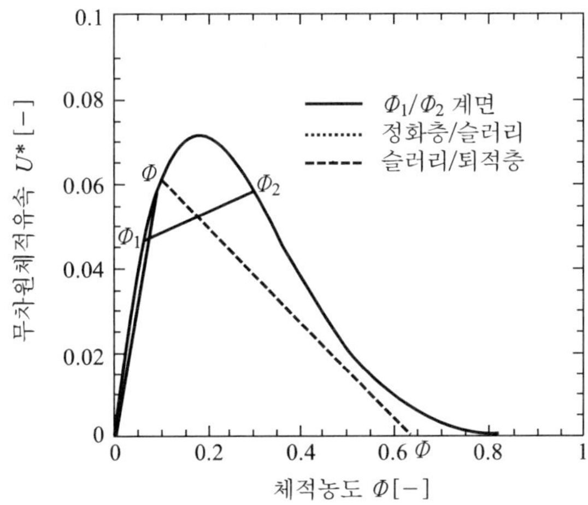

그림 4.19 단분산입자가 침강하는 경우의 무차원입자유속

또한, 정화층과 슬러리 계면의 이동속도는 식 (4.71)에서 $\phi_1=0$, 슬러리와 퇴적층 계면에서는 $\phi_2=\phi_\infty$, $u_{c2}=0$로 놓으면 구해지며, 각각 그림 4.19 중 파선의 기울기가 된다. 슬러리 중에 농도분포가 있는 경우, 농도 ϕ면의 이동속도는 식 (4.73)을 미분식으로 한 다음 식으로 주어진다.

$$v^*(\Phi)=\frac{dU^*}{d\Phi} \tag{4.75}$$

그림 4.20에 나타낸 것과 같이, 어떤 농도 Φ_A인 슬러리가 충전율 Φ_E인 퇴적층을 만드는 경우와 Φ_D인 퇴적층을 만드는 경우를 생각해 본다. 우선 Φ_E인 퇴적층을 만드는 경우는 속도 u_{A^*}에서 침강한 입자는 퇴적층에 도달하여 $u_{E^*}=0$이 되어 정지한다. 퇴적층 계면의 상승속도 $-v_{E^*}$는 식 (4.72)로부터 다음 식이 된다.

$$v_E^*=\frac{U_A^*}{\Phi_A-\Phi_E}=m_{AE'} \tag{4.76}$$

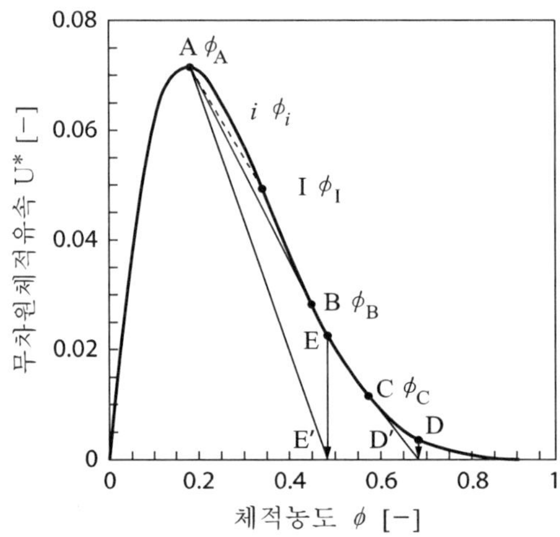

그림 4.20 **전이층 형성조건**

여기서 $m_{AE'}$는 직선 AE'의 기울기이다. 퇴적층 근방에서 입자는 u^*_i로 감속되어 슬러리 농도는 ϕ_i로 농축된다. $\phi_i=\phi_E$가 된 시점에서 $u^*_i=0$이 된다. 만약 퇴적층 근방에 농도구배(전이층)가 있다고 하고, 전이층 최상단의 농도를 ϕ_I라 하면, 계면 ϕ_A/ϕ_I의 상승속도는 $-m_{AI}$가 된다. ϕ_I가 변화할 수 있는 $\phi_A<\phi_I<\phi_E$에서는 항상 $-m_{AI}<-v_{AE}$가 되기 때문에, 계면 ϕ_A/ϕ_I는 계면 ϕ_E에 받아들여져 존재할 수 없게 된다. 따라서 농도구배는 형성되지 않고, 계면 ϕ_A/ϕ_E만이 형성된다.

한편, 충전율 ϕ_D인 퇴적층을 형성할 경우 직선 AD'는 유속곡선과 교차한다. 점 A를 지나 유속곡선에 접하는 직선과 점 D'를 지나 유속곡선에 접하는 직선을 긋고, 각각의 접점을 점 B, C라 한다. 구간 AB에서 만약 계면이 형성된다고 하면, 항상 $-m_{AI} < -m_{AB}$이므로 계면 ϕ_A / ϕ_B만이 형성된다. 점 B를 지나면 $-m_{AB} < -m_i$(m_i는 점 i의 접선 기울기)이고 또한 $-m_{AB} < -m_{BD'}$이기 때문에, 계면 ϕ_A / ϕ_B는 받아들여지지 않고 존재할 수 있다. 또한 구간 BC에서는 $-m_i > -m_{i+1}$이 되므로 계면 ϕ_{i+1}은 계면 ϕ_i를 받아들일 수 없고 계면 ϕ_i가 존재하며, $\phi_B \le \phi_i \le \phi_C$ 인 범위에서 농도구배(전이층)를 형성하게 된다. 점 C를 넘으면 $-m_i < -m_{CD'}$가 되므로 퇴적층 계면인 계면 ϕ_C / ϕ_D만이 형성된다. 따라서, 정화층/전이층 계면의 상승속도는 다음 식으로 주어진다.

$$V^{*}{}_{AB} = \frac{U^{*}{}_A - U^{*}{}_B}{\Phi_A - \Phi_B} = \frac{dU^{*}}{d\Phi}\Big|_{\Phi=\Phi_B} \tag{4.77}$$

또한 전이층/퇴적층 계면의 상승속도는 다음 식에서 구할 수 있다.

$$V^{*}{}_{CD} = \frac{U^{*}{}_C}{\Phi_C - \Phi_D} = \frac{dU^{*}}{d\Phi}\Big|_{\Phi=\Phi_C} \tag{4.78}$$

침강용기 내의 농도분포는 그림 4.21, 계면위치의 경시변화는 그림 4.22와 같다.

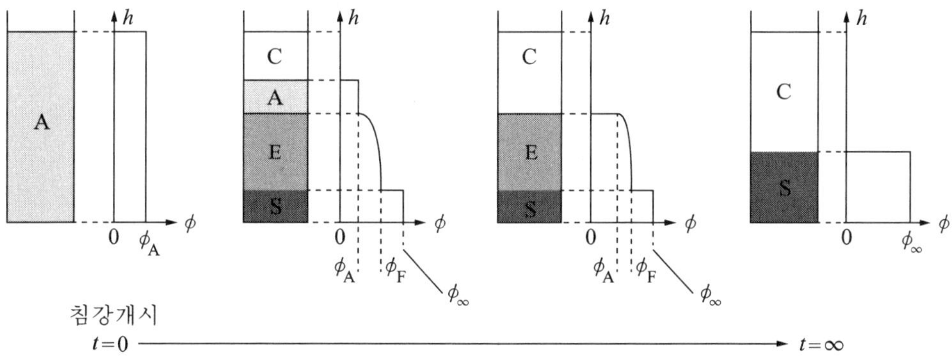

그림 4.21 단분산입자가 전이층을 형성하여 침강하는 경우의 농도 분석 (C:정화층, A:슬러리, E:전이층, S:퇴적층)

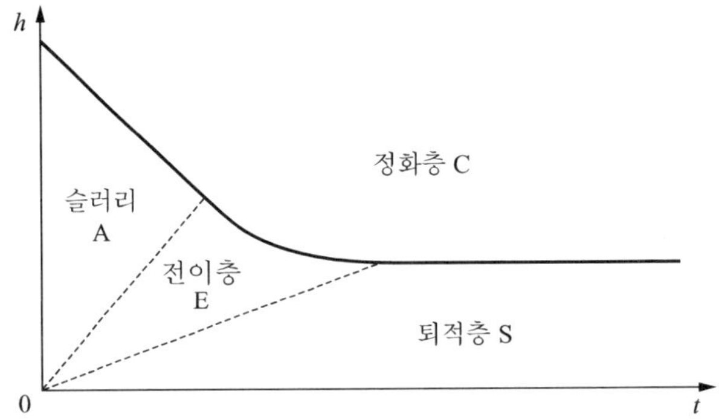

그림 4.22 단분산입자가 전이층을 형성하여 침강하는 경우의 계면위치 경시변화

예제 4.8

종말침강속도가 1×10^{-5} m/s인 단분산 입자의 슬러리를 연직 원통용기 내에서 침강시켰다. 입자 간섭침강속도는 $n=4.65$라 한 식 (4.41)에 주어진다고 하여 다음 질문에 답하라.

1) 슬러리의 체적농도를 0.1이라 하여, 정화층/슬러리 계면의 이동속도를 구하라.
2) 퇴적물의 충전율을 0.55라 하여, 슬러리/퇴적층 계면의 이동속도를 구하라.
3) 침강개시 1시간 후의 용기내 농도분포를 그려라.
4) 퇴적물의 충전율이 0.55일 때, 슬러리와 퇴적층 사이에 전이층을 형성하는 슬러리의 초기 농도를 구하라.

해답

1) 식 (4.73), (4.74)로부터, $v_1^* = \dfrac{0-0.1(1-0.1)^{4.65}}{0-0.1} = 0.613$

$v_1 = u_\infty v_1^* = 10^{-5}\times 0.613 = 6.13\times 10^{-6}$[m/s]

2) 식 (4.71)에서 $u_{c2}=0$, $u_{c1}=v_1$으로부터, $v_2 = \dfrac{6.13\times10^{-6}\times0.1}{0.1-0.55} = -1.35[m/s]$

3) 그림 4.19에서 U^*(0.1)과 U^*(0.55)의 2점을 잇는 직선은 무차원 입자 유속곡선과교차하지 않으므로, 농도분포를 가진 전이층은 형성되지 않고, 침강용기 내에는 정화층, 슬러리층, 퇴적층만이 존재한다.

정화층/슬러리층 계면 깊이 ; $v_1\times 3600 = 6.13\times 3.6\times 10^{-6+3} = 22.1$[mm]

슬러리층/퇴적층 계면 높이 ; $|\ v_2\ |\times 3600 = 1.06\times 3.6\times 10^{-6+3} = 3.82$[mm]

4) 그림 4.19에서 점(0.55, 0)을 통과하는 어떠한 직선도 무차원 입자 유속곡선과는 한 점밖에 교차하지 않는다. 따라서 어떤 초기농도에서도 전이층은 형성할 수 없다.

슬러리 중의 입자에 크기 차가 있고, 입자간의 반발력이 강할 때는 큰 입자일수록 빨리 침강하기 때문에 입자 농도는 용기의 상부일수록 옅어지며, 확실한 계면은 인정되지 않는다. 그에 반하여 입자 간에 인력이 작용할 때 입자가 응집하기 시작하면, 용기 상부에는 정화층이 형성되어 집합침강층과의 사이에는 뚜렷한 계면을 형성한다. 이와 같은 침강거동은 집합침강(collective subsidence)이라 불리며, 입자 농도가 높고, 입자가 작고, 입자간 인력이 강할수록 집합침강이 되기 쉽다. 입자 농도가 그다지 높지 않은 경우나 침강초기에는 집합침강층 상부에 미세입자의 자유침강층을 볼 수 있는 경우가 있다. 이러한 침강거동은 성상침강(phase subsidence)이라 불린다.

실험에 의해 직접 구해지는 회분침강곡선(그림 4.23)으로부터, 입자 농도와 침강속도의 관계를 구하는 것이 킨치(Kynch)의 이론이다. 슬러리가 정화층과 접해 있는 경우는, 계면의 침강속도는 일정하고 회분침강곡선은 직선이 된다. 퇴적층이 정화층과 접해 있을 경우, 즉 그림 4.20에 있어서의 EF 구간만을 생각하면 좋다. 농도 Φ인 천이층 내 어느 일정 면의 이동속도를 생각한다. 식 (4.75)로부터,

$$v(\Phi)=\frac{dU}{d\Phi}=\frac{\Phi du_c+u_c d\Phi}{d\Phi}=\Phi\frac{du_c}{d\Phi}+u_c<0 \tag{4.79}$$

식 (4.79)로부터, 농도 Φ인 면은 침강용기 저부에서 일정속도로 상승함을 알 수 있다. 따라서, 이 상승속도는 또한 그림 4.23을 이용하여 다음 식으로 구할 수 있다.

$$v(\Phi)=\frac{h}{t} \tag{4.80}$$

이 농도 Φ인 면이 용기 저부에서 정화층 계면까지 상승할 동안에 모든 입자가 이 계면을 통과하므로, 슬러리의 초기농도를 Φ_0, 초기높이를 h_0라 하면, 단위면적에 대하여 다음의 물질수지식이 성립한다.

$$(u_c+v)\Phi t=\Phi_0 h_0 \tag{4.81}$$

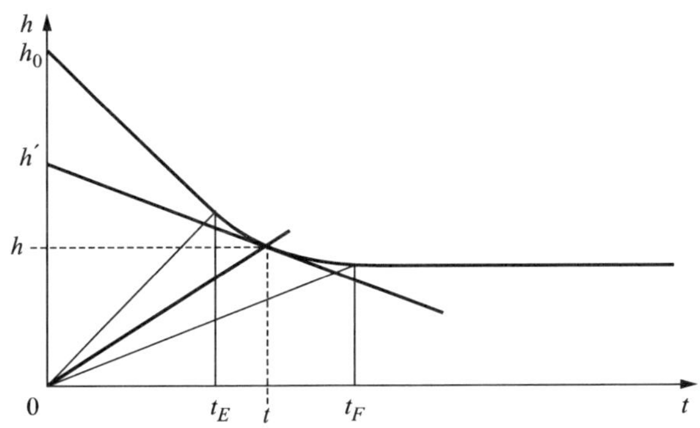

그림 4.23 회분침강곡선의 분석

농도 Φ인 면이 정화층과 접해 있을 때, 계면의 침강속도와 입자의 침강속도는 같아지므로, 식 (4.81)의 u_c는 그림 4.23을 이용하여 다음 식으로 구할 수 있다.

$$u_c = \frac{h' - h}{t} \tag{4.82}$$

식 (4.80), (4.82)를 식 (4.81)에 대입하면,

$$\Phi = \frac{h_0}{h'} \Phi_0 \tag{4.83}$$

이 되므로, 농도 Φ와 입자 침강속도 u_c의 관계를 회분침강곡선으로부터 얻을 수 있게 된다.

침전농축장치는 시크너(Thickner)라 불리며, 그림 4.24에 나타낸 원통의 원추형 조로 직경 수 m에서 수십 m에 달하는 장치도 있다. 정상 운전시에 입자농도 Φ_f [−], 유량 Q_f [m^3/s]인 원액이 유입해서, 외주로부터 Φ_0 [−], Q_0 [m^3/s]인 익류액, 저부로부터 Φ_u [−], Q_u [m^3/s]인 퇴적물이 배출될 때, 원통의 단면적 A [m^2]는 다음과 같이 하여 결정된다. 농도 Φ [−]인 층의 체적유속은 다음 식이 된다.

$$U = \Phi\left(u_c + \frac{Q_u}{A}\right) \tag{4.84}$$

시크너 내에서는 농도분포를 갖지만, 모든 농도(시크너 내의 위치)의 체적유량이 배출유량 이상이 되지 않으면 안 된다. 따라서, 다음 식을 얻는다.

$$UA \geq \Phi_u Q_u \tag{4.85}$$

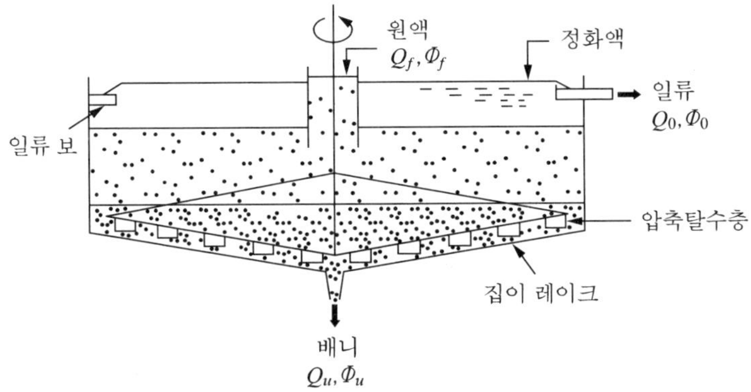

그림 4.24 **연속식 침강 농축 장치**

식 (4.84)를 식 (4.85)에 대입해서 정리하면,

$$A \geq \frac{Q_u(\Phi_u - \Phi)}{u_c \Phi} \tag{4.86}$$

또한 익류 중의 입자 농도는 무시할 수 있기 때문에, $\Phi_f Q_f \fallingdotseq \Phi_u Q_u$로 할 수 있으므로 다음 식이 성립한다.

$$A \geq \frac{Q_f \Phi_f}{u_c}\left(\frac{1}{\Phi} - \frac{1}{\Phi_u}\right) \tag{4.87}$$

따라서, 회분침강곡선에서 농도 Φ를 Φ_f에서 Φ_u 범위로 식 (4.87)의 우변을 계산하면, 그 최대치가 시크너의 최소단면적이 된다.

4.2.4 관성 및 원심력을 이용한 분리 · 분급

1) 관성분리 · 분급

입자를 포함한 유체의 흐름방향을 장해물을 이용해서 급격히 바꾸면, 입자는 관성력 때문에 흐름에 종속되지 않고 흐름에서 분리된다. 관성의 세기는 입자 정지거리 L_∞[m]와 장해물 대표치수 d_{ob}[m]의 비로 정의되는 스톡스 수 $Stk[-]$로 표기된다. 식 (4.13), (4.15)에서 u [m/s]를 입자속도라 하면, Stk는 다음 식이 된다.

$$Stk = \frac{u(\rho_p + \rho_f/2)x^2}{18\mu d_{ob}} \tag{4.88}$$

공기와 물의 점도 μ는 각각 1.8×10^{-5} Pa · s, 1.8×10^{-3} Pa · s이기 때문에, 이 원리에 기초한 장치는 그림 4.25에 나타낸 루버(louver)형 집진기와 같이, 주로 건식으로 조립자의 분리에 이용되는 경우가 많다.

입자를 장해물에 충돌시켜 포집할 경우는, 유속을 높혀 장해물의 치수를 작게 함으로써 Stk를 크게 할 수 있으므로 미립자의 포집도 가능해진다. 장해물에 의한 포집효율 $\eta_0[-]$는 흐름방향의 장해물 단면적에 대한 포집입자를 포함한 장해물 전방의 흐름 단면적 비로서 정의되며, 일반적인 장해물의 η_0는 표 4.1처럼 표시된다. 여기서 한계입자궤적은 입자의 중심이 장해물에 충돌하는 가장 안쪽의 유선이다. 이 한계입자궤적의 외측 입자에서도 입자의 크기 때문에 장해물로 차단되어 포집된다. 이 분리포집기구는 차단이라 불리며, 다음 식에서 정의되는 차단 파라미터 $I[-]$에 의해 평가된다.

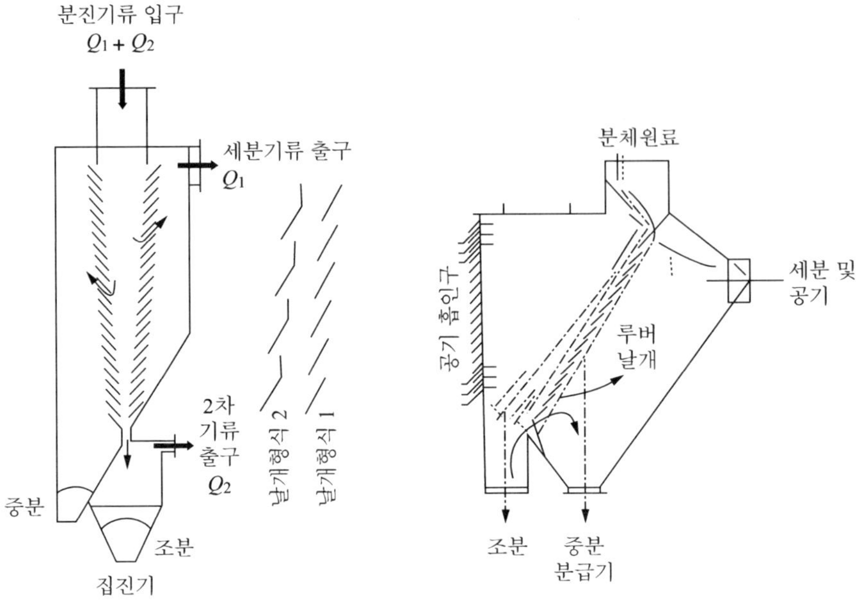

그림 4.25 루버형의 집진기 및 분급기

표 4.1 입자의 한계궤적과 포집효율

형상	유선과 한계입자 궤적	분립효율
구	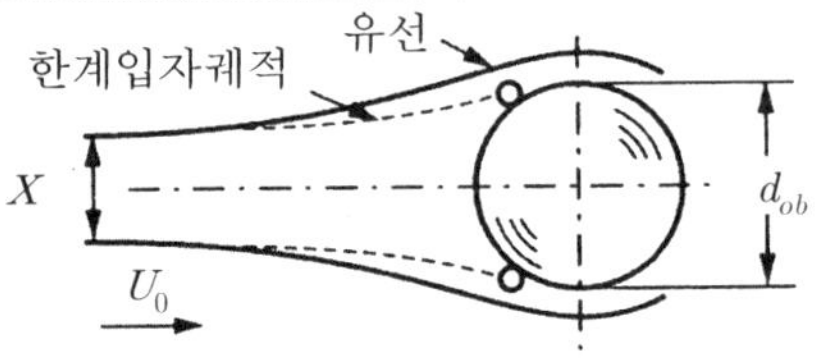	$\left(\frac{X}{d_{ob}}\right)^2$
원통	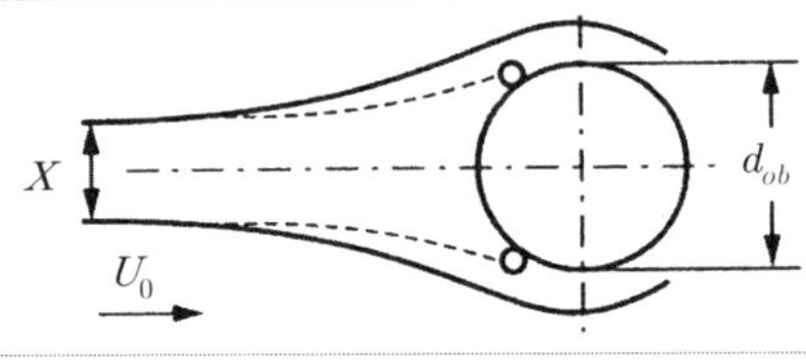	$\frac{X}{d_{ob}}$
리본 원판	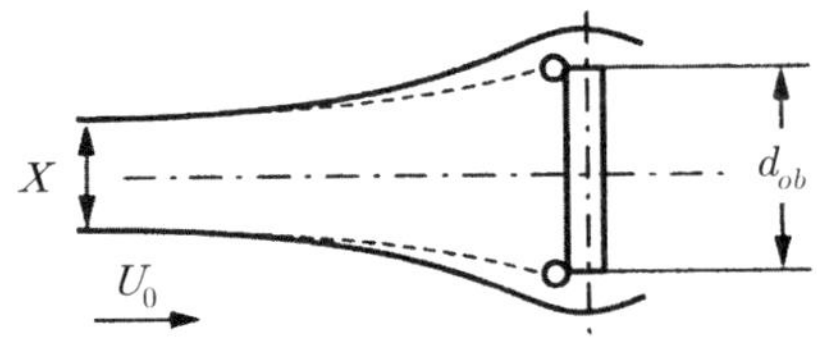	$\frac{X}{d_{ob}}$ $\left(\frac{X}{d_{ob}}\right)^2$
원형 제트 장방향 제트	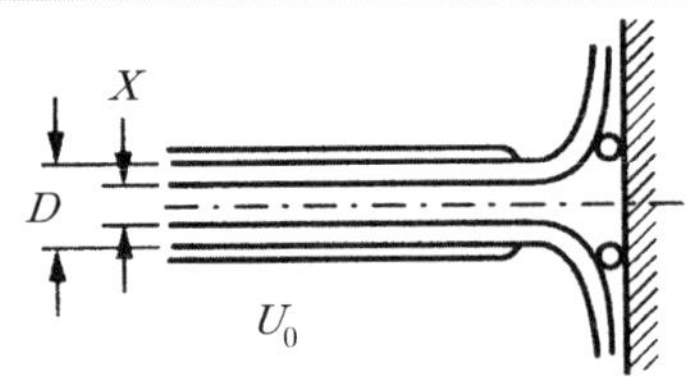	$\left(\frac{X}{D}\right)^2$ $\frac{X}{D}$

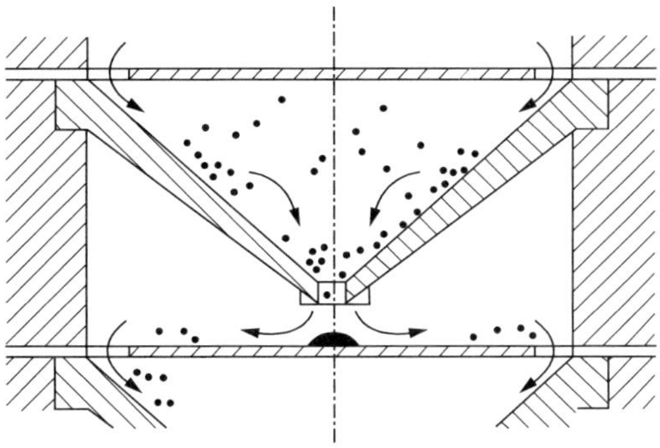

그림 4.26 캐스캐이드 임팩터

$$I = \frac{x}{d_{ob}} \tag{4.89}$$

함진기류를 노즐에서 고속으로 평판에 불어넣는 캐스캐이드 임팩터(그림 4.26)는 분진의 입자경분포 측정 등에 이용된다. 4.2.5에서 설명할 입자나 섬유의 충전층에 의한 내부여과에서는, 충돌과 차단에 의한 포집이 중요한 역할을 하고 있다.

함진기류를 세정수와 접촉시켜 기류중의 입자를 포집하는 세정집진(Scrubber)도 관성력을 이용한 집진조작이다. 기류와 세정수를 접촉시키는 방법에는, 세정수 중에 기류를 불어넣는 방법과 벤츄리 관(venturi tube) 등을 이용해서 기류와 세정수 액적을 고속으로 충돌시키는 방법이 있다.

2) 원심분리 · 분급

입자는 유체의 선회운동에 의해 원심력을 받지만, 유체를 선회운동시키는 방법으로서원통모양의 분급실에 유체를 외주로부터 접선류로 유입시키는 방법과 분급실 내의 날개 등으로 유체를 선회시키는 방법 및 분급실을 회전시키는 방법 등 3가지가 있다.

입자를 포함한 유체를 외주로부터 접선류로 분급기에 유입시키는 타입에서는, 입자가 분리 · 분급된 후 유체는 중심부로부터 배출된다. 따라서 그림 4.27에 나타낸 것과 같이, 반경 r[m]인 위치에서의 유체의 접선 및 반경방향 속도를 각각 v_t[m/s], v_r[m/s]이라 하면, 흐름을 타고 있는 입자에는 중심방향을 향해 유체항력 R[N]이 작용한다.

$$R = -3\pi\mu v_r x \tag{4.90}$$

또한 각속도 $\omega = v_r / r\,[\mathrm{rad/s}]$로부터, 입자에는 반경방향으로 원심력 F[N]가 작용한다.

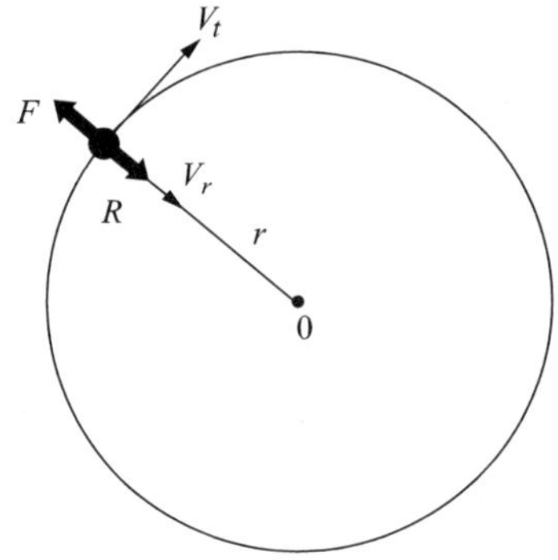

그림 4.27 원심분급의 원리

$$F = \frac{\pi}{6}x^3(\rho_p - \rho_f)r\omega^2 = \frac{\pi}{6}x^3(\rho_p - \rho_f)\frac{{v_t}^2}{r} \tag{4.91}$$

따라서, $R + F = 0$이 되는 분리입자경 x_c[m]는 다음 식이 된다.

$$x_c = \sqrt{\frac{18\mu r v_r}{(\rho_p - \rho_f){v_t}^2}} \tag{4.92}$$

$x_c < x$인 입자는 원심력에 의해 외벽방향으로, $x < x_c$인 입자는 유체항력에 의해 중심부로 이동한다.

반경방향 속도 v_r은 단위시간당 유입량을 Q[m^3/s]라 하고, 분급기 원통의 높이를 H[m]라 하면, 다음의 수지식에서 구할 수 있다.

$$Q = 2\pi r H v_r \tag{4.93}$$

따라서,

$$v_r = \frac{Q}{2\pi r H} \tag{4.94}$$

한편, 접선방향 속도 v_t는 분급기 원통 내에 회전날개 등이 있을 경우는, 각속도 ω[rad/s]로 회전하는 날개로 인해 강제적으로 회전시킬 수 있으므로 다음 식이 된다.

$$v_t = r\omega \tag{4.95}$$

이와 같은 소용돌이는 강제와류라 불린다. 회전날개 등이 없을 경우는 강제와류로는 되지 않고, 일반적으로 v_t와 r의 관계는 다음 식으로 주어진다.

$$v_t r^n = const. \tag{4.96}$$

$n=-1$이 되는 소용돌이가 강제와류이고, $n=1$이 되는 소용돌이는 자유와류라 불리며, 태풍이나 회오리와 같은 소용돌이이다. $n < 1$인 소용돌이는 준자유와류라 불린다.

예제 4.9

강제와류와 자유와류를 상정해서 분리입자경 x_c를 도출하여, 어떤 소용돌이가 분급기에 적합한지를 고찰하라. 단, 반경방향 속도 v_r은 식 (4.93)으로 주어지는 것으로 한다.

해답

식 (4.92)에 식 (4.93)을 대입하면 $x_c \propto \frac{1}{v_t}$, 따라서 강제와류에서는 $v_t \propto r$에서 $x_c \propto \frac{1}{r}$

한편 자유와류에서는 $v_t \propto \frac{1}{r}$로부터 $x_c \propto r$이 된다.

그림 4.28에 나타낸 것과 같이, 강제와류 내에서는 입자가 분급기 내에 체류하지 않지만, 자유와류일 경우는 중심부 혹은 외주부로 이동해도 원심력=유체항력이 되는 위치가 존재하기 때문에, 입자는 그 위치에 체류하게 된다.

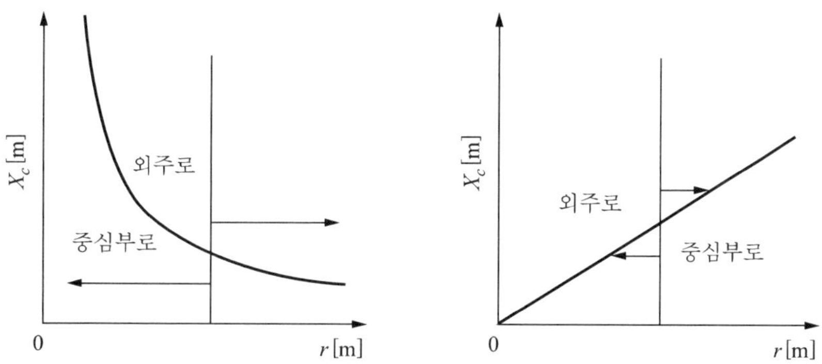

(a) 강제 소용돌이 (b) 자유 소용돌이

그림 4.28 **와류 내의 입자의 운동**

그런 연유로, 분급기의 소용돌이는 가능한 한 강제와류에 근접시키는 것이 바람직하다. 또한 자유와류일 경우는, 입자가 체류하지 않는 장치구조로 하는 등의 궁리가 필요하다.

강제와류형 분급기의 예로서, 시멘트 클링커(Clinker)의 분급에 이용되는 대량처리 분급기를 그림 4.29에, 미분분급기를 그림 4.30에 나타낸다.

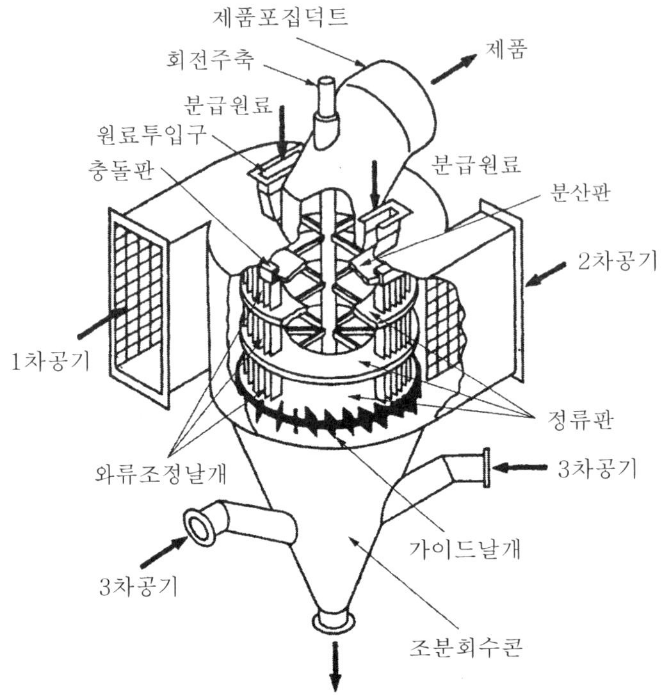

그림 4.29 대량처리 분급기(0-SEPA)

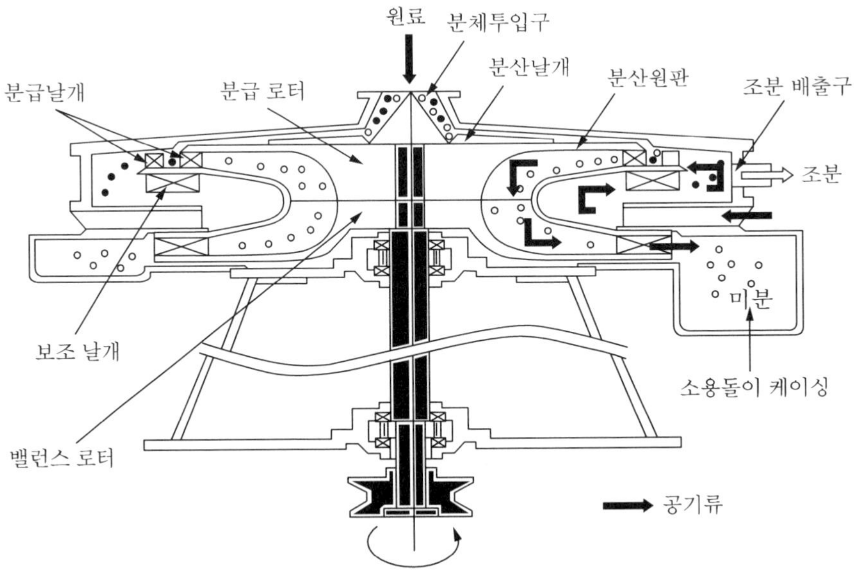

그림 4.30 미분 분급기(Turbo Classifier)

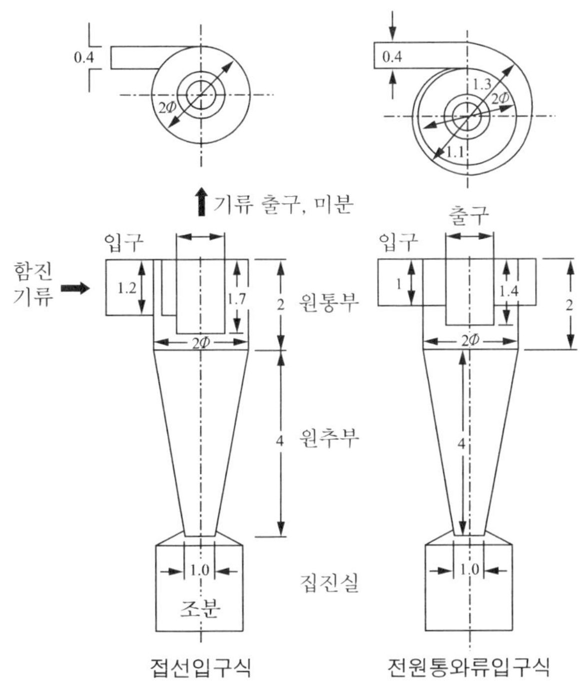

그림 4.31 **표준 사이클론**

자유와류형 분급기의 대표적인 예는 사이클론(Cyclone)으로, 습식과 건식 공히 사용된다. 그림 4.31에 건식의 표준 사이클론을 나타내었다. 접선방향에서 유입한 기류는 원통 벽을 따라 선회류로서 하강하고, 원추부에서는 접선방향 속도를 증가하면서 계속 하강해서, 원추 하단부에서 반전 상승하여 출구관에서 배출된다. 원심력에 의해 벽면으로 이동한 입자는 벽면을 미끄러져 떨어져서 원추 하부의 집진실에 포집된다. 사이클론 내의 접선방향 유속분포를 그림 4.32에 나타내었지만, 강제와류로 되어있는 중심부를 제외하고, 식 (4.96)에서 $n=0.5\sim0.9$인 반자유와류로 되어있다. 사이클론의 직경을 작게 하면 분리입자경도 작아지지만, 사이클론 사양이 다양하고 또한 내부의 흐름도 복잡하기 때문에, 분급성능을 예측하기 위해서는 계산기 시뮬레이션[8)]에 의존하지 않으면 안된다.

습식 사이클론(액체 사이클론)의 기본구조는 건식 사이클론과 같지만, 액체와 입자의 밀도차가 작고 침강속도가 늦기 때문에, 사이클론 하부에서도 액을 빼내어 조립자를 회수한다. 사이클론 하부에서도 현탁액이 빠지기 때문에, 미립자가 조립자 회수 쪽으로 섞이게 된다. 또한 중심부에서는 정압이 증기압 이하로 내려가기 때문에, 공기기둥이 생기는 것 역시건식 사이클론과 다른 점이다.

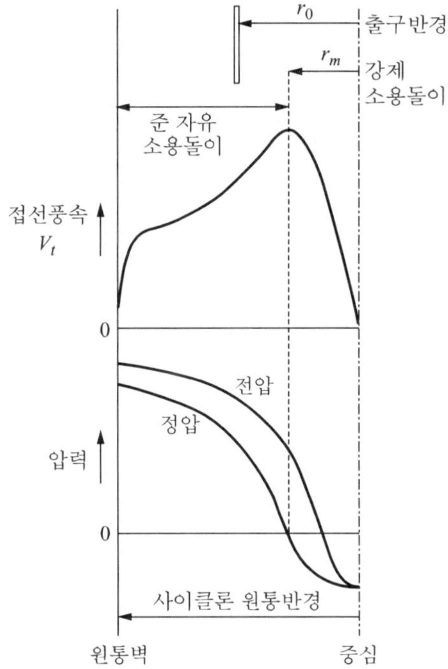

그림 4.32 **사이클론 원통부의 접선방향 속도와 압력분포**

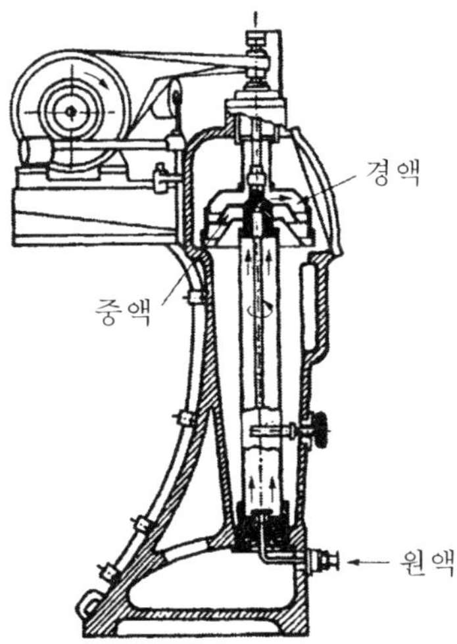

그림 4.33 **샤프리스(sharpless) 분급기**

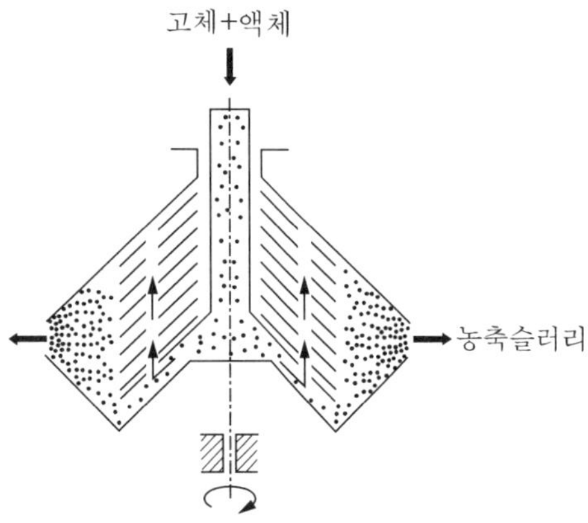

그림 4.34 **분리판형 원심기**

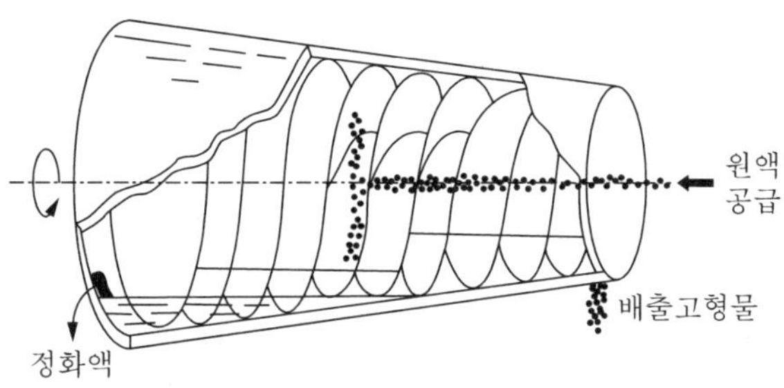

그림 4.35 **데칸터**

분급실을 액체와 함께 회전시키는 원심침강기는 중력가속도의 수백에서 수십만 배의 높은 원심가속도를 만들어낼 수 있기 때문에, 현탁액 중의 미립자 분리나 밀도 차가 작은 액－액 에멀션의 분리에 이용된다. 원심침강기에는 원통형, 분리판형, 데칸터(Decanter) 등 3가지 종류가 있다. 각각의 대표적인 예를 그림 4.33, 4.34, 4.35에 나타내었다.

4.2.5 여과 · 집진

유체투과성 여재(filter)에 입자를 포함한 유체를 투과시켜, 입자를 모두 포집하는 것을 목적으로 하는 조작을 여과(filtration)라 부른다. 고－기계에서는 여과집진이라 일컬어지고 있다. 입자의 포집구조는 케이크여과(cake filtration)와 내부여과(inner filtration)의 2가지로 대별된다. 케이크여과에서는 여재 면에 포집 퇴적된 입자층에서 이 케이크가 여재로서 기능하여 입자를 포집하는 여과로, 포집여과 혹은 표면여과라고도 불린다. 케이크여과에서는, 공업적으로는 여재로서 여과포가 이용되는 경우가 많다. 그에 반하여 내부여과에서는, 입자는 여재에서 포집되어, 여재여과 혹은 심층여과라고도 불린다. 여과의 진행과 수반하여 여재 내의 입자량이 많아지면, 여재 표면에 케이크가 형성되어 여과기구는 내부여과에서 케이크여과로 이행한다. 내부여과는 입자 농도가 낮은 서스펜션이나 함진기류의 청등을 목적으로 하여 수행된다. 입자나 섬유의 충전층이 내부여과의 여재로서 이용되는 경우가 많다.

1) 케이크여과

습식 케이크여과 : 슬러리 여과의 진행은 다음과 같이 기술된다. 그림 4.36에 나타낸 것처럼 체적농도 $\phi\,[-]$인 슬러리를 유체저항이 $R_m\,[1/\mathrm{m}]$, 단면적이 $1\ \mathrm{m}^2$인 여재를 이용하여 압력 P [Pa]로 여과하는 경우를 생각한다. 여과개시에서 $t\,[\mathrm{s}]$ 사이에 여과된 여액량을 $V\,[\mathrm{m}]$, 케이크 두께를 $L\,[\mathrm{m}]$이라 하고, 케이크는 균질하며 그 단위길이 당 유체저항을 $r_c\,[\mathrm{m}^{-2}]$라 하면, 여과압력 P와 유속 dV/dt의 관계는 다음과 같이 쓸 수 있다.

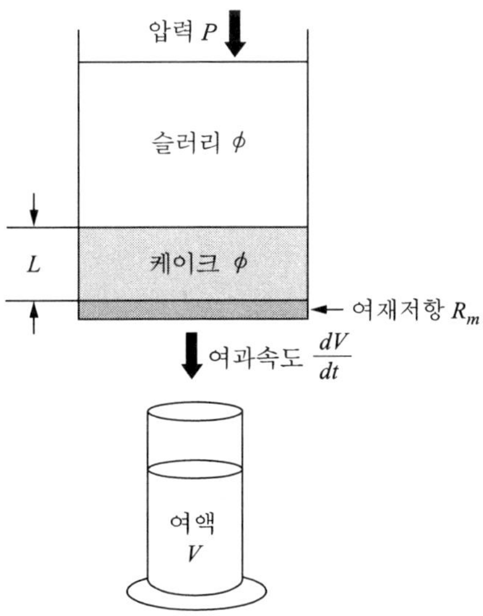

그림 4.36 **여과 진행과정**

$$P = (R_m + r_c L)\,\mu \frac{dV}{dt} \tag{4.97}$$

여기서, μ[Pa · s]는 여액의 점도이다.

케이크 내의 입자는 여액과 케이크 내의 액에 포함된 입자이며, 다음의 수지식이 성립한다.

$$\Phi L = \phi(V + L) \tag{4.98}$$

따라서, 다음의 관계식을 얻는다.

$$L = \frac{\phi}{\Phi - \phi} V \tag{4.99}$$

식 (4.99)를 식 (4.97)에 대입하여, 다음의 여과 기초식을 얻는다.

$$P = \left(R_m + r_c \frac{\phi}{\Phi - \phi} V\right)\mu \frac{dV}{dt} \tag{4.100}$$

여과압력이 일정한 정압여과를 생각한다. 식 (4.100)을 고쳐 쓰면,

$$\frac{dt}{dV} = \frac{\mu R_m}{P} + \frac{\mu r_c}{P}\frac{\phi}{\Phi - \phi} V \tag{4.101}$$

식 (4.101)을, 식 (4.102)에서 정의되는 계수 K[m^2/s]를 이용해서 고쳐 쓰면, 식 (4.103)을 얻는다.

$$\frac{2}{K} = \frac{\mu r_c}{P}\frac{\phi}{\Phi - \phi} \tag{4.102}$$

$$\frac{dt}{dV} = \frac{2}{K}(V + V_m) \tag{4.103}$$

여기서, V_m [m]은 가상 여액량 혹은 상당 여액량이라 불리는 것으로, 다음 식으로 주어진다.

$$V_m = \frac{K}{2}\frac{\mu R_m}{P} \tag{4.104}$$

V_m은 여재와 같은 저항을 가진 케이크를 형성하는데 필요한 여액량으로, 여재의 저항을 가상 여액량으로 치환할 수 있다. 따라서 dt/dV를 V에 대해 플롯함으로써, 직선의 기울기와 절편으로부터 K와 V_m을 구할 수 있다.

식 (4.103)을 $0\sim t$, $0\sim V$에서 적분하면,

$$Kt = V^2 + 2V_m V \tag{4.105}$$

변형해서 다음 식을 얻는다.

$$\frac{t}{V} = \frac{V}{K} + \frac{2V_m}{K} \tag{4.106}$$

따라서, t/V를 V에 대해 플롯함으로써, 직선의 기울기와 절편으로부터 K와 V_m을 구할 수 있다.

가상 여액량을 얻는 가상 여과시간은, 저항 제로인 이상여재를 이용해서 V_m인 여액을 얻는 시간이기 때문에, 식 (4.103)에서 $V_m=0$로 하여 $0\sim t_m$, $0\sim V_m$에서 적분하면 $t_m = V_m^2/K$이 되므로, 식 (4.105)는 다음 식과 같이 고쳐 쓸 수 있다.

$$(V + V_m)^2 = K(t + t_m) \tag{4.107}$$

식 (4.103), (4.106), (4.107)은 모두 같은 기초식에서 얻어진 해이지만, 식 (4.103)은 그 시각에 있어서의 여과속도와 여액량의 관계, 식 (4.106)은 평균여과속도와 여액량의 관계, 식 (4.107)은 여액량의 경시변화를 각각 나타내고 있다.

일정 속도로 여과하는 정속여과일 경우는, dt/dV가 일정하므로 식 (4.100)에서 P는 V의 1차식으로 관계 지어진다. 많은 경우 여재 저항은 무시할 수 있으므로, 정속여과일 경우는 여액량에 비례하여 여과압력을 증가시키지 않으면 안된다.

기초식인 식 (4.101)은 체적농도로 기술했지만, 실제 조작에서는 질량농도로 나타내는 쪽이 편리하므로, 슬러리의 입자질량농도 $s[-]$, 공극이 여액으로 채워진 습윤케이크의 질량과 건조케이크 질량에 대한 비(습건질량비)인 $m[-]$을 이용해서 식을 고쳐 쓴다.

건조케이크 질량을 w[kg]라 하면, w는 다음 식으로 주어진다. R_c[1/m]은 다음 식으로 표기된다.

$$w = \Phi L \rho_p \tag{4.108}$$

이로부터, 케이크의 유체저항 R_c[1/m]는 $R_c = r_c L$이므로,

$$R_c = \frac{r_c}{\Phi \rho_p} w \tag{4.109}$$

가 되어, 건조케이크 질량에 비례함을 안다.

여기서, 비례정수가 평균여과비저항 α_{av}[m/kg]로서 정의된다.

$$\alpha_{av} = \frac{r_c}{\Phi \rho_p} \tag{4.110}$$

또한 건조케이크 질량 w와, 습윤케이크 질량 mw와 여액량 $V\rho_f$의 합의 비는, 슬러리의 입자질량농도 s가 되므로 다음 식을 얻는다.

$$s = \frac{w}{mw + V\rho_f} \tag{4.111}$$

식 (4.109), (4.110), (4.111)로부터, 케이크 저항 R_c는 최종적으로 다음 식으로 주어진다.

$$R_c = \alpha_{av} \frac{s\rho_f}{1 - ms} V \tag{4.112}$$

식 (4.102)를 식 (4.99)와 식 $R_c = r_c L$을 사용하여 고쳐 쓰면,

$$\frac{2}{K} = \frac{\mu}{P} R_c \frac{1}{V} \tag{4.113}$$

여기에 식 (4.112)를 대입하면, 정압여과계수 K는 다음과 같이 표기되고, 루스(Ruth)의 정압여과계수라 불린다.

$$K = \frac{2P}{\mu\rho_f} \frac{1 - ms}{s\alpha_{av}} \tag{4.114}$$

식 (4.103)에 식 (4.114)를 대입하면, 식 (4.115)에서 나타내는 루스의 정압여과속도식을 얻는다.

$$\frac{dt}{dv} = \frac{\mu\rho_f}{P} \frac{s\alpha_{av}}{1 - ms} (V + V_m) \tag{4.115}$$

상당 여액량 V_m과 가상 여과시간 t_m은 각각 다음 식으로 주어진다.

$$V_m = \frac{R_m}{\rho_f} \frac{1 - ms}{s\alpha_{av}} \tag{4.116}$$

$$t_m = \frac{R_m^2}{2\rho_f P} \frac{1 - ms}{s\alpha_{av}} \tag{4.117}$$

예제 4.10

일정 압력을 작용시켜 $CaCO_3$ 슬러리의 여과시험을 진행하여 아래의 측정결과를 얻었다.

여액량 $Q\,[m^3]$	0.600×10^{-3}	1.20×10^{-3}	2.00×10^{-3}	2.60×10^{-3}
여과시간 $t\,[s]$	8.70	23.7	56.4	89.3

여과시험기의 직경 $D = 20$ cm, 여과압력은 $P = 200$ kPa, 슬러리 농도는 $s = 0.0723$, $CaCO_3$ 입자의 진밀도는 $\rho_p = 2.93\times10^3$ kg/m^3, 여액인 물의 밀도는 $\rho_f = 10^3$ kg/m^3, 점도는 $\mu = 1.00$ mPa · s, 건조케이크의 부피밀도는 $\rho_c = 1.60\times10^3$ kg/m^{3}일 때 다음의 질문에 답하라.

1) 케이크의 충전율 ϕ와 습건질량비 m을 구하라.
2) 식 (4.102), (4.105)에 의해 여과의 진행과정을 나타내어라.
3) 평균여과비저항 α_{av}, 여재저항 R_m을 구하라.
4) 식 (4.106)에 의해 여과의 진행과정을 나타내어라.

해답

1) $\rho_c = \Phi\rho_p,\quad \Phi = \dfrac{1.60}{2.93} = 0.546$

$$m = \frac{\rho_c + (1-\Phi)\rho_f}{\rho_c} = \frac{1.60\times10^3 + 0.454\times10^3}{1.60\times10^3} = 1.28$$

2) 여액량 $Q\,[m^3]$를 다음 식을 이용해서 단위면적당 여액량 $V\,[m]$로 환산한다.

$$V = \frac{Q}{\pi D^2/4} = \frac{Q}{3.14\times0.20^2/4} = 31.85Q$$

$Q\,[m^3]$	0.600×10^{-3}	1.20×10^{-3}	2.00×10^{-3}	2.60×10^{-3}
$V\,[m]$	1.91×10^{-2}	3.82×10^{-2}	6.37×10^{-2}	8.28×10^{-2}
V 구간 대표값	0.955×10^{-2}	2.87×10^{-2}	5.10×10^{-2}	7.33×10^{-2}
$\Delta t\,[s]$	8.70	15.0	32.7	32.9
$\Delta t/\Delta V$ [s/m]	4.55×10^2	7.85×10^2	12.8×10^2	17.2×10^3

위 표로부터 $\Delta t/\Delta V$ vs. V는 그림 4.37, t/V vs. V는 그림 4.38이 된다.

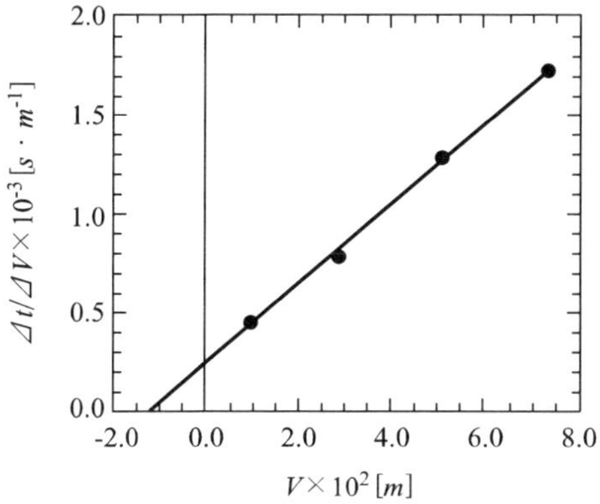

그림 4.37 V에 대한 dt/dV 플롯 예

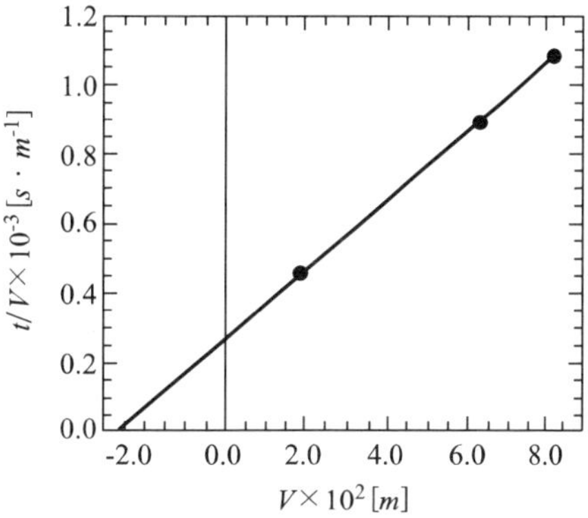

그림 4.38 V에 대한 t/V의 플롯 예

3) 식 (4.115)로부터

$$\alpha_{av} = \frac{2P}{\mu\rho_f}\frac{1-ms}{s}\frac{1}{K} = \frac{2\times2\times10^5}{10^{-3}\times10^3}\frac{1-1.28\times0.0723}{0.0723}\frac{1}{K} = 5.021\times10^6\frac{1}{K}$$

그림 4.38로부터 $K=1.01\times10^{-4}$ [m²/s], 따라서 $\alpha_{av}=4.97\times10^{10}$ [m/kg]

똑같이 그림 4.38로부터 $V_m=1.30\times10^{-2}$[m]

식 (4.103)로부터, $R_m = \frac{2P}{\mu K}V_m = \frac{2\times2\times10^5}{10^{-3}\times1.0\times10^{-4}}\times1.30\times10^{-2} = 5.20\times10^{10}$[m]

4) 가상여과시간 $t_m = V_m^2/K$로부터, $t_m=1.67$[s]

$t+t_m$[s]	10.4	25.4	58.1	91
$(V+V_m)^2$[m²]	1.03×10^{-3}	2.62×10^{-3}	5.88×10^{-3}	9.18×10^{-3}

위 표로부터 $(V+V_m)^2$ vs.t 는 그림 4.39가 된다.

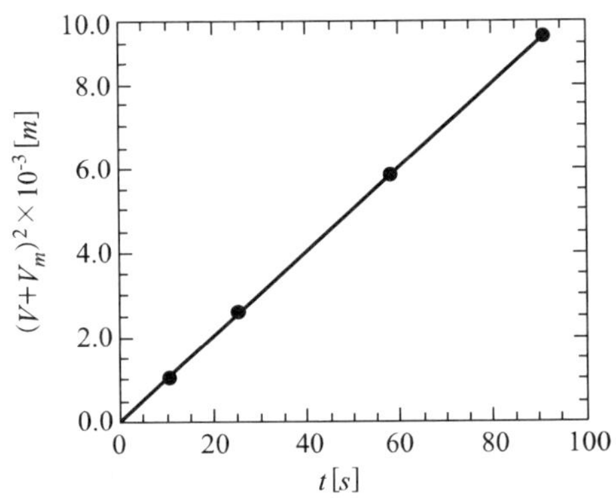

그림 4.39 t에 대한 V^2의 플롯 예

지금까지 α_{av}가 여과압력과 무관하게 일정한 비압축성 케이크를 대상으로 해왔지만, 압축성 케이크일 경우는 다음의 실험식에 의해 α_{av}가 표기된다.

$$\alpha_{av} = \alpha_0 + \alpha_1(P-P_m)^n \tag{4.118}$$

$$\alpha_{av} = \alpha_1(P-P_m)^n \tag{4.119}$$

공업용 여과기는 압력을 가하는 방법에 따라 중력식, 가압식, 진공식, 원심식으로 구분된다. 그중 널리 사용되고 있는 가압식과 진공식 여과기의 종류와 용도를 표 4.2에 나타냈다. 대표적인 회분식 가압여과기인 필터프레스(filter press)를 그림 4.40에, 연속진공여과기의 구조와 여과기구를 그림 4.41에, 연속가압여과기에 이용되는 여엽(filter leaf)의 단면구조를 그림 4.42에 각각 나타냈다.

표 4.2 **여과장치의 종류와 주된 용도**

<table>
<tr><td rowspan="3">가압·여과기</td><td rowspan="2">회분식</td><td>필터프레스(filter press)</td><td>안료와 도료의 여과 및 세정
비스코스의 청등화
석유의 탈납 점토여과</td></tr>
<tr><td>가압엽상여과기(그림 4.42 참조)
(shell－and－leaf filter)</td><td>미세한 분말의 고압여과와 세정</td></tr>
<tr><td>연속식</td><td>회전원통식
회전원판식</td><td>고온여과, 증기압이 높은 용제처리</td></tr>
<tr><td rowspan="4">진공여과기</td><td>회분식</td><td>Nutsche
엽상여과기(leaf filter)</td><td>실험용이 아닌 파일럿 플랜트용
안료의 여과와 세정</td></tr>
<tr><td rowspan="3">연속식</td><td>회전원통형(rotary－drum filter)
(oliver filter)
[그림 4.41 참조]</td><td>저부 급액
미세결정 및 슬러지 여과, 세정
상부 급액
큰 결정의 여과와 건조</td></tr>
<tr><td>회전원판형
수직원판(American filter)
수평원판
올리버 수평형</td><td>원액 농도가 높을 때
큰 결정</td></tr>
<tr><td>수평밴드형</td><td>미립자 여과 가능</td></tr>
</table>

건식여과 집진 : 케이크여과에 있어서의 습식과 건식의 차는 유체가 액체(물)인지 기체(공기)인지에 대하여, 케이크여과의 대상이 되는 슬러리의 체적농도는 % 단위, 그것에 대해 미립자 현탁기체인 에어로솔(aerosol)의 체적농도는 ppm 단위로, 농도에 1만 배 정도의 차이가 난다. 따라서 입자의 포집기구는 같지만, 습식과 건식의 여과에서는 다른 기술전개가 이루어지고 있다.

케이크여과에 의해 입자를 포집하는 집진장치는 백필터(bag filter, fabric filter)라 불린다. 백필터는 매달린 자루 모양의 여과포(fiter cloth)에 함진기류를 투과해서 여과포로 입자를 포집하는 장치로서, 포집하여 퇴적된 입자로 인한 압력손실을 저하시키기 위해, 주기적으로 떨어내기를 수행하여 유속저하를 방지하고 있다. 아주 새로운 여과포에서는 집진 초기에 내부여과로 입자는 포집되지만, 여과포 내부에 침입한 입자는 떨어내기 조작으로는 잡히지 않으므로, 입자는 케이크여과에 의해 포집되는 것이라 생각해도 좋다. 장치의 구조 및 취급이 간단하고 집진율도 높기 때문에, 배기가스 세정뿐 아니라 유용분체의 회수 등에도 널리 사용되고 있다.

장치의 성능은 집진효율 $\eta\,[-]$와 압력손실 $\Delta P\,$[Pa]에 의해 평가된다. η는 0℃, 1기압으로 환산한 장치의 입구 및 출구에서의 건조가스를 기준한 분진농도 C_i, $C_0\,[\mathrm{kg/m_N^3}]$로부터 다음과 같이 계산된다.

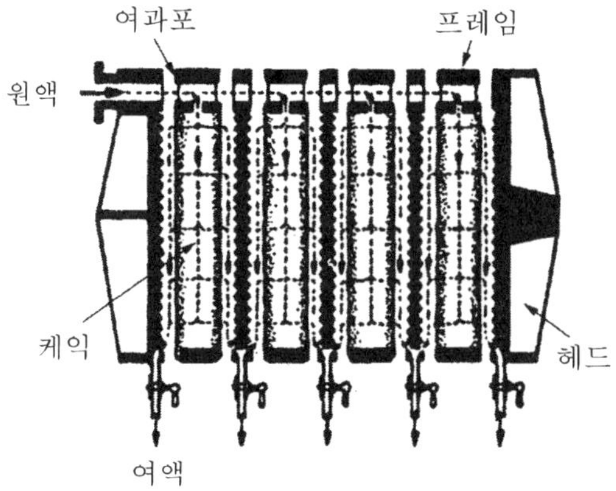

그림 4.40 필터프레스

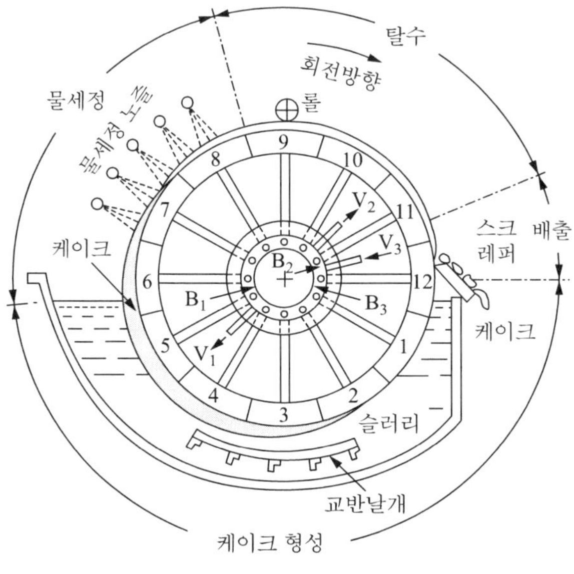

그림 4.41 회전원통형 진공여과기의 작동기구

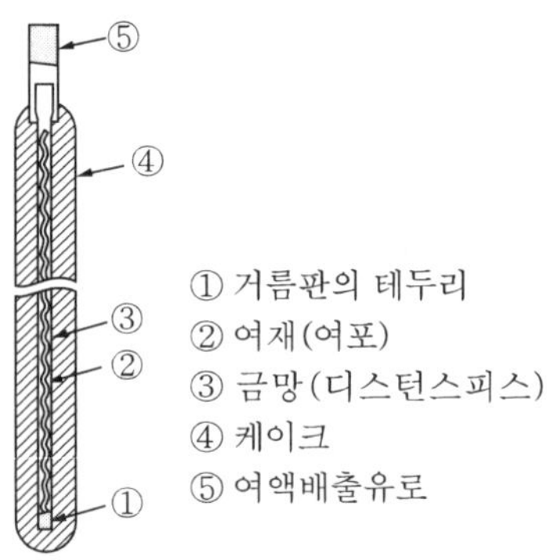

그림 4.42 여엽의 단면

$$\eta = \frac{C_i - C_0}{C_i} \tag{4.120}$$

ΔP는 퇴적분진량 w [kg/m^2], 여과속도 u[m/s]에 대하여 다음 식으로 주어진다.

$$\Delta P = (\xi_0 + w\alpha)\mu u \tag{4.121}$$

여기서 μ는 기체 점도 [Pa · s], ξ_0는 여과포 저항계수[1/m], α는 퇴적분진층 비저항[m/kg]으로, 분진의 비표면적과 밀도 및 분진층의 충전율을 알면 식 (4.110)으로부터 계산할 수도 있다.

백필터는 털어내기 방식에 따라 기계적 진동, 역압, 펄스제트로 분류된다. 그림 4.43에 역압 털어내기로서의 예를 나타내었지만, 기계적 진동과 역압에서는 털어내기 시에 기류를 차단하여 집진을 중단할 필요가 있으므로, 연속운전을 가능케 하기 위해 집진기 안은 몇 개의 실로 구분되어 있다. 그에 반하여, 일부 백에만 역분류를 순간적으로 보내어 털어내기를 하는 펄스제트 방식에서는, 집진을 중단할 필요가 없이 다실 구조로 하지 않아도 연속운전이 가능하다.

여과포에는 직포와 부직포가 있다. 펠트를 주로 하는 부직포는 여과속도를 크게 높일 수 있는 점에서, 펄스제트 털어내기와 조합하여 널리 이용되기에 이르렀다.

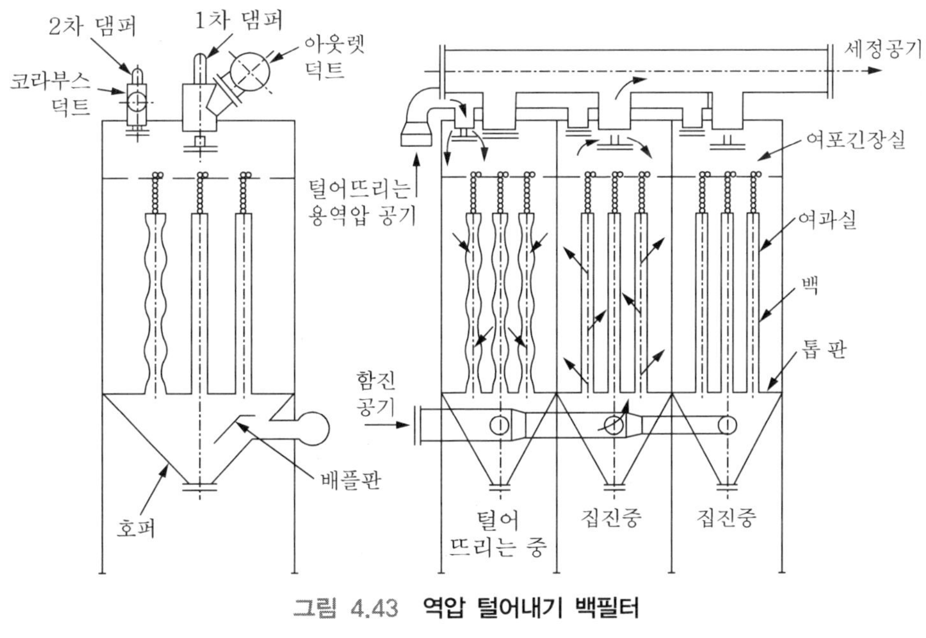

그림 4.43 **역압 털어내기 백필터**

2) 내부여과

내부여과는 공기의 청정화나 물의 청등화 등을 목적으로 하여, 희박한 계에서 입자를 분리 포집하는데 이용된다. 여재로는 입자나 섬유 등의 충전층이 이용되고, 층 내의 충전물간 공극은 포집되는 입자보다 훨씬 크다.

입자는 중력, 관성, 차단, 확산으로 인해 충전물에 충돌하여 포집된다. 충전물 1개의 포집효율 $\xi_0[-]$는 다음 식에 나타낸 것과 같이, 포집기구를 나타내는 4가지의 파라미터와 흐름 상태를 나타내는 레이놀즈 수 Re의 함수가 된다.

$$\eta_0 = \eta(Re, Stk, I, G, Pe) \tag{4.122}$$

여기서, Stk는 식 (4.88)에서 정의된 스톡스(Stokes) 수, I는 식 (4.89)에서 정의된 차단 파라미터, G, $Pe[-]$는 다음 식으로 정의되는 중력 파라미터와 페크레(Peclet) 수이다.

$$G = \frac{(\rho_p - \rho_f)gx^2}{18\mu v} = \frac{u_\infty}{v} \tag{4.123}$$

$$Pe = \frac{vd_{ob}}{D} \tag{4.124}$$

여기서, v[m/s]는 유체의 대표속도, d_{ob}[m]는 방해물의 대표치수, D[m^2/s]는 식 (4.44)에서 정의된 확산계수이다. 단일섬유에 의한 입자 포집효율의 계산 예를 그림 4.44[9]에 나타내었다. 이 계산 예에서는 섬유경도 입자경도 작으므로, 중력충돌로 인한 포집은 무시할 수 있을 정도로 작다.

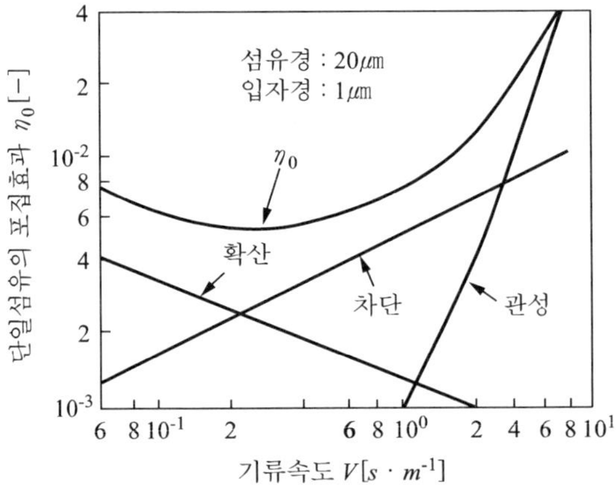

그림 4.44 **단일섬유의 포집효율**

단일섬유의 포집효율은, 이하와 같이 해서 섬유충전층의 포집효율과 관계된다. 단면적이 1 m^2, 두께가 L[m]이고 충전율이 ϕ[−]인 섬유충전층을 생각한다. 섬유의 직경을 d_{ob}[m]라 하고, 섬유는 모두 기류에 직각으로 배열해 있다고 하면, 미소층 두께 dL에 포함된 섬유 길이 dl은 다음의 관계식에서 구할 수 있다.

$$\phi dL = \frac{\pi}{4} {d_{ob}}^2 dl \tag{4.125}$$

기류가 유입하는 단면적은 $(1-\phi)$[m^2]이고, 이 기류에 함유된 분진을 단면적 $d_{ob}dl$ [m^2]인 섬유가 포집효율 η_0로 포집하므로, 분진농도를 C [kg/m^3]라 하면 미소층 두께에서의 농도변화 dC는 다음 식으로 주어진다.

$$dC = -\frac{\eta_o d_{ob} dl}{1-\phi} C \tag{4.126}$$

식 (4.125)에서 식 (4.126)의 dl을 소거하면 다음 식이 된다.

$$\frac{dC}{C} = -\frac{4}{\pi}\frac{\phi}{1-\phi}\frac{\eta_o}{d_{ob}} dL \tag{4.127}$$

입구농도를 C_i라 하면, 두께 L인 충전층의 출구 분진농도 C_o는 식 (4.127)을 적분하여 다음 식으로 주어진다.

$$\frac{C_o}{C_i} = \exp\left(-\frac{4}{\pi}\frac{\phi}{1-\phi}\frac{L}{d_{ob}}\eta_o\right) \tag{4.128}$$

집진장치의 포집효율 정의식 (4.120)으로부터, 최종적으로 다음 식을 얻는다.

$$\eta = 1 - \exp\left(-\frac{4}{\pi}\frac{\phi}{1-\phi}\frac{L}{d_{ob}}\eta_o\right) \tag{4.129}$$

식 (4.128)은 k를 상수로 하여, 다음과 같이 고쳐 쓸 수 있다.

$$\ln\left(\frac{C_o}{C_i}\right) = -kL \tag{4.130}$$

식 (4.130)에서 표시되는 투과율 C_o / C_i와 L의 관계는 대수투과법칙(log−penetration law)이라 불린다. k 값은 충전물에 따라 다르다.

예제 4.11

충전입자의 직경을 d_{ob}[m]로 하여, 구 입자 충전층의 대수투과식을 도출하라.

해답

미소층 두께에 포함된 충전입자 수를 d_n이라 하면, 식 (4.125)에 상당하는 식은

$$\phi dL = \frac{\pi}{6} d_{ob}^{\ 3} dn$$

이 된다. 또한 식 (4.126)에 상당하는 식은

$$dC = -\frac{\pi d_{ob}^{\ 2}}{4} \frac{\eta_o dn}{1-\phi} C$$

가 된다. 양 식에서 d_n을 소거하여 정리하면,

$$\ln\left(\frac{C_o}{C_i}\right) = -\frac{3}{2} \frac{\phi}{1-\phi} \frac{L}{d_{ob}} \eta_o$$

가 된다.

습식의 대표적 내부여과장치는 모래여과기로, 상수도의 수처리 등에 이용되고 있다. 건식 내부여과장치의 대표적 예는 섬유층 필터로, 병원이나 빌딩 등 한정된 공간의 공기정화를 목적으로 하여 널리 이용되고 있다. 특히 HEPA(high efficiency particulate air) 필터나 ULPA (ultra low penetration air) 필터로서 알려진 고성능 필터는, 2.5 kPa인 압력손실에서 0.3 μm인 입자를 99.97% 이상의 효율로 포집하는 필터로, 반도체산업 등의 클린룸에 이용되고 있다.

4.2.6 전자기적 성질을 이용한 분리

1) 정전분리

입자가 4.1.5에서 언급한 것처럼 이종물질과의 접촉, 정전유도, 이온이나 전자의 충돌 등으로 대전하는 대전현상을 이용한 분리법이 정전분리이다.

정전분리기는 입자 전기전도도의 차나 전하 부호의 차, 대전의 난이 등을 이용하고 있다. 그림 4.45에 순정전형 분리장치를 나타내었다.[10)]B는 회전하는 금속제의 실린더상 롤러로서 접지전극이 되어 있다. 그와 평행으로 가느다란 환봉의 고압전극 C(통상은 부극)가 있고, BC간에 정전계가 형성되어 있다. 여기에 A에서 이종입자의 혼합분체가 공급되면, 전기전도도가 큰 양도체 입자는 B에서 C로 이끌리면서 중력에 의해 G로 모인다. 한편, 전기전도도가 작은 비양도체 입자는 H에 자연낙하하거나 혹은 롤러 표면에 부착한 채 이동하여, 브러시 D로 떨어내어져 I에 모아져서 분리된다.

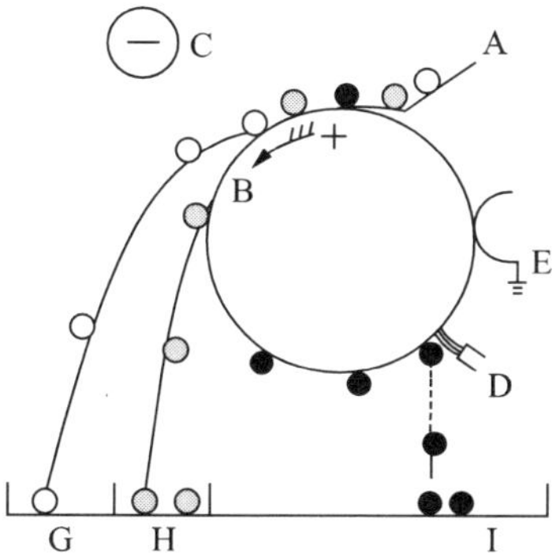

그림 4.45 순정전형 분리장치

2) 전기집진

전기집진은 가스(공기) 중의 미립자를 코로나 방전으로 정전시켜, 쿨롬(Coulomb) 힘으로 집진극판 위에 포집, 분리하는 조작이다. 1910년대에 코트렐(Cottrell) 부자에 의해 개발되어 코트렐 집진기라고도 일컬어지고 있다. 입자경 1 μm 이하인 미립자에도 높은 집진효율이 이루어지는 점, 압력손실이 작은 점, 고온가스의 분진제거에도 사용할 수 있는 이점이 있어 널리 사용되고 있다. 그림 4.46에 전기집진의 원리도를 나타냈다.

정전장에 있어서, 입자의 이동속도는 식 (4.28)로 주어진다.

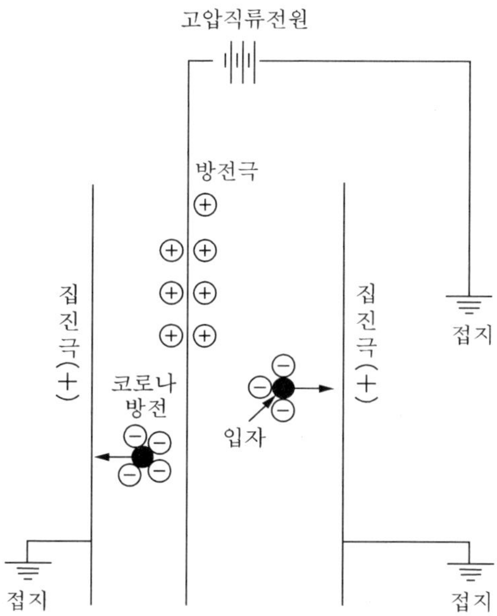

그림 4.46 전기집진 원리

$$u_e = \frac{q}{3\pi\mu x}E = Z_p E \tag{4.28}$$

식에서 명시한 바와 같이, 이동속도는 입자경 x에 반비례하기 때문에, 전기집진은 미립자의 분리, 집진에 유효한 방법이다. 그러나, 전기 비저항율이 $10^3\ \Omega \cdot$m 이하인 입자에서는, 입자가 집진극에 접하면 즉각 동극성이 되어 반발해서 집진성능이 저하하는 점, 또한 $10^9\ \Omega \cdot$ m 이상인 입자에서는 집진극 위에 반대극성인 채 퇴적하여 역방전 등에 의해 성능을 저하시키는 점 등의 문제가 있다.

그밖에, 영구적으로 전기분극을 갖게 한 섬유의 정전력을 사용하여 집진하는 일렉트릭 필터가 있다. 이것은 매우 높은 집진효율을 얻을 수 있지만, 안정성과 조작관리에 어려움이 있다.

3) 자기분리

물질은 4.1.5에서 언급한 것처럼 강자성체, 상자성체 및 반자성체로 분류된다. 이들의 자기특성 차를 이용해서 물질을 분리하는 조작을 자기분리라 한다. 이것은 자계로 끌리는 자성을 가진 입자와 그 이외의 입자로 분리하는 방법이다.[11)]

4.1.5에서 언급하였듯이, 그림 4.47의 (a)에 나타낸 것처럼 균일자계 중에 입자를 넣어도 입자는 자화될 뿐, 상하 어느 방향으로도 이동하지 않는다. 그에 대하여 그림 4.47의 (b)에 나타낸 자장 기울기(자속 기울기)의 어떤 장소에 입자를 두면, 자속밀도가 높은 방향으로 이동해 간다. 이것은 식 (4.30)에 나타낸 것과 같이, 입자에 작용하는 힘은 자장 기울기(dH/dL)에 비례하는데 비롯한다. 자장기울기를 크게 해주면 자화율이 낮은 입자나 미립자에서도 자기분리가 가능해진다. 이 원리를 응용한 고구배 자기분리기가 세라믹스 원료의 탈철에 사용되고 있다.[12]

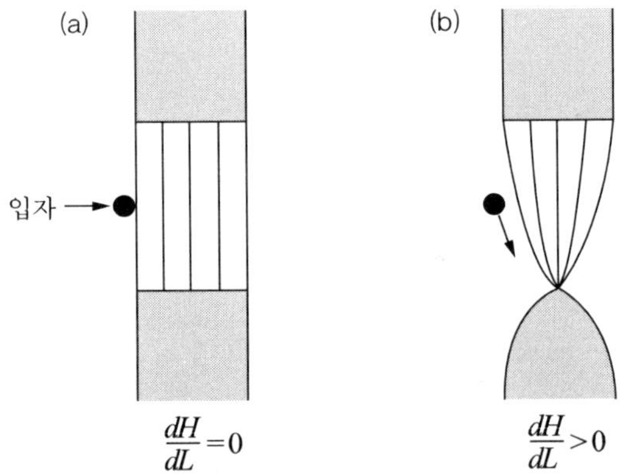

그림 4.47 상이한 자계 기울기

그림 4.48에는, 자화율이 높은 철광석의 고품위화에 사용되고 있는 드럼형 자력선별기를 나타내었다.

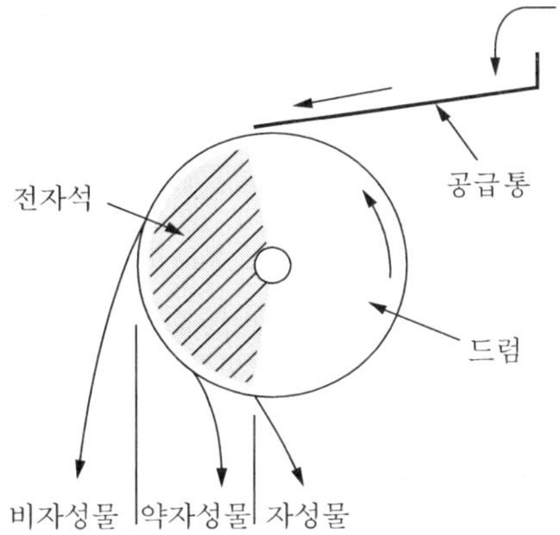

그림 4.48 드럼형 자력선별기

참고문헌

1) Allen, T. : PARTICLE SIZE MEASUREMENT vol. 1 Fifth edition, Chapman & Hall, p.226(1997)
2) 新居田亨, 大塚進一 : 化學工學 論文集, 21, 173(1995)
3) Hinds, W. C. : Aerosol Technology, Wiley, New York, p.46(1982)
4) Steinour, H. H. : Industrial and engineering Chemistry, 36, 618(1944)
5) Richardson, J F. and N. W. Zaki : Institute of Chemical Engineers Transaction, 35, p.35(1954)
6) Happel, J. and H. Brenner : Low Reynolds number hydrodynamics, Martinus Nijhoff Publishers, The Hague, p.389(1983)
7) 三輪茂雄 : ふるい分け讀本, 産業機術センター(1977)
8) 吉田英人, 綱浩之, 今井清, 横道豊 : 化學工學 論文集, 20, 1(1994)
9) 化學工學協會編 : 化學工學 便覽改正4版, P.1241(1978)
10) 若松貴英 : 粉體工學會誌, 28, 517(1991)
11) 八嶋三郎, 藤田豊久 : 粉體工學會誌, 28, 318(1991)
12) 化學工學協會編 : 化學工學 便覽改正4版, P.448(1978)

제 5 장

분체의 역학

분체는 입자 간에 상호작용력이 작용하기 때문에 독특한 거동을 나타낸다. 분체를 취급하기 위해서는, 분체에 가해지는 힘이나 분체층 내를 흐르는 유체의 영향을 알 필요가 있다. 이 장에서는 입자에 작용하는 힘과 분체의 역학 및 분체와 유체와의 관계에 대하여 언급한다.

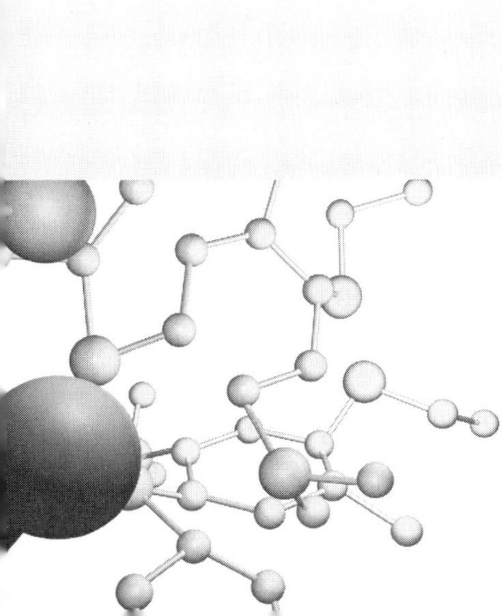

5.1 입자 간에 작용하는 힘

분립체는 다수의 입자로 구성된 집합체이며, 각 입자간에 상호작용력이 작용하는 특징이 있다. 그 때문에 분체는 조립이나 성형이 가능한 반면, 폐색이나 부착을 일으키는 등의 문제를 발생하기도 한다. 따라서 분립체의 운동을 검토하거나, 분립체를 취급할 때에는 입자 간에 작용하는 힘을 알 필요가 있다. 입자 접촉점의 역학거동은 부착력, 마찰력, 압축력, 전동에 의해 기술되지만, 마찰력, 압축력 등에 대해서는 재료역학이나 트라이볼로지 등의 분야에서 검토되고 있으므로, 여기서는 분체의 특징인 부착력에 대해서 언급하기로 한다.

5.1.1 부착력

접촉한 2개의 입자끼리 혹은 입자를 벽면에서 떼어 놓는데 필요한 힘을, 각각 입자간 부착력 F_t[N] 및 입자－벽면간 부착력이라 부른다. 이들 부착력의 원인 중 쿨롬 힘(정전기력), 자기력 등 장에 기인하는 것은 4.1 「장중에서의 입자의 거동」에서 언급했다. 그 이외에는 액가교력(liquid bridge adhesion force)이나 반데르발스 힘(van der Waals force)이 있다.

1) 액가교력

입자간 혹은 입자 벽면 간에 존재하는 액체로 인해 생기는 부착력으로, 액교부착력 혹은 수막부착력이라 불린다. 이 액가교력은 그림 5.1에 보인 것과 같이, 입자 간에 생긴 가교액의 표면장력과 가교액의 곡면 내부에 생긴 부압력의 합이다. 이 2개의 입자를 떼어 놓을 때, 가교액의 가장 잘록해진 곳, 즉 최협소부에서 잘린다. 따라서, 액가교력 F_L[N]은 가교액의 최협소부의 원주와 표면장력의 합이며, 부압력은 최협소부의 단면적과 가교액 내압의 합으로서 다음 식으로 표기된다.[1)]

$$F_L = 2\pi r_2 \gamma + \pi {r_2}^2 p_L \tag{5.1}$$

여기서, γ [N/m]는 액의 표면장력, p_L [Pa]은 마이너스 압력을 플러스로 취한 가교액의 내압이며, 다음의 라플라스·영(Laplace－Young) 식으로부터 계산한다.

$$p_L = \gamma\left(\frac{1}{{r_1}'} - \frac{1}{{r_2}'}\right) \tag{5.2}$$

식 중의 ${r_1}'$, ${r_2}'$는 그림 5.1에 나타낸 액가교부의 반경이며, xy 좌표를 이용해서 각각 다음 식에서 산출할 수 있다.

$$r_1{}' = \left\{1 + (\frac{dy}{dx})^2\right\}^{3/2} (\frac{d^2y}{dx^2})^{-1}, \quad r_2{}' = y\left\{1 + (\frac{dy}{dx})^2\right\}^{1/2} \tag{5.3}$$

여기서 dy/dx 및 d^2y/dx^2은 최협소부 표면에서의 값이다. 식 (5.2)와 (5.3)을 수치계산에 의해 푼 결과를 그림 5.2에 나타낸다.[1)]

액가교력은 기상 중의 미립자간 부착력 중 가장 지배적인 것으로, 반데르발스 힘의 10배 이상이 될 경우도 있다. 또한, 액에 녹는 성분이 있을 경우에는 액중에 용출한 성분이 액의 증발과 함께 입자간이나 입자 벽면 간에 재석출해서 고체가교를 형성하는 경우도 있고, 게다가 큰 부착력의 원인이 된다.

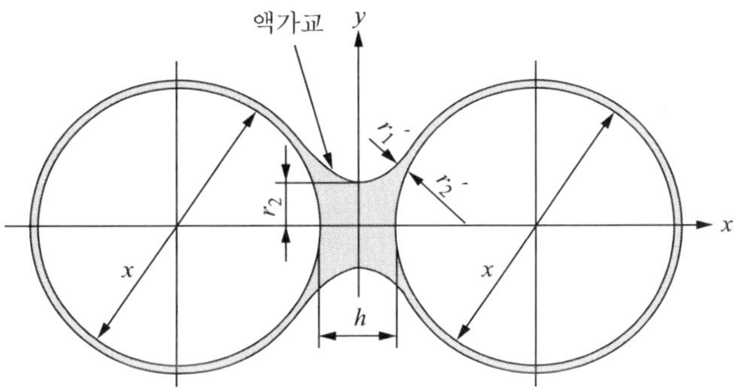

그림 5.1 2개의 균일경 구형입자간에 형성된 액가교

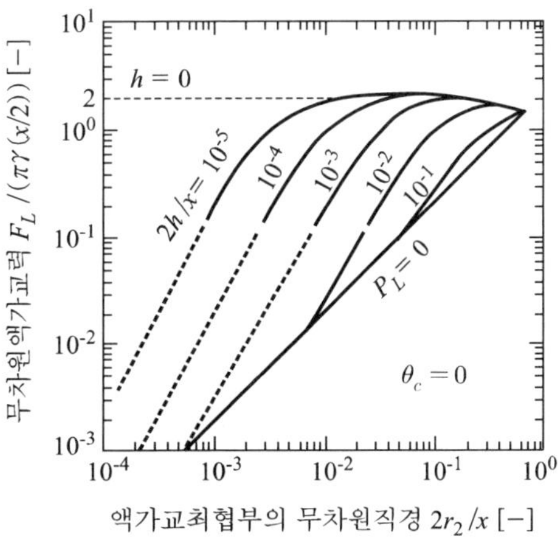

그림 5.2 액가교의 직경과 액가교력의 관계

2) 반데르발스 힘

입자를 구성하는 분자 혹은 원자내 전자의 운동에 수반해서 생기는 상호작용력을 반데르발스 힘 F_v라 부르고, 다음 식에서 구할 수 있다.

$$F_v = -\frac{A}{12z^2}X \tag{5.4}$$

여기서, A는 물질에 따라 정해지는 하마커정수(Hamaker constant)이며, 탄화수소계 물질에서는 $4\times10^{-20}\sim10\times10^{-20}$ J, 산화물에서는 $6\times10^{-20}\sim15\times10^{-20}$ J, 금속에서는 $15\times10^{-20}\sim50\times10^{-20}$ J 정도이다.[2] z는 입자의 표면간 거리로서 미끄러운 표면에서는 0.4 nm를 이용하는 경우가 많다. X는 환산입자경으로서 직경 x_1과 x_2의 구형입자일 경우에는 다음 식에서 구할 수 있다.

$$X = \frac{x_1 x_2}{x_1 + x_2} \tag{5.5}$$

2개의 입자경이 같을 경우에는 식 (5.5)로부터 환산입자경 $X = x/2$가 된다. 입자 표면이 거칠고 凹凸이 있는 경우에는, 입자의 표면간 거리 z가 증가한 것과 같은 효과가 되어, 반데르발스 힘은 감소한다. 입자가 모나지 않고 부드러운 경우에는 하중 및 부착력에 의해 접점이 변형하여, 반데르발스 힘도 변화한다.

예제 5.1

입자경 1 μm인 입자와 100 nm인 입자 간에 작용하는 반데르발스 힘은 몇 배 차이가 있는지를 구하라. 또한, 입자경 1 μm인 입자와 100 nm인 입자와의 사이의 반데르발스 힘을 비교하라.

해답

환산입자경 X는 식 (5.5)로부터 입자경 1 μm인 경우에는 0.5 μm, 입자경 100 nm(=0.1 μm)인 경우에는 0.05 μm이 되어, 정확히 10배 다르다. 하마커상수 A나 입자의 표면간 거리 z가 변하지 않는다고 하면, 식 (5.4)로부터 반데르발스 힘 F_v도 입자경 1 μm인 쪽이 입자경 100 nm인 경우와 비교해서 10배 큰 값이 된다. 단, 입자경이 10배가 되면 입자의 자중은 10^3 즉 1000배가 되므로, 미립자일수록 상대적인 부착성(입자간 부착력/입자 자중)은 커진다.
또한, 입자경 1 μm인 입자와 100 nm인 입자와의 사이에서는 환산입자경 X는 0.09 μm이 되어, 반데르발스 힘은 1 μm인 입자와 비교해서 1/5 이하 값이 된다.

5.1.2 부착력 측정

입자 표면의 형상이나 성질 등을 미시적으로 파악하기는 어려워, 이론적으로 부착력을 산출할 수 있는 경우는 한정되어 있다. 그래서 개개의 입자를 떼어 놓는데 필요한 부착력을 직접 측정할 필요가 있어, 여러 가지 방법이 제안되어 있다.

1) 원자간력 현미경법, 직접측정법

원자간력 현미경(Atomic Force Microscope, AFM)을 이용하여, 탐침에 측정입자를 접착제 등으로 고정해서 입자간 혹은 입자－벽면간의 부착력을 직접 측정하는 방법이다.[3] 입자간 거리와 부착력의 관계를 직접 측정할 수 있고, 액중 등 다양한 분위기에서도 측정할 수 있는 이점이 있으나, 1회에 1개 입자의 부착력밖에 측정할 수 없는 점, 탐침에 입자경이 작은 측정입자를 붙이기 위해서는 숙련된 기술이 필요한 점 등의 문제가 있다. 또한, 큰 입자에 대해서는 AFM 대신에 스프링밸런스[4], 접촉침[5], 전기천평을 사용하는 방법[6] 혹은 진자 앞에 입자를 붙이고, 분리했을 때의 각도로부터 부착력을 구하는 방법[7] 등의 직접측정법도 제안되어 있다.

2) 원심분리법[8]

그림 5.3처럼 다수의 입자를 접촉시킨 시험면을 촬영하고, 그것을 축 주위에 회전시켜 원심력을 가한다. 다시 시험면을 촬영하고, 원심력에 의해 떼어 놓은 입자 수와 부착력에 의해 남은 입자 수를 셈하는 방법이다. 동시에 다수 미립자의 부착력 측정이 가능하고, 통계적인 부착확률분포를 구할 수 있는 이점이 있다. 단, 입자－벽면간 부착력을 구할 수는 있지만, 입자－입자간 부착력을 구하는 것은 곤란하다.

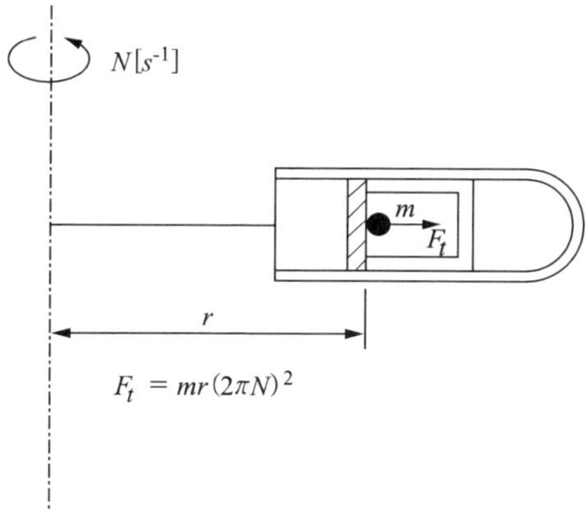

그림 5.3 원심분리법의 개념

3) 진동분리법[9)]

원심분리법과 마찬가지로, 그림 5.4처럼 다수의 입자를 접촉시킨 시험면을 진동시키고, 그 가속도를 사용해서 떼어 놓은 입자 수와 부착력에 의해 남은 입자 수를 셈하는 방법이다. 시험면의 변위가 작기 때문에 액중이나 고온하 혹은 특수 분위기하에서의 측정도 가능하지만, 진동에 의해 입자 간에 압축력과 인장력이 교대로 작용하므로, 순수하게 부착력만을 측정할 수 없는 문제가 있다.

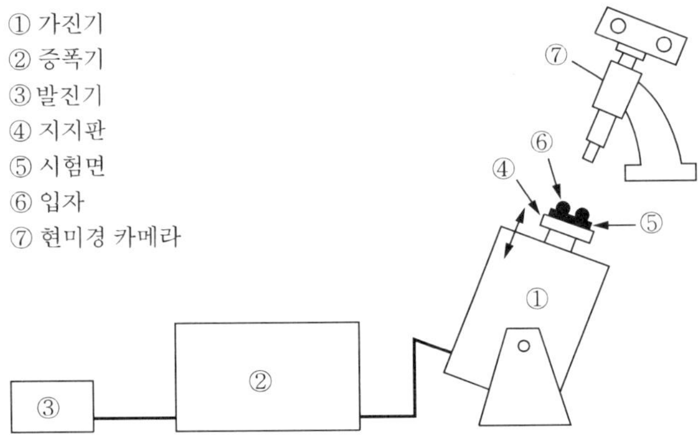

그림 5.4 **진동분리법의 개념**

4) 충돌 분리법[10)]

원심분리법이나 진동분리법과 마찬가지로 다수의 입자를 접촉시킨 시험면에 충격력을 가하고, 떼어 놓은 입자 수와 부착력에 의해 남은 입자 수를 셈하는 방법이다. 시험면의 변위가 작으므로 액중이나 고온하 혹은 특수 분위기하에서의 측정도 가능하지만, 충격이 가해지는 시간이 짧으면 정확한 가속도를 구하는 것이 곤란해진다.

5.1.3 룸프식(Rumpf's equation)

입자층의 부착력, 즉 인장강도는 층을 구성하는 다수 입자간의 접촉점에 작용하는 입자간 부착력의 합이다. 룸프는 균일 구 입자 랜덤 충전층의 인장강도 σ_t와 1 접촉점에 작용하는 입자간 부착력 F_t의 관계를 나타내기 위해 다음과 같은 모델식을 제안했다.[11)]

$$\sigma_t = \frac{1-\epsilon}{\pi} N_c \frac{F_t}{x^2} \tag{5.6}$$

여기서, N_c는 입자 1개의 표면에 존재하는 접촉점 수, 즉 배위수, x는 입자경, ε은 공간율이다. 이 식은 인장파단면에 존재하는 1 접촉점에 작용하는 입자간 부착력에 파단면 단위면적당에 존재하는 접촉점 수를 곱한 것이 분체층의 인장강도가 된다는 발상에서 도출되었다. 공간율 ε에서 배위수 N_c의 추정에 룸프의 근사식 $N_c = \pi / \varepsilon$을 이용하면, 식 (5.6)은 다음과 같이 고쳐 쓸 수 있다.

$$\sigma_t = \frac{1-\epsilon}{\epsilon}\frac{F_t}{x^2} \tag{5.7}$$

이들 식은 그림 5.5와 같은 균일 구 랜덤 충전층을 1점 쇄선으로 나타내는 어느 평면에 존재하는 입자의 표면에서 파단(破斷)을 일으키는, 즉 그림 5.5의 실선처럼 입자경 폭의 凹凸이 있는 파단면을 생각해서, 입자 중심간 방향으로 작용하는 입자간 부착력의 인장방향 분력을 적분한 것이 입자층 인장강도가 된다는 모델에서 유도된 것이다. Tsubaki[12]는 이 룸프의 식이 전단이나 압축 등의 응력상태에 대하여 제안된 몇 가지 관계식[13~15]과 일치한다고 보고해 있으며, 이 식은 입자층에 작용하는 응력과 입자간 힘의 관계를 나타내는 일반식이다. 단, 분체간의 불균일성이나 입자 형상, 입자경분포의 영향을 고려하고 있지 않은 점 등의 문제도 있다.

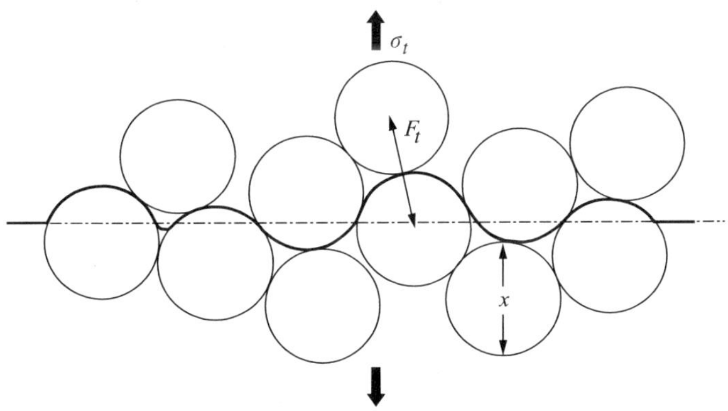

그림 5.5 **룸프 식의 기본적 발상**

예제 5.2

입자경 10 μm인 단분산 구형입자 분체층과 입자경 1 μm인 단분산 구형입자 분체층의 인장강도는 몇 배 차이가 있는지를 구하라. 단, 입자 간에는 반데르발스 힘만 작용하고, 분체층의 공간율이나 구성입자의 배위수는 입자경이 달라도 같다고 가정한다.

해답

예제 5.1에서 명시한 것처럼, 입자간에 작용하는 반데르발스 힘은 입자경이 10배 커지면 10배로 증가한다. 한편, 식 (5.6)의 룸프 식에서 분체층의 인장강도는 입자경 x가 10배 크면

100분의 1로 감소한다. 따라서, 입자경 10 μm인 입자로 구성된 분체층의 인장강도는 입자경 1 μm인 강도의 1/10이 된다.

5.2 입자 집합체의 역학

5.2.1 분체층의 역학

임의의 면에 작용하는 응력은 면에 수직으로 작용하는 수직응력 σ [Pa]와 면을 따라서 작용하는 전단응력 τ [Pa]로 분해하여 취급할 수 있다. 정지한 액체나 기체중의 미소면을 생각하면, 파스칼의 법칙에서 미소면의 방향에 관계없이 가해진 압력, 즉 수직응력의 크기는 같고 전단응력은 제로가 된다. 따라서 수직응력의 크기를 미소면의 각 방향에 대하여 그리면 그림 5.6(a)처럼 원(3차원적으로 생각하면 구)이 된다. 그에 반하여 분체층에서는 전단응력이 작용하기 때문에, 수직응력은 방향에 따라 다르고, 어떤 방향에서 수직응력이 최대를 나타내며, 그것과 직교하는 방향에서는 최소가 되어, 이들 방향에서는 동시에 전단응력은 작용하지 않는다. 따라서 후술하는 것과 같이, 미소면의 각 방향에 대해 수직응력의 크기를 그리면 그림 5.6(b)의 실선처럼 타원(3차원적으로 생각하면 회전타원체)이 되고, 전단응력은 1점 쇄선과 같은 꽃잎 모양이 된다. 전단응력이 작용하지 않는 면을 주응력면이라 부르며, 이들 면에 작용하는 수직응력을 각각 최대주응력 σ_1 [Pa], 최소주응력 σ_3[Pa]이라 부른다.

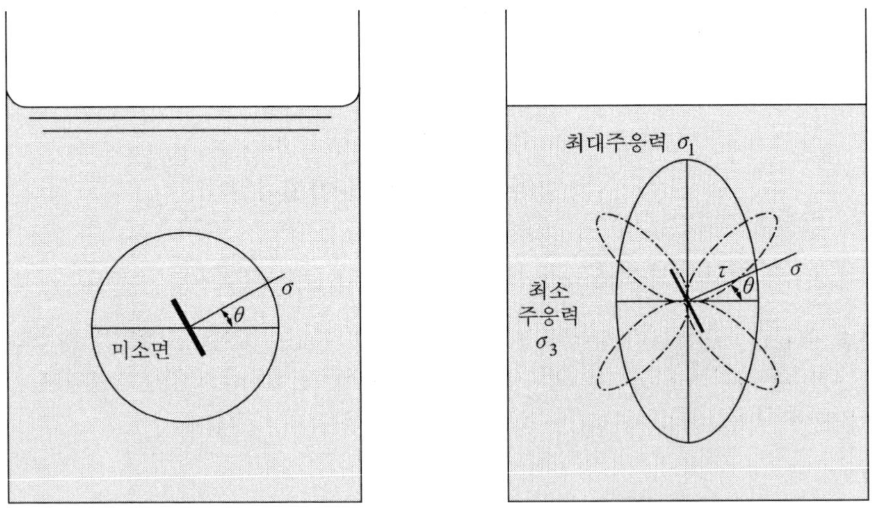

(a) 액체 (b) 분체

그림 5.6 액체와 분체중의 미소면에 가해지는 응력 차

수직응력 σ를 x축, 전단응력 τ를 y축으로 취한 평면을 응력평면이라 부른다. 이 평면에서는 분체층 내의 어느 방향을 향한 임의의 면에 가해지는 응력은 평면내의 1점으로서 주어진다. 예를 들어, 최대주응력면에서는 전단응력 τ는 가해지지 않으므로, 이 면의 응력은 수직응력축상의 점(σ_1, 0)으로서 표시된다. 또한, 최소주응력면에서도 전단응력 τ는 가해지지 않으므로, 수직응력축상의 점(σ_3, 0)이 된다.

1) 모어(Mohr)의 응력원

그림 5.7에서 최대주응력면에서 θ 기울어진 면에 작용하는 수직응력 σ와 전단응력 τ를 구해본다. 단위 두께의 미소 직각삼각형을 생각하고, 이 각 변에 가해지는 힘의 균형을 감안하면 다음 식을 얻을 수 있다.

$$x\text{방향} \; ; \tau \cdot \overline{\mathrm{OA}} = -\sigma_1 \cdot \sin\theta \cdot \overline{\mathrm{OB}} + \sigma_3 \cdot \cos\theta \cdot \overline{\mathrm{AB}} \tag{5.8-a}$$

$$y\text{방향} \; ; \sigma \cdot \overline{\mathrm{OA}} = \sigma_1 \cdot \cos\theta \cdot \overline{\mathrm{OB}} + \sigma_3 \cdot \sin\theta \cdot \overline{\mathrm{AB}} \tag{5.8-b}$$

$\overline{OB} = \overline{OA}\cos\theta$, $\overline{AB} = \overline{OA}\sin\theta$를 이용해서 이들 식을 변형 정리하면 다음 식이 얻어진다.

$$\left(\sigma - \frac{\sigma_1 + \sigma_3}{2}\right)^2 + \tau^2 = \left(\frac{\sigma_1 - \sigma_3}{2}\right)^2 \tag{5.9}$$

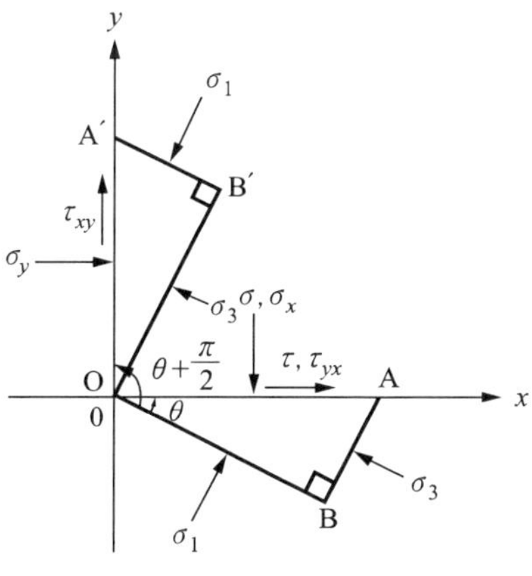

그림 5.7 분체 중의 미소 삼각형에 작용하는 응력

식 (5.9)는 그림 5.8처럼 수직응력 σ를 횡축으로, 전단응력 τ를 종축으로 취한 응력평면상에서 중심좌표가 $\{(\sigma_1 + \sigma_3)/2, 0\}$, 직경이 $\sigma_1 - \sigma_3$인 원을 나타내고 있다. 따라서, 분체층 내 임의의 미소면의 응력상태는 응력평면의 수직응력 σ축상에 중심을 가진 원으로서 표현할 수 있다. 이 원을 모어의 응력원(Mohr's stress circle)이라 부른다.

그림 5.6(b)와 같은 분체층 중의 실 좌표계에서는 최대주응력과 최소주응력은 직교하는데 반하여, 그림 5.8에 나타낸 응력공간에서는 양 주응력을 나타내는 A점과 B점은 모어 원 중심에 대하여 반대 측인 180° 다른 곳에 위치함을 안다. 이로부터도 분명한 것처럼 일반적으로 실 좌표계에서 각도가 θ만큼 다른 2방향으로 가해지는 응력은, 응력평면에서는 모어 원의 주상 2배에 해당하는 각도 2θ 다른 점이 된다. 따라서, 그림 5.7에 나타내는 최대주응력면에서 각도 θ만큼 기울어진 면과 그것과 직교하는 면에 가해지는 수직응력 σ_x, σ_y는 각각 다음 식으로 표기된다.

$$\sigma_x = \frac{\sigma_1 + \sigma_3}{2} + \frac{\sigma_1 - \sigma_3}{2} \cos 2\theta \tag{5.10}$$

$$\sigma_y = \frac{\sigma_1 + \sigma_3}{2} - \frac{\sigma_1 - \sigma_3}{2} \cos 2\theta \tag{5.11}$$

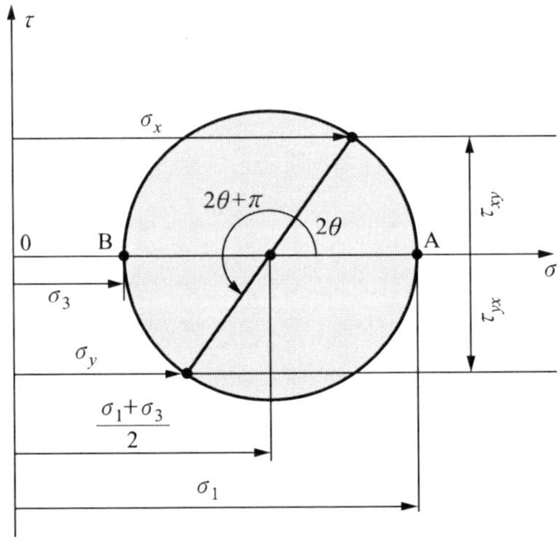

그림 5.8 모어의 응력원

또한, 전단응력 τ_{yx}와 τ_{xy}는 각각 다음 식으로 표기된다.

$$\tau_{xy} = -\tau_{yx} = \frac{\sigma_1 - \sigma_3}{2} \sin 2\theta \tag{5.12}$$

식 (5.10), (5.12)에서, θ를 파라미터로 하여 수직응력 및 전단응력을 계산하면, 그림 5.6(b)처럼 수직응력은 타원이 되고 전단응력은 꽃잎 모양이 된다.

2) 분체 붕괴곡선

분체층에 응력을 가해가면 이윽고 분체층의 강도를 넘어 분체층은 붕괴한다. 이 붕괴가 일어나는 한계상태에서의 수직응력과 전단응력을 응력평면상에 플롯해서 얻어지는 곡선을 분체 붕괴곡선(Powder Yield Locus ; PYL)이라 부른다. 또한, 분체 붕괴곡선은 분체층 내 붕괴면에서의 응력상태를 나타내는 모어 응력원의 포락선이다.[16] 분체 붕괴곡선은 분체층에 어느 만큼의 수직응력 σ와 전단응력 τ를 가하면 분체층이 붕괴할지 혹은 유동할지를 정량적으로 의론하는 데 중요한 분체의 역학물성이다.

쿨롱 분체 : 그림 5.6(b)에 나타낸 것처럼 τ / σ 비 값은 면의 방향에 따라 변화한다. 분체층의 붕괴가 미끄럼으로 인해 일어날 경우에는, τ / σ 비 값이 마찰계수와 같아지는 면이 있으면, 그 면을 따라 미끄럼이 일어나서 분체층은 붕괴한다. 만일 마찰계수가 응력상태와 관계없이 일정하다고 가정할 수 있다면, 분체 붕괴곡선은 직선이 된다.

그림 5.9(a)처럼 일반적으로 부착성이 적은 조립자의 분체 붕괴곡선은 거의 직선이 되며, 다음 식과 같은 마찰에 대한 쿨롱(Coulomb) 식이 성립한다. 이와 같이 분체 붕괴곡선이 직선이 되는 분체를 쿨롱 분체라 부른다.[17]

$$\tau = \mu_i(\sigma + \sigma_t) = \sigma \cdot \tan\phi_i + \tau_c \tag{5.13}$$

여기서 μ_i는 직선의 기울기로 분체의 내부마찰계수, ϕ_i는 직선의 경사각도로 분체의 내부마찰각이며, 이들 값이 클수록 분체층간의 마찰이 큰 것을 나타낸다. σ_i는 인장강도이다. τ_c는 τ축의 절편으로 전단부착응력 혹은 점착력이라 불리며, 이 값이 제로가 되는 분체를 비부착성 쿨롱 분체, 정의 값을 갖는 것을 부착성 쿨롱 분체라 부른다.

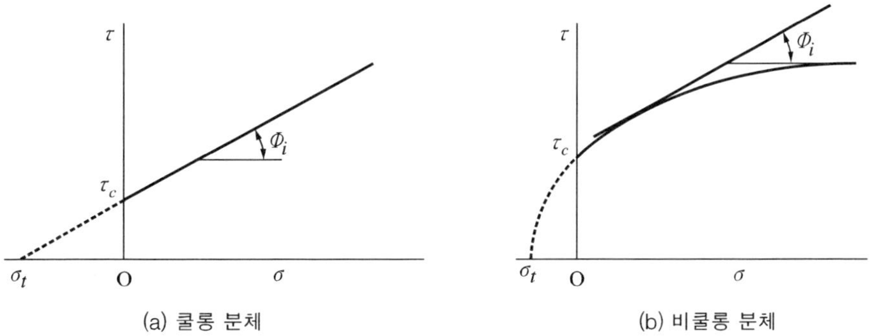

그림 5.9 **분체 붕괴시의 수직응력 σ와 전단응력 τ의 관계**

예제 5.3

인장시험시의 응력상태를 생각한 경우, 부착성 쿨롱 분체에서는 모순이 생기는 것을 설명하라.

해답

인장붕괴시의 응력상태를 생각하면 인장방향에는 인장강도 σ_t가 작용하는데 반하여, 그것과 직교하는 방향에는 응력은 작용하지 않는다. 따라서, 이때의 응력상태는 σ도 τ도 작용하지 않는 응력평면의 원점(0, 0)과 인장강도를 나타내는 (σ_t, 0)를 양단으로 하는 모어 원으로 표시된다. 부착성인 쿨롱 분체에서는 수직응력 σ가 부가 되는 인장측에서 분체 붕괴곡선(이 경우는 직선)이 수직응력축과 점(σ_t, 0)에 있어서 내부마찰각 ϕ_i에서 엇갈리므로, 인장붕괴시의 모어 응력원과 교차한다. 분체 붕괴곡선은 붕괴시 모어 원의 포락선이기 때문에, 분체 붕괴직선의 위쪽, 즉 붕괴시보다도 큰 전단응력이 작용하는 응력상태는 당연히 존재하지 않아 모순이 생긴다.[18~20)]

애쉬튼(Ashton) 등의 모델식 : 그림 5.9(b)처럼 부착성이 큰 미분체에 대해서는 분체 붕괴곡선이 위가 볼록한 곡선이 된다. 이 경우에는 입자배열을 면심입방격자로, 입자 간에 작용하는 척력과 인력을 입자간 거리의 함수로서 주어져 구한 애쉬튼 등의 모델식[21)]을 이용한다.

$$\left(\frac{\tau}{\tau_c}\right)^n = \left(\frac{\sigma}{\sigma_t}\right) + 1 \tag{5.14}$$

여기서 n은 전단지수로 1일 경우에는 쿨롱 분체를 나타내는 식 (5.13)과 일치한다. Umeya 등도 실험적으로 같은 식을 제안하고 있다.[19)] 이와 같은 경우에는 분체 붕괴곡선의 기울기, 즉 내부마찰각 ϕ_i는 수직응력에 의해 다른 값을 나타내므로, 목적에 상응한 수직응력에서의 값을 이용할 필요가 있다.

3) 분체압의 추정

액체압은 깊이에 비례해서 증가하지만, 분체에서는 분체입자간이나 입자 벽면간에 마찰력이 작용하므로 분체압은 깊이에 비례하지 않는다. 얀센(Janssen)은 용기 내 분체의 응력상태는 PYL에 접한 상태, 즉 붕괴 직전의 한계응력상태에 있다고 하여, 용기내의 압력분포를 이하와 같이 유도했다. 그림 5.10과 같은 내경 D[m]인 원통용기에 밀도 ρ_b[kg/m^3]로 분체를 균일하게 충전한 경우에는, 깊이 h[m]에 있어서의 수직압을 σ_v[Pa], 전단시험에서 구한 분체와 용기 내벽과의 마찰계수를 μ_w[−]라 하면, 두께 dh인 얇은 원반 모양의 분체에 상부에서 가해지는

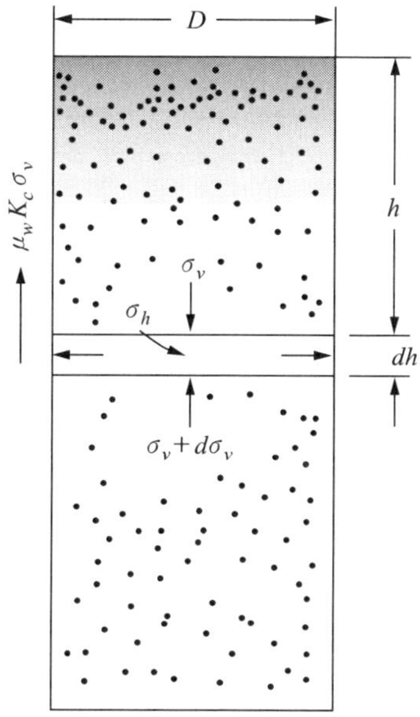

그림 5.10 **원통용기 내의 분체에 가해지는 응력의 균형**

힘과 분체 자중의 합은 하부에서 가해지는 힘과 벽면마찰에 따른 힘의 합과 같아지므로 다음 식이 성립한다.

$$\frac{\pi}{4}D^2\sigma_v + \frac{\pi}{4}D^2\rho_b g dh = \frac{\pi}{4}D^2(\sigma_v + d\sigma_v) + \pi D\mu_w K\sigma_v dh \tag{5.15}$$

여기서 K는 수직압 σ_v와 수평압(이 경우는 벽면압) σ_h의 비(σ_h / σ_v)로 랜킨(Rankine) 계수라 불리며, 쿨롱 분체에서는 $(1-\sin\phi_i)/(1+\sin\phi_i)$가 된다. 이 식을 정리하면

$$(D\rho_b g - 4\mu_w K\sigma_v)dh = Dd\sigma_v \tag{5.16}$$

식 (5.16)을 깊이 $0 \sim h$, 수직응력 $0 \sim \sigma_v$인 범위에서 적분하면

$$\int_0^h dh = \int_0^{\sigma_v} \frac{d\sigma_v}{\left(\rho_b g - \dfrac{4\mu_w K\sigma_v}{D}\right)} \tag{5.17}$$

따라서

$$h = -\frac{D}{4\mu_w K} \cdot \ln\left(\rho_b g - \frac{4\mu_w K\sigma_v}{D}\right) + \frac{D}{4\mu_w K} \cdot \ln \rho_b g \tag{5.18}$$

이 식을 정리하면,

$$h = \frac{D}{4\mu_w K} \cdot \ln\left(\frac{\rho_b g}{\rho_b g - \dfrac{4\mu_w K\sigma_v}{D}}\right) \tag{5.19}$$

따라서 깊이 h에 있어서의 수직압 σ_v는 다음 식에서 구할 수 있다.

$$\sigma_v = \frac{\rho_b g D}{4\mu_w K}\left\{1 - \exp\left(-\frac{4\mu_w K}{D}h\right)\right\} \tag{5.20}$$

또한, 수평압 σ_h는 랜킨 상수 K를 이용해서 다음 식으로 표기된다.

$$\sigma_h = K\sigma_v = \frac{\rho_b g D}{4\mu_w}\left\{1 - \exp\left(-\frac{4\mu_w K}{D}h\right)\right\} \tag{5.21}$$

이들 식을 얀센의 식이라 부르고, 분체 저장층의 벽면압을 추정하는데 이용된다. 이들 식에서 구한 수직압 σ_v와 수평압 σ_h의 깊이방향 분포의 계산 예를 그림 5.11에 나타낸다.

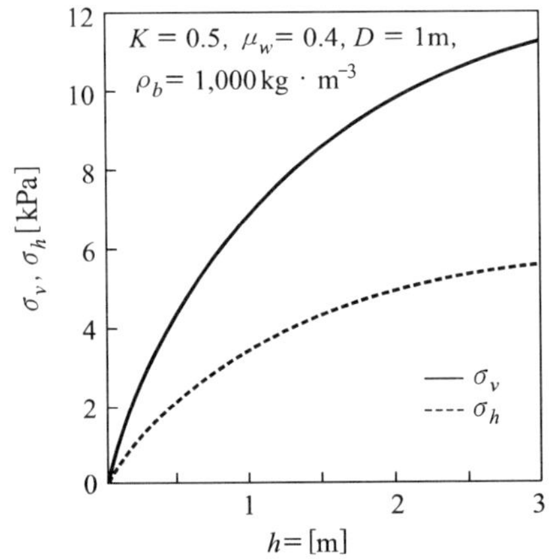

그림 5.11 원통용기 내의 분체에 가해지는 수직압 σ_v와 벽면압 σ_h의 계산 예

액체와 달리 분체압은 깊이에 비례하여 증가하지 않음을 알 수 있다. 원통형이 아닌 모양의 용기에 대해서는 식 (5.15)의 $D/4$ 대신에 용기 단면적 S를 원주길이 L로 나눈 S/L 값을 이용하면 좋다.

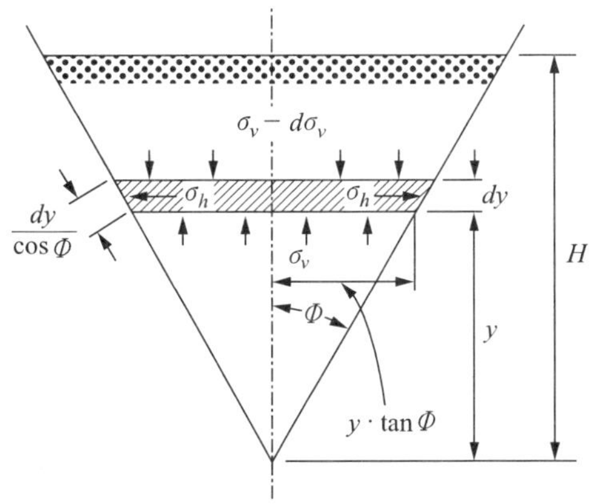

그림 5.12 호퍼 내의 분체에 가해지는 응력 균형

그림 5.12와 같은 높이 H인 역원추형 호퍼의 경우, 정점에서의 높이 y에 있어서의 얇은 수평원반에서의 분체에 가해지는 수직방향 힘의 균형으로부터 다음 식을 얻을 수 있다.

$$\sigma_v = \frac{\rho_b g y}{\alpha - 1}\left\{1 - \left(\frac{y}{H}\right)^{\alpha - 1}\right\} \tag{5.22}$$

여기서 α는

$$\alpha = \frac{2\mu_w}{\tan\phi}\left(K\cos^2\phi + \sin^2\phi\right) \tag{5.23}$$

여기서 ϕ는 역원추형 호퍼의 반정각이다. 이들 식을 이용해서 호퍼의 높이방향 압력분포를 계산한 예를 그림 5.13에 나타내었다. 액체의 경우와는 달리, 분체압은 어느 높이에서 최대치를 나타내며, 그 값을 기준하여 위아래 공히 감소함을 알 수 있다.

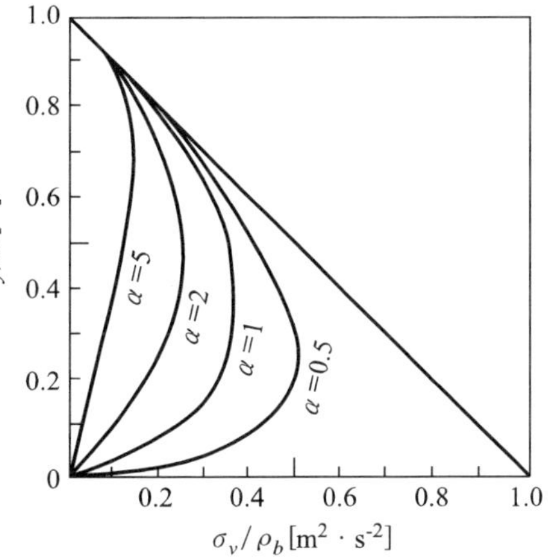

그림 5.13 호퍼 내의 분체에 가해지는 수직압 σ_v의 계산 예

4) 유동성

유동성지수 : 분체의 유동성을 간단히 나타내기 위해, 제니크(Zernike)는 유동성지수 F_i [m]를 제안했다. 이것은 그림 5.14와 같은 분체 붕괴곡선에 접해 원점을 지나는 모어 원을 그리고, 그 최대주응력, 즉 단순압축파괴강도 σ_f [Pa]를 구하여, 그로부터 다음 식으로 계산된다.

$$F_i = \frac{\sigma_f}{\rho_b g} = \frac{\sigma_f}{(1-\epsilon)\rho_p g} \tag{5.24}$$

여기서 ρ_b는 분체의 겉보기밀도[kg/m^3], ρ_p는 입자 밀도[kg/m^3], ε은 분체층의 공간율, g는 중력가속도이다. 측벽 없이 분체를 퇴적시킨 경우, 최대주응력이 σ_f이고, 최소주응력이 0인 응력상태가 되므로, 측벽이 없이 자중만이 연직방향에 가해진 상태를 나타낸다. 따라서, 이 유동성지수 F_i는 분체가 자립할 수 있는 최대높이를 의미하고, 그 값이 클수록 자립할 수 있는 높이가 높은, 즉 분체의 유동성이 나쁜 것을 의미한다.

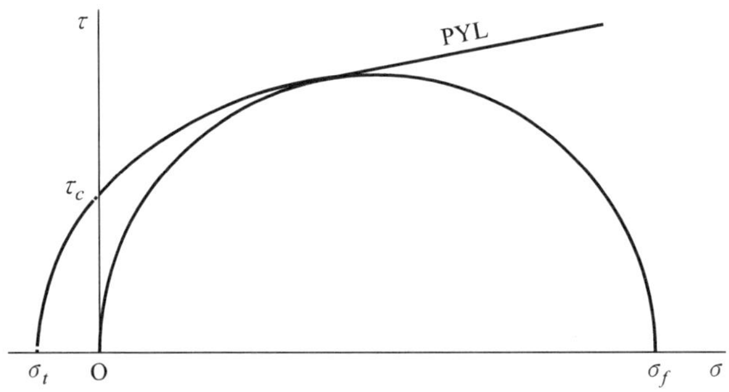

그림 5.14 **단순압축파괴응력 σ_f를 구하는 방법**

안식각(angle of repose) : 분체층의 자유표면이 한계응력 상태에 있는 경우에, 분체층 표면이 수평면에 대하여 이루는 각도를 안식각이라 부르고, 유동성을 평가하는 간이방법으로서 이용된다. 안식각 ϕ_r의 측정에는 그림 5.15처럼 주입법, 배출법, 경사법이 이용되지만, 주입법으로 구한 값은 다른 방법보다 커지는 경향이 있다.

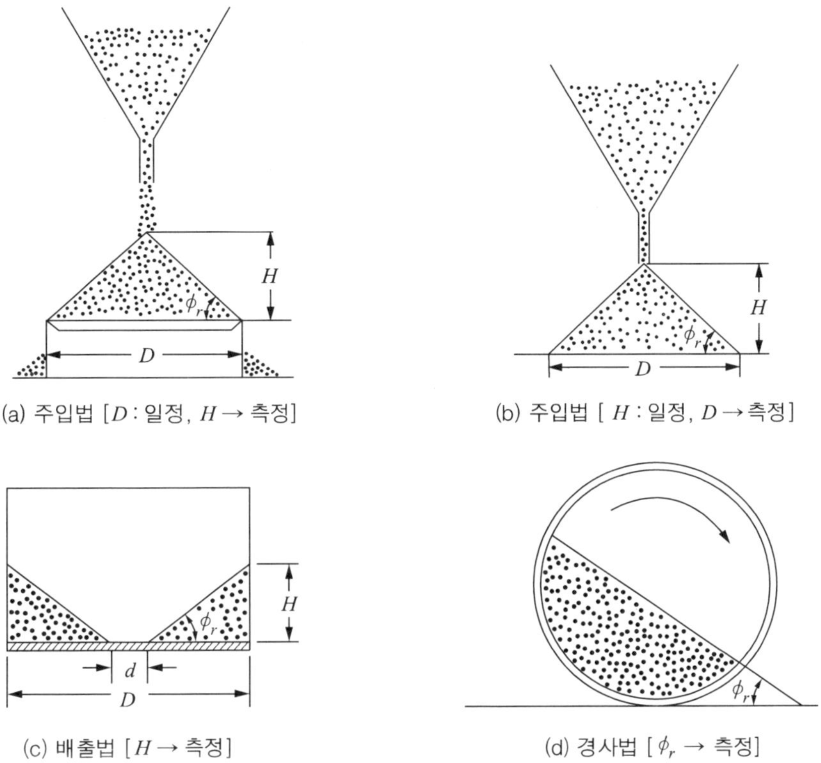

(a) 주입법 [D : 일정, $H \to$ 측정]

(b) 주입법 [H : 일정, $D \to$ 측정]

(c) 배출법 [$H \to$ 측정]

(d) 경사법 [$\phi_r \to$ 측정]

그림 5.15 **안식각 측정법**

5) 오리피스에서의 유출

그림 5.16(a)처럼 용기 저부의 오리피스에서 내부 액체가 유출할 경우, 유출속도는 액 깊이 h의 평방근에 비례한다. 그것에 대해 (b)처럼 분체가 유출할 경우, 유출속도는 분체층 깊이 h와 무관하게 일정하다. 이 현상을 이용한 것이 시간에 비례하여 모래가 유출하는 모래시계이다. 이 현상은 오리피스 상부에서 분체가 동적인 가교구조를 만들고, 상부에서의 분체압을 지지하기 때문이라 생각된다. 이 가교구조를 다이네믹 아치라 부른다.

오리피스에서의 분체질량 유출속도 dM/dt [kg/s]는 일반적으로 오리피스경 D_o[m]와 오리피스 근방에서의 분체 겉보기밀도 ρ_b[kg/m^3]의 함수로서 다음 식으로 표기할 수 있다.

$$\frac{dM}{dt} \propto \rho_b D_o^n = \rho_p (1-\epsilon) D_o^n \tag{5.25}$$

여기서, 지수 n 값은 2.5～3.0인 값을 취하지만, 2.7을 이용하는 경우가 많다.

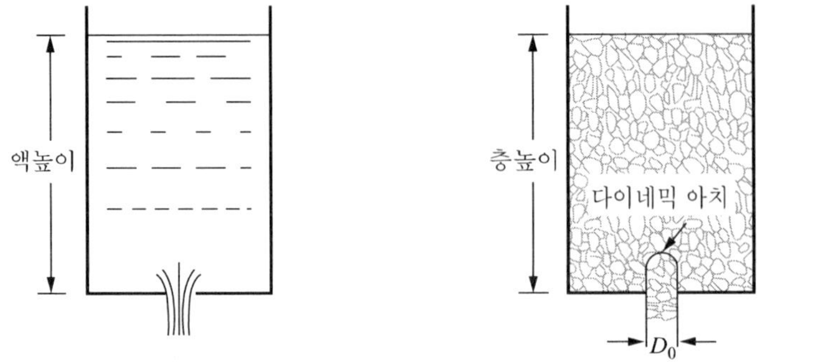

(a) 액체유출은 액깊이에 관계 (b) 분체유출은 층높이에 무관계

그림 5.16 **오리피스에서의 액체와 분체의 유출**

5.2.2 분체층 역학특성의 측정

1) 분체 붕괴곡선의 측정

지금까지 언급해 온 분체 붕괴곡선을 측정하기 위해, 다양한 분체층의 전단시험법이나 인장시험법이 고안되어 사용되고 있다. 여기서는 그들 중 대표적인 것을 소개한다.

3축 압축시험[22] : 그림 5.17처럼 분체를 얇은 원통 모양의 고무막 중에 충전하고, 고무막을 끼워 주위에서 균일한 유체압(최소주응력 σ_3)을 가하면서 수직방향으로 압축응력(최대주응력 σ_1)을 가해, 분체층이 붕괴한 때의 σ_1과 σ_3를 구한다. 이들 값을 알면 붕괴시의 응력상태를 나타내는 모어 원을 1개 그릴 수 있다. 같은 조작을 다양한 σ_1과 σ_3에 대하여 반복하고, 붕괴시의 모어 원을 다수 그려 그 포락선을 구하면 그것이 분체 붕괴곡선이 된다. 이 방법은 직접 붕괴시의 모어 원을 구할 수 있는 특징을 갖지만, 분체 붕괴곡선은 그 포락선으로서 간접적으로 구하게 된다. 또한, 시험장치나 조작이 복잡하고 측정에 시간이 걸리는 문제가 있다.

직접전단시험 : 분체를 충전한 셀을 포개어, 분체층을 균일하게 충전하기 위해 미리 전단시험 시보다 큰 수직응력인 예압밀압 σ_c를 가해서, 공간율 ε인 분체층을 만든다. 예압밀 후, 예압밀압보다 작은 수직응력 σ를 가하면서 한편의 셀에 전단력을 가해가면 결국 분체층은 붕괴해서 둘로 쪼개진다. 이때의 수직응력 σ와 전단응력 τ를 응력평면에 플롯하면 분체 붕괴곡선상의 1점을 얻을 수 있다. 같은 예압밀압에서 σ를 변화하며 같은 조작을 반복해서 직접 분체 붕괴곡선을 얻는다. 이 방법은 비교적 간단한 장치로 용이하게 분체 붕괴곡선을 얻을 수 있으므로 널리 이용되며, 재현성이 좋은 측정결과를 얻을 수 있도록 여러 가지 방법이 개진되고 있다. 직접전단장치의 대표 예를 이하에 나타냈다.

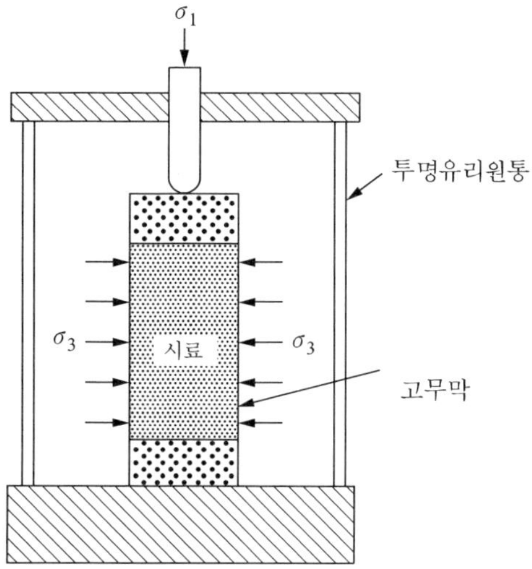

그림 5.17 **3축 압축시험장치의 개략**

제니크의 전단시험기[18] **:** 제니크(Jenike)는 분체 저장조의 설계에 필요한 내부마찰각이나 벽면 마찰각을 측정하기 위한 시험방법을 제안했다. 그림 5.18(a)에 나타낸 것과 같은 금속제 원통 셀을 2개 포개어 내부에 분체를 충전한 후, 뚜껑에 트위스트라 불리는 왕복 뒤틀림을 가하면서 예압밀압을 가한다. 다음에 (b)처럼 예압밀압보다 작은 수직응력 σ 를 가하면서 예비전단한 후, 일정 수직압 하에서 상부셀에 전단력을 가해 붕괴시의 수직응력 σ와 전단응력 τ를 얻는다. 이 방법은 예압밀 시에 트위스트를 가해, 예비전단함으로써 분체를 균일하게 충전하여 재현성이 좋은 결과를 얻을 수 있는 시험방법을 제시하고 있다. 예비전단함으로써 수직응력 σ가 예압밀압 σ_c와 같은 상태에서 전단붕괴하기 때문에, 예비전단을 하지 않는 경우와 다른 상태에서의 전단시험이 이루어지는 점에 주의가 필요하다. 또한, 전단의 진행과 함께 전단면적이 변화하는 점이나, 예비전단 중에 정상 미끄럼 상태가 되도록 트위스트의 각도나 횟수를 시행해야 하는 문제가 있다.

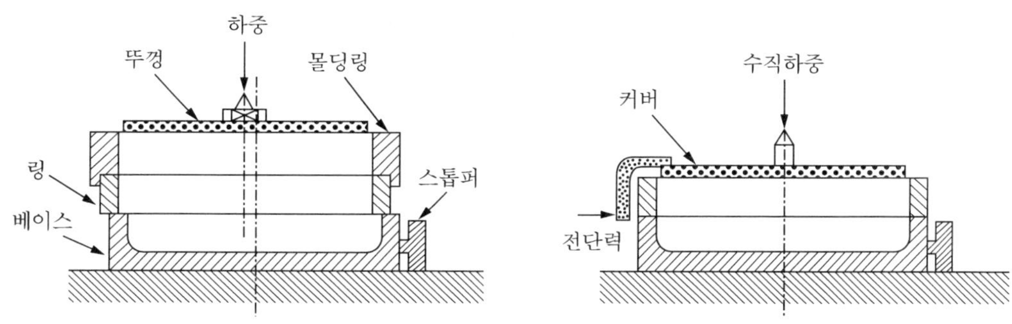

(a) 예비전단시 (b) 전단시험시

그림 5.18 **제니크의 전단시험 개략**

링식 전단시험[23] : 제니크의 전단시험에서는 전단의 진행과 함께 전단면적이 변화하므로, 변위가 큰 경우에는 응력 산출에 문제가 생긴다. 그래서 그림 5.19처럼 환상의 셀을 이용해서, 측정 중에 전단면적이 변화하지 않도록 궁리한 링(Ring)식 혹은 애뉼러(Annular)식이라 불리는 전단시험법이 개발되었다. 이 장치는 전단 중에 전단면적은 변화하지 않지만, 환상 셀에 균일하게 분체를 충전하는 것은 어렵고, 또한 내측과 외측에서 전단속도가 다른 문제가 있다.

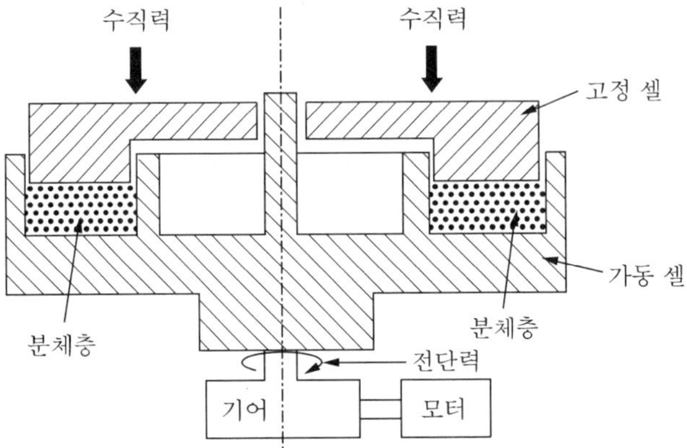

그림 5.19 **링식 전단시험장치의 개략**

평행평판형 전단시험[24] : 제니크식이나 링식 전단시험에서는 셀 측벽에서의 마찰 때문에 가해진 수직응력이 전단면까지 충분히 전달되지 않고, 또한 분체의 팽창, 수축을 정밀하게 측정할 수 없는 문제가 있다. 이들 문제를 해결하기 위해, 그림 5.20처럼 2매의 수평평행판 사이에 분체를 끼워, 수직응력 σ 하에서 전단하는 시험장치가 고안되었다. 이 전단시험장치는 구조가 매우 간단하기 때문에, 2매의 평판 내에 로드히터(Road Heater)를 설치하여 수백도의 고온하에서도 전단시험이 가능한 장치도 개발되어, 수백 ℃까지의 전단시험이 수행되고 있다.[25]

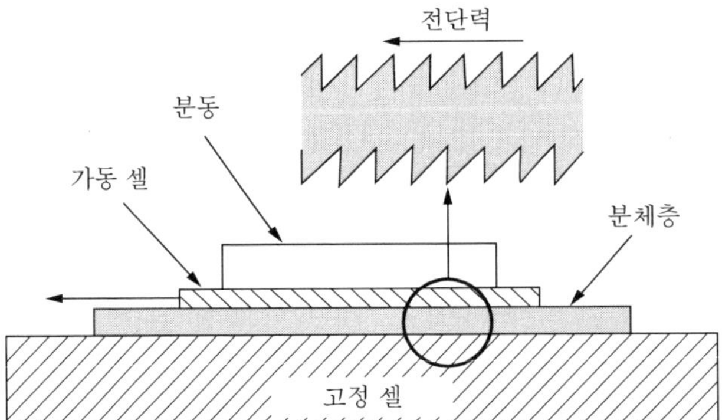

그림 5.20 **평행평판식 전단시험장치의 개략**

이 장치에서는 분체층이 얇고, 가동판이나 고정판의 표면에 노치 등의 凹凸이 있어서 공간율을 정확히 구할 수 없으므로, 따로 분체층 압축시험을 해서 수직응력과 공간율 관계를 구할 필요가 있다.

예제 5.4

입자 밀도 2500 kg/m^{3}인 분체를 충전하여 공간율 0.7인 분체층을 만들어 전단시험한 결과, 1 kPa의 수직응력을 가했을 때에는 1 kPa의 전단응력으로, 수직응력 2.73 kPa에서는 2 kPa의 전단응력으로 붕괴했다. 이 분체층의 분체 붕괴곡선이 쿨롱 식에 따를 때, 전단부착력 τ_c, 내부마찰각 μ_i, 단순압축파괴강도 σ_f, 유동성지수 F_i를 구하라.

해답

그림 5.21의 응력평면상에서 주어진 2점 (1 , 1), (2.73 , 2)를 지나는 직선의 식을 구하면,

$$\tau = 0.577\sigma + 0.42 = \sigma \tan 30^\circ + 0.42$$

가 된다. 따라서 전단부착력 τ_c는 0.42 kPa, 내부마찰각은 30 ° 가 된다. 그림 5.21처럼 원점을 지나 PYL에 접하는 모어 원의 중심과 인장강도 σ_t, PYL과 모어 원과의 접점을 이으면 직각삼각형을 얻을 수 있으므로 기하학적으로 다음의 두 식이 얻어진다.

$$\frac{\sigma_f}{2} = \left(\sigma_t + \frac{\sigma_f}{2}\right)\sin\phi_i\,, \quad \sigma_t = \tau_c \cot\phi_i$$

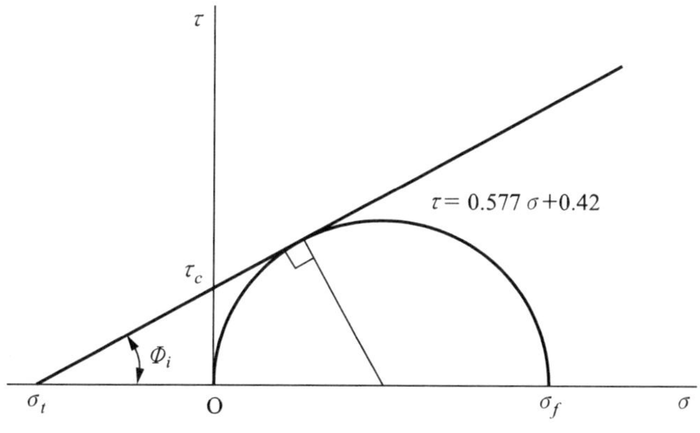

그림 5.21 쿨롱 분체의 단순압축 파괴응력 σ_f를 구하는 방법

이들 식에서 σ_t를 소거하여 정리하면,

$$\sigma_f = \frac{2\tau_c \cos\phi_i}{1-\sin\phi_i} = \frac{2 \cdot 0.42 \cdot \cos 30^\circ}{1-\sin 30^\circ} = 1.45\,\text{kPa}$$

이 값과 ρ_p = 2500 kg/m^3, ε = 0.7을 식 (5.24)에 대입하여 계산하면 유동성지수 F_i는 0.197 m가 된다.

2) 분체층 인장시험

전단시험에서 측정되는 분체층의 마찰특성에 대하여, 분체층의 부착특성은 분체층 인장시험을 이용해서 측정된다. 분체층 인장시험에서는 예압밀한 분체층에 인장력을 가하여 인장파단했을 때, 분체에 가한 수직응력 곧 인장강도 σ_t를 구한다. 일반적으로 분체층의 공간율 ε과 인장강도 σ_t사이에는, 다음의 편대수용지상에서 직선관계가 성립할 경우가 많다.

$$\sigma_t = k_1 \exp\left(-\frac{\epsilon}{b}\right) \tag{5.26}$$

여기서, k_1과 b는 실험정수이다. 분체층은 예압밀압 σ_c로 조정하므로, 공간율을 조정할 때는 배위수 변화의 영향뿐 아니라, 예압밀압에 따른 접촉점에서의 변형 영향도 받게 된다. 인장강도 σ_t와 공간율 ε 및 예압밀 σ_c의 관계는, 다음의 반이론식으로 관계지어진다.[26)]

$$\sigma_t = \frac{1-\epsilon}{\epsilon} k_2 \left(\frac{\sigma_c}{x^2}\right)^m \tag{5.27}$$

여기서, k_2와 m은 실험상수이다.

분체층 인장시험에는 그림 5.22(a)처럼 수직 방향으로 예압밀응력 σ_c를 가하여, 수직 방향으로 인장응력 σ_t를 가하는 수직인장방식과, (b)처럼 예압밀 방향과 직각인 수평 방향으로 인장응력을 가하는 수평인장방식이 있다. 이들 두 가지 방법에 의한 측정결과를 비교하면, 수직인장방식 쪽이 큰 인장강도를 나타낸다. 그 이유는, 수직인장방식에서는 예압밀 방향(최대주응력 방향)으로, 수평인장방식에서는 예압밀 방향에 대하여 직교하는 방향(최소주응력 방향)으로 끌어당기므로, 파단면에 가해지는 예압밀압이 다르기 때문이다. 어느 방법에서든 분체층의 인장강도는 전단강도나 압축강도보다 작기 때문에, 정확한 측정을 위해서는 여하히 장치 자체의 마찰저항을 줄일 수 있을지가 중요하다. 그 때문에 볼베어링에 셀을 얹는 방식보다 매다는 방식이 널리 사용되기에 이르렀다.[27)]

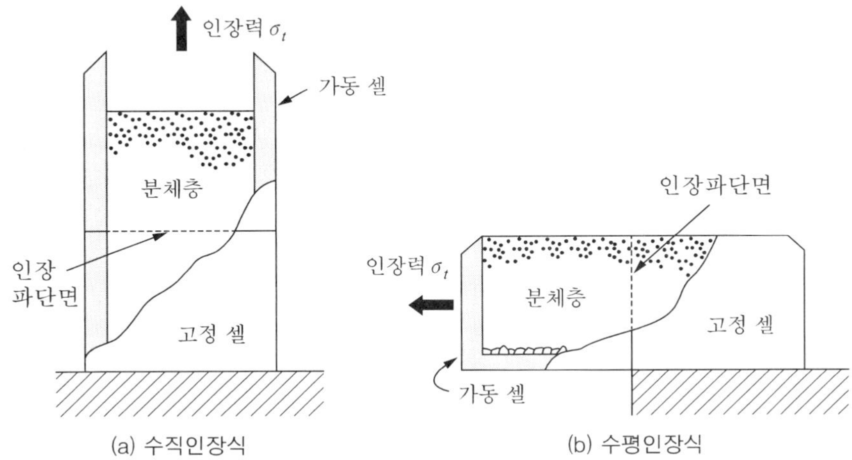

그림 5.22 **인장시험장치의 개략**

3) 분체층 압축시험

분체에 압축응력 σ_c를 가해지면 응력의 증가와 함께 공간율 ε이 감소하고 압밀된다. 이 과정에서 얻어지는 그림 5.23과 같은 압축응력 σ_c와 공간율 ε의 관계가 압축특성이며, 분체의 성형성이나 충전성의 지표가 된다. 압축시험장치로서는 그림 5.17에 나타낸 3축 압축시험기나, 그림 5.24에 나타낸 것과 같은 원통용기에 분체를 넣고, 위에서 1개의 원주상 피스톤으로 압축하는 1축 압축시험기, 아래위에서 2개의 피스톤으로 압축하는 2축 압축시험기가 있다.

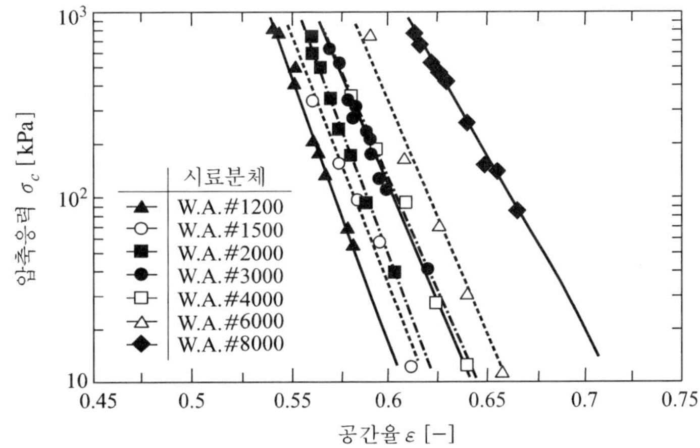

그림 5.23 **분체의 압축시험 결과 예(W. A. ; 알루미나 연마제)**

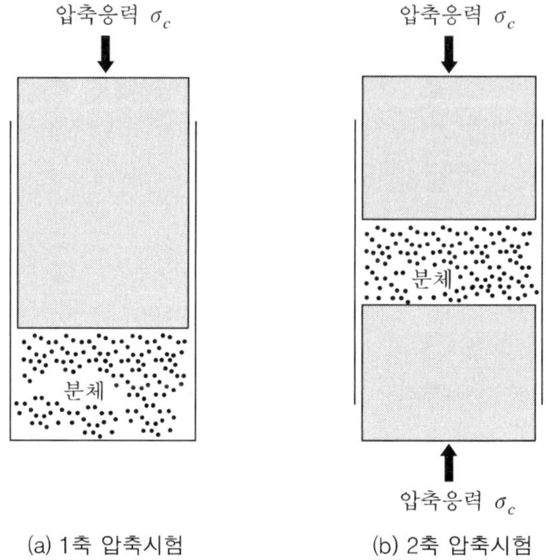

그림. 5.24 **분체 압축시험장치의 개략**

분체층의 압축특성을 나타내기 위해, 표 5.1에 나타낸 것과 같은 분체층의 겉보기체적 V 혹은 공간율과 압축응력 σ_c의 관계를 나타내는 많은 압축식이 제안되어 있다.[28]

표 5.1 **대표적인 분체 압축식**

압축식	명칭
$\dfrac{V-V_\infty}{V}=\dfrac{V_0-V_\infty}{V_0}\exp(a\cdot\sigma_c)$	Athy 식
$\ln\sigma_c=-a\dfrac{V}{V_\infty}+b$	Balshin 식
$\dfrac{V_0-V}{V_0-V_\infty}=a_1\cdot\exp\left(-\dfrac{b_1}{\sigma_c}\right)+a_2\cdot\exp\left(-\dfrac{b_2}{\sigma_c}\right)$	Cooper 식
$\sigma_c=a\cdot\exp\left(\dfrac{b}{V}\right)$	Gurnham 식
$\dfrac{V_0-V}{V_0}=\dfrac{a\cdot b\cdot\sigma_c}{a+b\cdot\sigma_c}$	Kawakita 식

여기서 V는 분체 체적, V_o, V_∞는 각각 압축 전과 압축 후의 분체 체적, σ_c는 압축응력, a, b, a_1, b_1, b_2는 실험정수이다.

4) 로스코(Roscoe) 상태도

분체층의 역학적 물성, 즉 전단, 인장, 압축강도는 분체층의 운동이나 응력을 생각함에 있어서 매우 중요한 특성이다. 따라서 그 역학적 물성을 1매의 입체도로 표현하기 위해 그림 5.25에 나타낸 것과 같은 수직응력 σ, 전단응력 τ, 공간율 ε을 3축으로 취한 응력공간, 즉 로스코 상태도(캠브리지 모델로도 불린다)가 제안되었다.[29] 이 그림에서 수직응력 σ가 정 쪽에서의 $\sigma-\varepsilon$ 관계는 압축특성을, 부 쪽에서의 $\sigma-\varepsilon$ 관계는 인장특성을 나타낸다. 또한, 공간율 ε이 일정한 면에서의 단면인 $\sigma-\tau$ 관계는 전단특성을 나타내고, 그중 수직응력 σ가 작은 쪽을 $\sigma-\tau$ 평면에 촬영한 곡선은 전단시에 분체층이 팽창 붕괴하는 분체 붕괴곡선(PYL)을, 수직응력 σ가 큰 쪽을 $\sigma-\tau$ 평면에 촬영한 곡선은 전단시에 분체층이 압밀 붕괴하는 압밀붕괴곡선(Consolidation Yield Locus ; CYL)을 각각 나타낸다. 이들 2개의 곡면 경계인 곡선을 $\sigma-\tau$ 평면에 촬영한 직선은 한계상태선(Critacal State Line ; CSL)이라 일컬어져 분체 동마찰에서의 응력상태를 나타내며, 내부동마찰계수를 기울기로 해서 원점을 지나는 직선이 된다.

평행평판형 전단시험기, 인장시험기, 압축시험기를 사용해서 구한 측정결과를 다항식 근사한 곡선에 의거하여 플라이애쉬의 실측치에 따른 로스코 상태도를 그림 5.26에 그렸다.[30]

기본적으로는 그림 5.25와 같은 凸 형상을 하고 있지만, 분체층 인장강도의 실측치는 압축강도와 비교해서 월등히 작고, 인장특성은 개념도만큼 공간율에 따라 변화하지 않는 듯이 보인다.

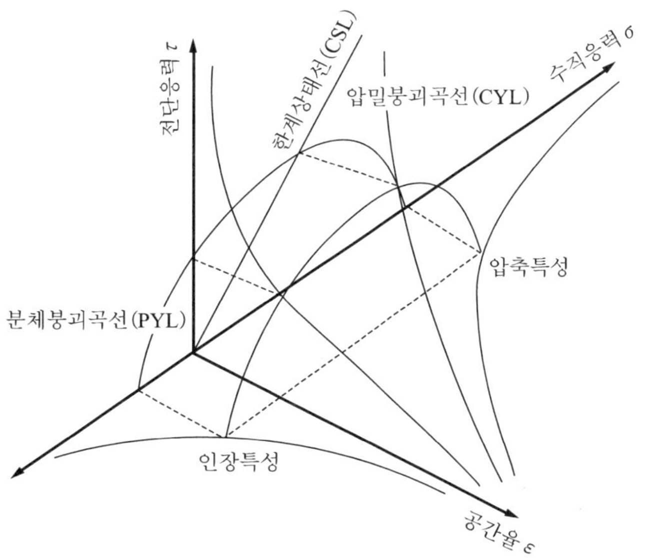

그림 5.25 **로스코 상태도의 개념**

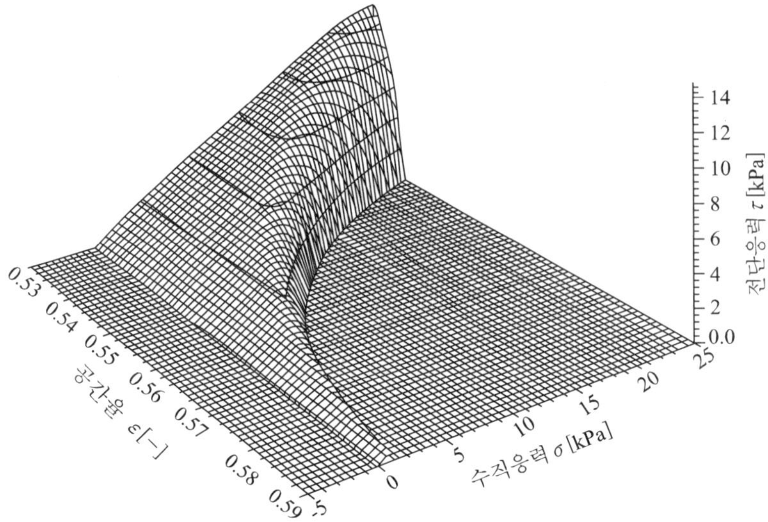

그림 5.26 **로스코 상태도의 실측결과(플라이애쉬)**

5.2.3 분체층의 유체투과

1) 고정층(fixed bed)

다수의 입자를 충전한 것이 고정층이다. 고정층은 충전입자간의 공간에 기체나 액체 등의 유체를 흘려, 가스 흡수, 증류, 흡착 등의 물질이동장치, 촉매반응이나 연소 등의 반응장치, 고액, 고기 혹은 기액의 분리장치 등에 널리 이용되고 있다. 어떤 장치에서든 고정층 내를 유체가 흐르고, 그때의 유속과 압력손실 관계를 아는 것이 중요하다.

다르시(Darcy) 식 : 다르시는 단면적 $A\,[\mathrm{m}^2]$, 두께 $L\,[\mathrm{m}]$인 입자 충전층을 점도 $\mu\,[\mathrm{Pa \cdot s}]$인 유체가 유량 $Q\,[\mathrm{m}^3/\mathrm{s}]$에서 투과할 때, 공탑속도 $u\,[\mathrm{m/s}]$와 압력강하 $\Delta P\,[\mathrm{Pa}]$의 관계를 다음 식으로 나타내었다.

$$u = \frac{Q}{A} = k\frac{\Delta P}{\mu L} \tag{5.28}$$

여기서 $k\,[\mathrm{m}^2]$는 투과율(permeability)이라 불리며, 층류역에서는 입자층의 구조에 따라 정해지는 정수이다.

하겐·포아젤(Hagen–Poiseuille) 식 : 하겐과 포아젤은 내경 $D_e\,[\mathrm{m}]$, 길이 $L_c\,[\mathrm{m}]$인 모세관 내를, 점도 $\mu\,[\mathrm{Pa \cdot s}]$인 유체가 흐를 때의 유속 $u_e\,[\mathrm{m/s}]$와 압력강하 $\Delta P\,[\mathrm{Pa}]$의 관계를 다음 식으로 나타내었다.

$$u_e = \frac{D_e^2 \Delta P}{32\mu L_e} \tag{5.29}$$

이 식은 레이놀즈 수 $R_e = D_e u \rho_f / \mu$가 2100 이하의 층류역에 적용할 수 있다.

코제니·카르만(Kozeny–Carman) 식 : 입자 충전층 내의 흐름은 복잡하고 해석이 어렵기 때문에, 이것을 그림 5.27처럼 공간율 ε, 두께 L인 입자 고정층을 내경 D_e, 길이 L_e인 굴곡한 모세관의 집합이라 생각한다. 입자간 극간의 면적비율은 ε, 길이는 L_e/L배가 되므로, 공탑속도 u와 모세관 내를 흐르는 평균속도 u_e 사이에는 다음 식이 성립한다.

$$u_e = \frac{L_e}{L}\frac{u}{\epsilon} \tag{5.30}$$

따라서 식 (5.29)와 식 (5.30)으로부터 다음 식을 얻을 수 있다.

$$u = \frac{\epsilon \cdot D_e^2 \Delta P}{32\mu\left(\frac{L_e}{L}\right)^2 L} \tag{5.31}$$

가상한 모세관의 내경 D_e는 동수반경과 마찬가지로, 다음 식처럼 분체층 중의 공간체적과 분체의 전표면적 비를 4배하여 구할 수 있다.[31)]

$$D_e = \frac{4\epsilon}{(1-\epsilon)S_v} \tag{5.32}$$

여기서 S_v [1/m]는 입자의 체적당 표면적, 즉 체적기준의 비표면적이다(2.2.2「비표면적」 참조). 식 (5.32)를 식 (5.31)에 대입하면 다음 식을 얻을 수 있다.

$$u = \frac{\epsilon^3 \cdot \Delta P}{(1-\epsilon)^2 2\left(\frac{L_e}{L}\right)^2 S_v^2 \mu L} = \frac{\epsilon^3 \cdot \Delta P}{(1-\epsilon)^2 k S_v^2 \mu L} \tag{5.33}$$

여기서, k는 모세관 길이 L_e와 고정층 두께 L의 비, 즉 굴곡율(비틀림율)의 2승의 2배로 코제니 상수라 불린다. 코제니·카르만은 그 값으로 5를 이용했지만, 많은 실험결과도 그 값이 3.46~6.05 범위에 들어옴을 보이고 있다. k에 5를 대입해서 고정층 단위두께당 압력강하 $\Delta P/L$에 대하여 정리하면 다음 식을 얻을 수 있다.

$$\frac{\Delta P}{L} = 5S_v^2 u\mu \frac{(1-\epsilon)^2}{\epsilon^3} = \frac{180u\mu(1-\epsilon)^2}{x^2\epsilon^3} \tag{5.34}$$

여기서 x는 구형입자 충전층일 경우의 입자경, ρ_p는 입자의 밀도이다. 이 식은 코제니·카르만 식이라 일컬어져 층류역에서 널리 이용되고 있다. 이 식을 유속 u에 대하여 정리하면 식 (2.45), 비표면적에 대하여 정리하면 식 (2.46)이 된다.

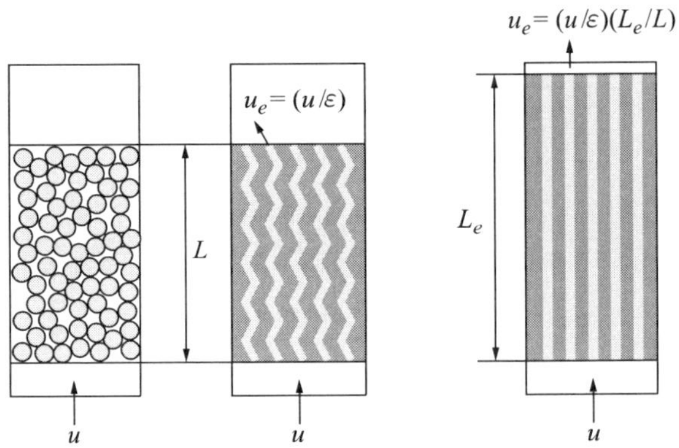

그림 5.27 **입자층의 유로 모델**

어건(Ergun) 식 : 층류역에서 난류역에 이르는 넓은 범위에서의 압력손실 추정에는, 유체저항을 층류에서의 저항 요컨대 식 (5.35)의 우변 제1항과 난류에서의 저항 즉 우변 제2항의 합으로서 나타내는 어건의 식[32)]이 널리 이용되고 있다.

$$\frac{\Delta P}{L} = 150\frac{(1-\epsilon)^2\mu u}{\epsilon^3 x^2} + 1.75\frac{(1-\epsilon)\rho u^2}{\epsilon^3 x} \tag{5.35}$$

각 항의 계수 150과 1.75는 많은 입자에 대한 실험결과로부터 정해진 것이다.

예제 5.5

비표면적 상당경 1 μm, 입자 밀도 2500 kg/m^{3}인 분체 20 g을 내경 70 mm, 높이 10 mm인 원통용기에 충전하고, 그곳에 압력 3 kPa에서 20℃의 물 500 mL를 투과시키는 데 몇 분이 걸릴지를 계산하라. 또한, 물 500 mL를 1시간에 투과하는데 압력을 얼마나 하면 좋을지를 계산하라. 단, 압력에 의해 분체층은 압밀되지 않는 것으로 한다.

해답

비표면적경이 1 μm이므로, 식 (2.7)에서 비표면적은 6×10^6[1/m]이 된다. 또한 입자 충전층의 단면적은 3.85×10^{-3}[m^2], 체적은 3.85×10^{-5}[m^3]이므로, 공간율 ε은 식 (2.50)에 의해 0.792가 된다. 20℃인 물의 점도 $\mu=1.01$ mPa·s, 층 높이 $L=0.01$ m와 더불어 Kozeny−Carmen 식 (5.33)에 대입해서 유속 u를 계산하면

$$u=\frac{\epsilon^3\cdot\Delta P}{(1-\epsilon)^2kS_v^2\mu L}=\frac{0.792^3\cdot3\times10^3}{(1-0.792)^2\cdot5\cdot(6\times10^6)^2\cdot1.01\times10^{-3}\cdot0.01}$$
$$=1.89\times10^{-5}[\mathrm{m/s}]$$

따라서 500 mL의 물을 투과하는 데는

$$\frac{500\times10^{-6}}{3.85\times10^{-3}\cdot1.89\times10^{-5}}=6.87\times10^3[\mathrm{s}]$$, 115분이 필요하다.

1시간, 즉 60분에 투과하기 위해서는 115/60=1.92배의 유속으로 할 필요가 있다. 따라서 식 (5.34)에서 압력도 1.92배로 하지 않으면 안 되므로, 5.76 kPa 필요하다. 실제로는 압력을 높임으로써 분체층이 압밀되는 경우가 많으므로, 더욱 높은 압력을 가해주어야 한다.

5.2.4 이동층, 유동층, 공기수송

1) 이동층(moving bed)

충전층 내의 입자가 천천히 이동할 경우, 그것을 이동층이라 부른다. 이동층도 고정층과 마찬가지로 충전입자간의 공간에 기체나 액체 등의 유체를 흘려, 가스흡수, 흡착, 반응, 연소, 집진 등의 넓은 용도로 이용된다. 특히 충전입자를 순차 갈아 넣거나 꺼내어 세정하거나 할 경우에 이동층으로서 조작한다. 이동층에는 통상은 중력을 이용하여, 위에서 아래로 매분 수 cm 정도의 속도로 천천히 입자를 강하시킨다. 편석 등의 영향을 피하기 위해, 되도록 균일경에 가깝게 부착성이 적은 입자를 이용한다. 입자의 강하속도가 작으므로 이동층의 압력손실도 고정층과 마찬가지로 Kozeny−Carmen 식이나 Ergun 식으로 추정할 수 있다.

2) 유동층(fluidized bed)

충전층 내의 입자가 유체에 의해 부유운동할 경우, 이것을 유동층이라 부른다. 유동층은 고정층, 이동층과 달라서 입자가 층 내에서 격심한 운동을 하기 때문에 석유 접촉분해 등의 촉매반응기, 혼합기, 건조장치, 조립장치, 연소로, 배소로, 분산장치, 분진발생장치 등 다양한 용도로 이용되고 있다.

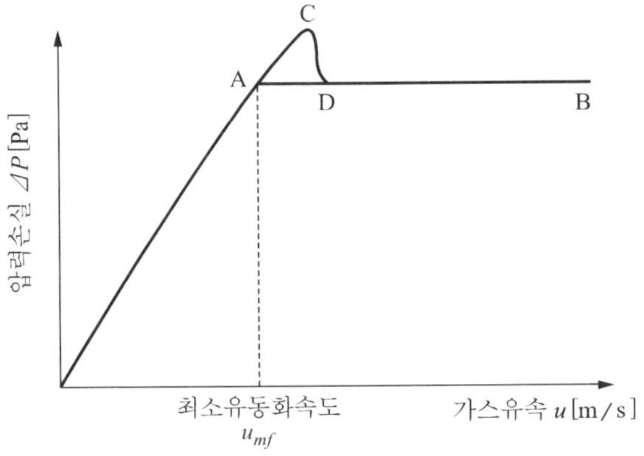

그림 5.28 **가스 유동층의 압력손실**

충전층을 투과하는 유체의 속도를 높여가면 그림 5.28의 $0-A$처럼 입자층의 압력손실이 증가하고, 입자에 작용하는 유체항력이 커진다. 그러저럭 어느 유속에 달하면 유체항력과 입자의 자중이 균형을 이루어 입자층은 부유상태가 되고 압력손실은 증가하지 않게 된다. 나아가 유속을 높이면 압력손실은 $A-B$처럼 일정치를 유지한다. 유속 증가에 따른 과잉된 유체로 인해 입자는 층 내를 세차게 움직이게 된다. 이러한 상태를 유동화상태 혹은 유동화라 하고, 입자가 부유운동하고 있는 층을 유동층이라 부른다.

입자의 유체항력과 중력이 균형을 이루는 A점을 유동화 개시점, 그때의 공탑속도를 최소유동화속도(혹은 유동화 개시속도) u_{mf}라 하며, 유동층의 중요한 특성치이다. 이 유동화 개시속도는 압력손실 $\Delta P/L$과 입자층 자중의 평형으로부터 추정할 수 있다. 두께 L인 입자층에 가해지는 층 단면적 A당 중력 F[N]은 다음 식으로 주어진다.

$$\frac{F}{AL}=(\rho_p-\rho_f)(1-\epsilon)g \tag{5.36}$$

입자층에서의 압력손실을 나타내는 어건(Ergun)의 식 (5.35)와 식 (5.36)을 조합시키면

$$\left(\frac{1.75}{\Psi_c\epsilon_{mf}^3}\right)Re_{mf}^2+\left\{\frac{150(1-\epsilon_{mf})}{\Psi_c^2\epsilon_{mf}^3}\right\}Re_{mf}=Ar \tag{5.37}$$

여기서 Ψ_c는 Carmen의 형상계수이고, 비표면적 형상계수 Ψ와 $\Psi\cdot\Psi_c=6$의 관계가 있다. 또한 ε_{mf}는 유동화 개시 때의 공간율이고, 유동화 개시 때의 입자레이놀즈 수 Re_{mf}와 아르키메데스 수(Archimedes number) Ar은 각각 다음 식으로 주어진다.

$$Re_{mf} = \frac{x \rho_p u_{mf}}{\mu} \tag{5.38}$$

$$Ar = \frac{x^3 \rho_f (\rho_p - \rho_f) g}{\mu^2} \tag{5.39}$$

따라서 식 (5.37), (5.38), (5.39)를 조합시키면 유동화 개시속도 u_{mf}를 추정할 수 있다.

입자간에 부착력이 작용할 경우에는 유체항력이 입자의 자중과 균형을 이룬 점 A에서는 유동화하지 않고, 유체저항이 입자의 자중과 입자간 부착력의 합보다 커지는 점 C까지 압력손실이 증가한다. 유동화가 시작되어 입자끼리의 부착이 풀리면 압력손실이 D점까지 감소해서 $D-B$처럼 일정치를 유지할 경우에는, 이들 식에 의해 유동화 개시속도 u_{mf}를 구할 수는 없다. 이러한 경우, 실용적으로는 사용하는 입자를 소형 유동층에 넣고 충분히 유동화한 후에 유속을 낮추면서 압력손실을 측정하여 실험적으로 구한다. 이 경우에는 그림 5.28처럼 압력손실이 유속에 상관없이 일정치를 나타내는 직선 $D-B$와 압력손실이 유속의 감소와 함께 감소하는 직선 $0-A$를 연장해서 교차하는 점의 유속을 최소유동화속도 u_{mf}라 한다.

유체로 기체를 이용한 기체계 유동층에서는, 최소유동화속도 u_{mf}를 초과해서 유속을 증가시키면, 과잉기체는 기포가 되어 층을 흐른다. 그 때문에 종말침강속도 이상의 유속에 있어서도 유동화 상태를 유지할 수 있는 경우가 많다. 기포가 발생하기 시작한 유속을 기포유동화 개시속도 u_{mb}라 부르고, 관찰에 의해 구한다.

유동층에 있어서의 열이동이나 물질이동은 유동층을 기포상과 입자상의 2상으로 모델화(2상설)해서 취급된다. 기포상은 불연속상 혹은 희박상, 입자상은 연속상, 에멀션상 혹은 농후상으로도 불린다. 2상설에서는 입자상 내의 기체는 유동화 개시 때와 같은 유속으로 흐르고, 그 이상의 과잉된 기체는 기포가 되어 층 내를 휙휙 지나갈 것이라 생각한다.

유체로 액체를 이용한 액계 유동층에서는, 최소유동화속도 u_{mf}를 초과해서 유속을 증가시켜도 층은 균일하게 팽창해서 공간율이 점차 1에 근접하고, 이윽고 유속이 종말침강속도보다 커지면 입자는 액체와 동반되어 유실한다.

분체특성과 유동상태 : 길다트(Geldart)는 분체의 종류에 따라서 유동상태가 다른 점에 주목하고, 입자경과 입자 밀도를 양축으로 취한 그림 5.29에서, 분체를 유동화하기 쉬운 점에 의거하여 A, B, C, D 4종류로 분류했다.[33)]

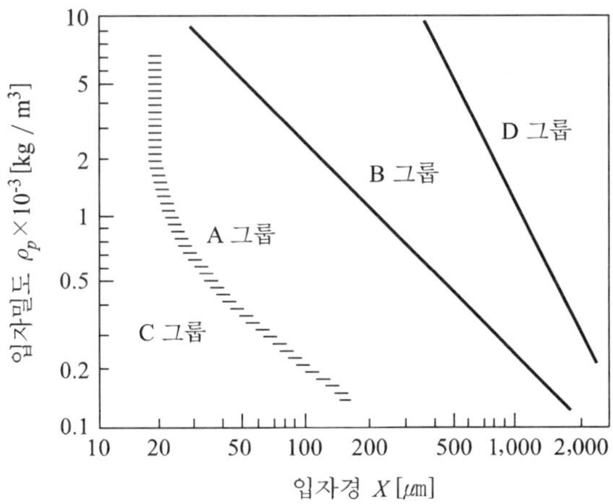

그림 5.29 Geldart에 의한 유동화 분체의 분류

① A 그룹 : 입자경이 40~100 μm 정도, 입자 밀도가 2000[kg/m^3] 이하인 분체에서 가장 유동화하기 쉽고, 최소유동화속도 u_{mf}와 기포유동화 개시속도 u_{mb}가 달라 그 사이에서는 층이 팽창하여, u_{mb} 이상에서는 그림 5.30(b)에 나타낸 것처럼 직경 수십 mm의 작은 기포가 많이 발생해서 압력변동은 적다.

② B 그룹 : 입자경이 수십~수백 μm 정도이고 입자 밀도가 1500[kg/m^3] 이상인 분체에서 u_{mf}와 u_{mb}가 거의 같으며, 그 이상의 유속에서는 큰 기포가 발생한다. 특히, 탑경이 작을 경우에는 그림 5.30(c)에 나타낸 것과 같은 슬러깅(slugging) 상태가 되어 압력변동은 크다.

③ C 그룹 : 입자경이 수십 μm 이하의 미분체이고, 부착성이 강하기 때문에 유동화가 어렵다. 유속이 느릴 경우에는 그림 5.30(d)에 나타낸 것처럼 층 내에 유로가 생기는 채너링(channeling)현상이 일어나서 압력손실이 저하하고, 대부분의 분체는 유동화하지 않는다. 유속을 높이면 미분체가 서로 부착해서 입자가 만들어지기 시작된다. 유동화를 촉진하기 위해 교반, 진동 등을 가하는 경우도 있다.

④ D 그룹 : 입자경 0.5~수 mm인 조입자로, 종말침강속도가 크기 때문에 유동화하기 위해서는 높은 유속이 필요하다. 유동화해도 그림 5.30(c)에 나타낸 것과 같은 슬러깅 상태가 되어 압력변동이 크다.

이와 같이 입자경과 입자 밀도를 이용해서 A~D 그룹으로 분류하는 것은 유동성의 양부를 대충 파악하는 데는 유효하지만, 각 분체의 경계가 반드시 명확하지 않고, 입자 형상이나 유동층내 분위기 등의 영향을 고려하고 있지 않은 점에서 엄밀한 것은 아니다.

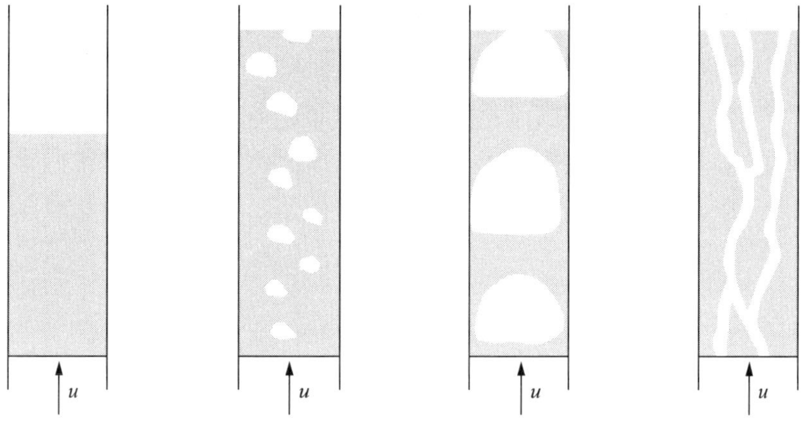

그림 5.30 **유동층의 다양한 유동형태**

외부순환 유동층(circulating fluidized bed) : 그림 5.31에 나타낸 것처럼 고유속인 기체로 입자를 유동화시키고, 기체와 동반하여 층에서 뛰어나간 입자를 외부의 사이클론으로 회수하여, 강수관(down comer), 공압밸브(pneumatic valve)를 거쳐 유동층내로 되돌리므로, 외부순환 유동층이라 불린다. 외부순환 유량을 조정할 수 있고 농후층과 희박층이 존재하기 때문에, 고체−기체 접촉이나 입자 혼합이 양호한 특징을 갖는다. 주로 연소로에 이용된다.

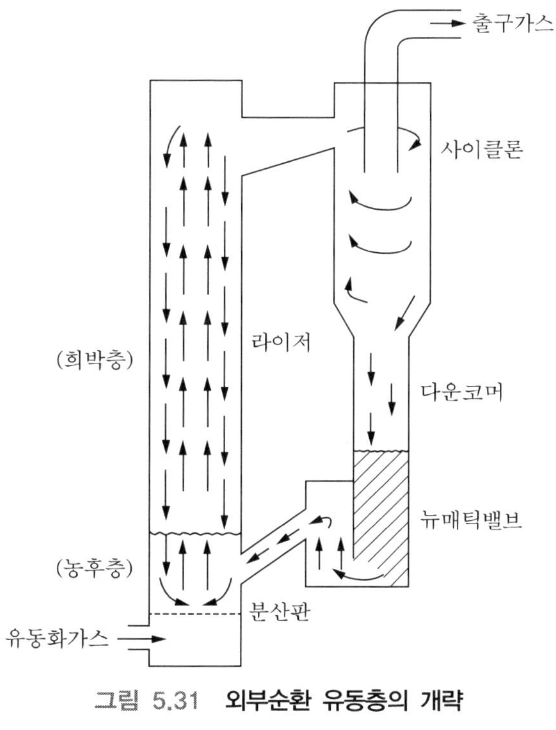

그림 5.31 **외부순환 유동층의 개략**

분류층(spouted bed) : 그림 5.32에 나타낸 것처럼 원추상의 층 저부에 설치한 단일구멍에서 고속으로 기체를 유입시키는 것인데, 층의 중심부분에서 입자가 위를 향해 고속으로 날리고, 주변부에서는 하향하여 천천히 이동층처럼 입자가 하강한다. 부착성이 강한 입자에서도 유동화할 수 있기에 조립장치나 건조장치로 이용된다.

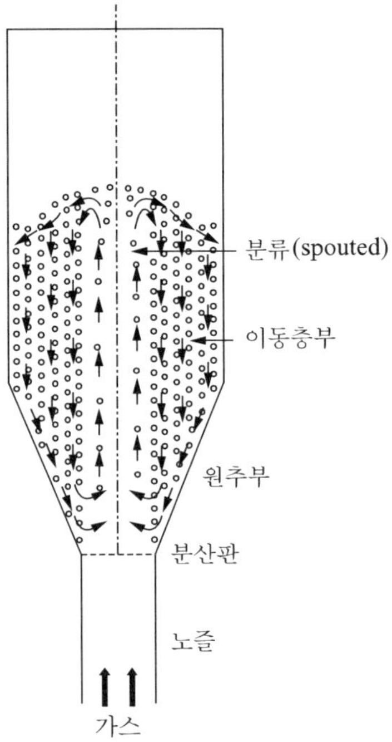

그림 5.32 **분류층의 개략**

3) 공기수송(pneumatic conveying)

분체를 투과하는 기체의 유속을 높여가면, 결국 입자의 종말침강속도를 초과하여 분체는 기체에 동반되어 수송된다. 이처럼 기체를 사용하여 파이프 내의 분체를 수송하는 것을 공기수송이라 부른다. 이 방법은 분진 비산이 없고, 수송경로를 자유로이 취할 수 있고, 자동화가 쉽고 유지관리비가 적은 등의 특징을 갖지만, 소비전력이 크고, 수송에 따른 관의 마모나 입자의 파쇄가 생기거나, 장거리 수송이 곤란한 등의 문제도 있다. 공기수송장치는 공기원, 분체 공급부, 수송관부, 분체 회수부로 구성된다. 공기수송 방법은, 그림 5.33(a)처럼 고압공기를 사용하여 정압으로 분체를 보내는 압송식과, (b)처럼 관내의 공기를 흡인함으로써 부압으로 분체를 빨아들이는 흡인식으로 대별되며, 주로 압송식은 분체를 1개소에서 복수 개소로 분배하는 수송에, 흡인식은 분체를 수 개소에서 1개소로 모으기 위한 수송에 이용된다.

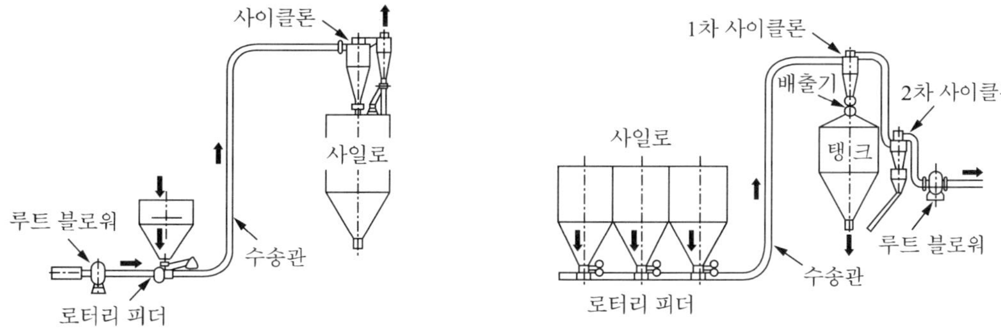

(a) 압송식 (b) 흡인식

그림 5.33 **공기의 수송방법**

수송관 내의 분체의 유동형태는 그림 5.34처럼 유속이 극히 높을 경우에는 분체가 균일하게 기류 중에 분산해 있는 ①의 상태를 취하지만, 유속의 저하와 동반해서 ③의 퇴적류, ④의 집단류, ⑤의 전류(plug flow) 상태를 나타내며, 이윽고 분체가 관 내에서 폐색하여 수송을 할 수 없는 ⑦에 이른다. 이들 중 ⑤의 전류상태는 고농도 저속 수송상태로, 입자의 파쇄가 적고 수송 에너지가 적지만, 부착성이 강한 분체 등에서는 이러한 수송형태를 취급할 수 없는 것도 있다.

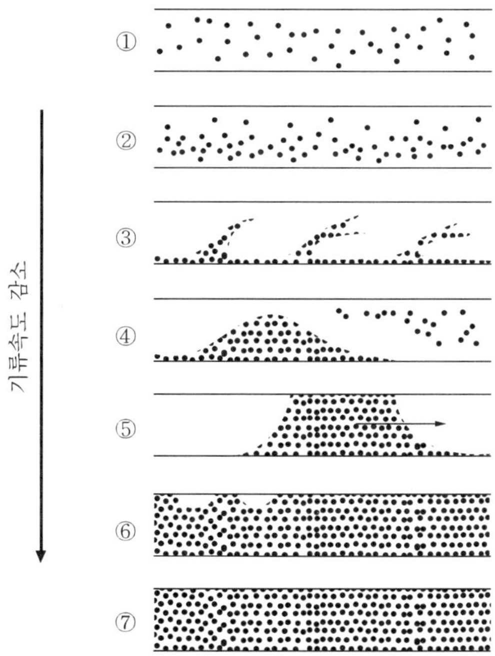

그림 5.34 **기류속도에 따른 수평관 내 유동양식의 변화**

공기수송에 필요한 압력손실은 다음의 4가지 원인에 의한 압력손실의 합계가 된다.

① 벽면과의 마찰에 의한 압력손실
② 입자를 가속하기 위한 압력손실
③ 곡관이나 분기 등에서의 수송관 굽이에 의한 압력손실
④ 중력에 대하여 입자를 추켜드는데 필요한 압력손실

이들 중 ①과 ④는 수송관 길이에, ③은 곡관이나 분기 수에 의존한다. 따라서 공기수송에 필요한 총 압력손실은 ①과 ④에 관 길이를 곱한 것과 ③에 곡관이나 분기 수를 곱한 것 및 ②의 총계로 표시된다. 이들 중 ①의 벽면과의 마찰에 의한 압력손실에 대해서는 수송하는 분체층의 내부동마찰계수 또는 벽면동마찰계수로부터 추정할 수 있다.[34)]

5.2.5 컴퓨터 시뮬레이션

개개 입자의 특성과 입자가 집합한 분체의 거동관계를 결부시켜, 분립체의 운동을 계산기로 모의하는 것은 분체공학자의 오랜 꿈이었다. 왜냐하면 분체실험은 재현성에 문제가 많고, 또한 많은 인자가 뒤얽혀 해석이 곤란하므로 시뮬레이션에 의해 개개의 인자를 독립적으로 바꾸어 그 영향을 조사해보고 싶다는 요구가 있었기 때문이다. 컴퓨터가 진보함에 따라 개인용 컴퓨터로 쉽게 분체 시뮬레이션이 가능해졌다. 현재 이용되고 있는 주된 분체 시뮬레이션법의 개략을 설명한다.

1) 연속체 역학법

연속체의 분체역학에 근거하여, 유체역학이나 재료역학에서 널리 이용되고 있는 유한요소법 등을 분체에 적용하는 방법이다. 지금까지 유체역학이나 재료역학 분야에서 많은 해석이 이루어져 왔기 때문에, 다양한 해석 소프트웨어도 충실하다. 그러나, 분체는 미시적으로 보면 연속체가 아니라 개개의 구성입자가 개별로 운동하고, 그 집합체로서 분체층의 운동이 정해지는 점에 있어, 연속체역학 시뮬레이션을 분립체에 적용하는 데는 문제가 있는 경우도 많다.

2) 몬테카를로법(Monte Carlo method)

분체입자 개개의 움직임을 난수(random numbers)를 사용해서 확률적으로 결정하여, 분립체의 운동을 시뮬레이션 하는 방법이다. 프로그램이 비교적 간단해서 다수 입자의 운동을 단시간에 계산할 수 있는 이점이 있다. 그러나, 분체입자의 운동이 정말로 확률적인 현상인지 하는 의문이나, 운동을 지배하는 확률을 어떻게 해서 결정할 것인지 하는 문제점이 있다. 일

예로서 그림 5.35에 「sand for windows」를 사용해서 2차원의 분체 흐름을 시뮬레이트한 화면을 나타내었다.[35] 2차원이기는 하나 개인용 컴퓨터로 15,000개의 입자를 실시간에서 운동시킬 수 있다는 특징을 갖는다. 각 입자의 운동을 정하는 확률을 분체 물성치에서 결정해야 되겠지만, 그 방법은 확립되어 있지 않다.

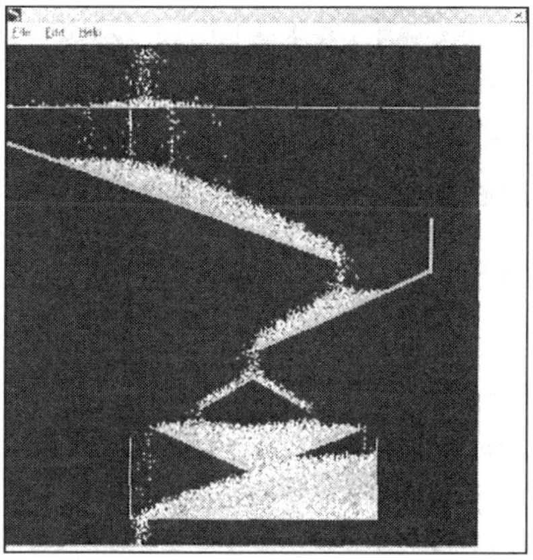

그림 5.35 Cellular Automaton 법에 의한 입자 운동 시뮬레이션

3) 이산요소법

다수의 입자로 구성된 분체층의 거동과 개개 구성입자의 특성을 결부시키는 방법으로서 이산요소법(Discrete Element Method ; DEM) 혹은 입자요소법(Particle Element Method ; PEM)이 컨달(Cundall) 등[36]에 의해 제안되었다. 이 방법은 입자를 점탄성체라 생각하고 그림 5.36처럼 보이트(Voigt) 모델로 근사해서, 입자 간에 압축력이 작용할 때는 스프링에 의한 탄성과 대시포트(dashpot)에 의한 점성이, 인장시에는 커플링(coupling)에 의한 부착력이 작용한다고 했다. 또한, 전단방향으로는 스프링, 대시포트, 커플링에 더하여 슬라이더(slider)에 의한 마찰도 고려한다. 본래는 레올로지 모델인 탄성, 점성, 부착, 마찰 등의 계산 파라미터를 분체 역학물성에서 정하지 않으면 안되지만, 양자의 관계는 현재 명확하지 않다.

입자층은 다수의 입자로 구성되어 있으므로, 본래는 접촉해 있는 다수의 입자간 상호작용을 동시에 검토하지 않으면 안되겠지만, 계산이 곤란하므로 이산요소법에서는 시간 간격을 좁혀서 접촉하는 입자 1개씩을 수차 계산한다. 그 때문에 다수 입자의 운동을 계산하는 데는 많은 계산시간을 요하고, 계산시간을 단축하기 위해서는 입자 수가 적어진다는 문제가 있다. 그러나, 각 입자의 운동을 상세히 조사할 수 있는 점, 마찰계수나 탄성계수 등의 값이나 초기조건, 경계조건 등을 임의로 변경할 수 있는 이점이 있으므로 중력유동, 진동유동, 압축유동, 혼상류 등의 검토에 널리 이용되며, 사일로[37], 유동층[38], 혼합기[39], 체분리[40], 볼밀분쇄기 내 볼운동[41] 등의 해석에 이용되고 있다.

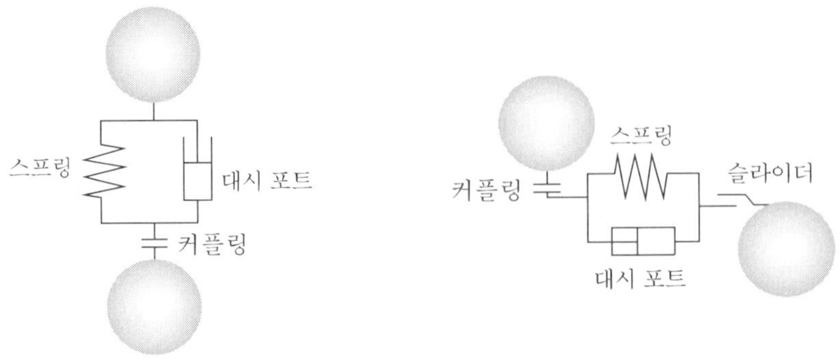

(a) 압축력 (b) 전단력

그림 5.36 **이산요소법으로 입자간 상호작용을 나타내는 보이트 모델**

4,000개의 2차원 입자를 충전한 폭이 입자경의 40배, 높이가 100배인 사일로 저부에 폭이 입자경의 6배인 구멍을 뚫고, 거기서 입자가 중력에 의해 유출하는 상태를 이산요소법으로 구한 예를 그림 5.37에 나타내었다.[42] 입자 마찰계수는 0.5, 시간 증분은 1.0×10^{-4} s, 4초간의 계산 총 스텝 수는 40,000이다. 시뮬레이션 결과를 보면 사일로 하부에서는 깔때기 모양의 퍼늘흐름(funnel flow)이, 상부에서는 전체가 균일하게 이동하는 질량흐름(mass flow)이 되어, 실제의 관측결과와 잘 대응하고 있다.

분체 시뮬레이션에는 긴 계산시간, 입자 수의 제한, 계산 파라미터의 결정법 등 해결해야 할 과제도 많지만, 임의로 입자 물성을 바꾸어 각 입자의 운동을 관찰할 수 있는 것 외에는 안되는 특징이 있고, 금후 컴퓨터가 진보함에 따라 더욱 넓은 응용이 기대된다.

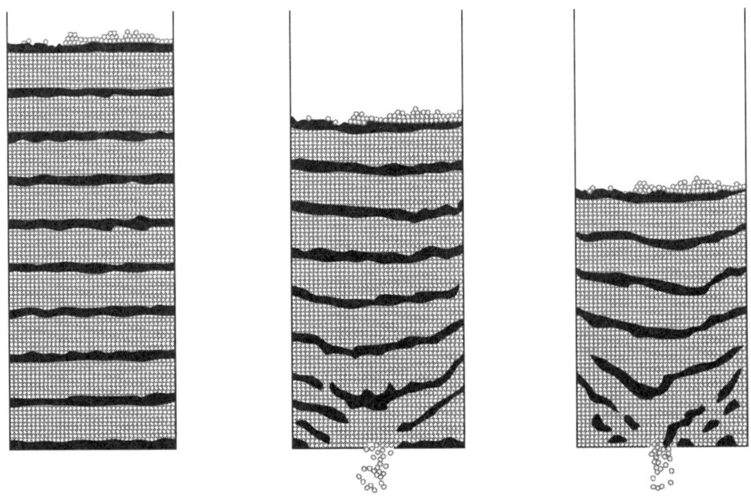

(a) 초기상태 (b) 2.0 s 후 (c) 4.0 s 후

그림 5.37 **이산요소법에 의한 입자 배출과정 시뮬레이션**

참고문헌

1) 遠藤貞行, 向阪保雄, 西江恭延 : 化學工學論文集, 19, 1128(1993)
2) 奧山喜久夫, 增田弘昭, 東谷公, 近沢正敏, 金澤孝文 : 粉體工學會誌, 22, 451(1985)
3) Higashitani, K., Y. kanda, K. Ueshima : Journal of Chemical Engineering ofJapan, 26, 138(1993)
4) 近沢正敏, 中島涉, 金澤孝文 : 粉體工學會誌, 14, 18(1977)
5) 島田泰拓, 米澤頼信, 砂田久一, 野中降盛, 加藤賢三, 森下広 : 粉體工學會誌, 37, 658(2000)
6) 荒川正文, 安田真一 : 材料, 26, 858(1977)
7) Howe, P. G., D. P. Benton, I. E. Puddington : Canadian Journal of Chemical Engineering, 33, 1375(1955)
8) 佐野茂, 齊藤文良, 八嶋三郎 : 化學工學論文集, 10, 17(1984)
9) Larsen, R. L. : American Industrial Hygiene Association Journal., 19, 265(1958)
10) Jordan, D. W. : Britishi Journal of Applied Physics, 3, S194(1954)
11) Rumpf, H. : Chemie Ingenieur Technik, 42, 538(1970)
12) 椿淳一郎 : 粉體工學會誌, 21, 30(1984)
13) Molerus, O. : Powder Technology. 12, 259(1975)
14) 長尾高明 : 機械學會論文集, 42, 4038(1977)
15) 金谷健一 : 粉體工學會誌, 17, 504(1980)
16) 粉體工學會編 : 粉體工學便覽 第2版, 日刊工業新聞社, p.233(1998)
17) 八嶋三郎 : 粉體と粉體物性, 培風館, p.216(1986)
18) Jenike, A. W., P. J. Elsey, R. H. Wooley : Proceeding of American Society for Testing and Materials, 60, 1168(1960)
19) 梅屋薫, 北森信之, 荒木征雄, 美間博之 : 材料, 15, 166(1966)
20) 牧野和孝, 幸一彦, 鈴木道隆, 玉村忠雄, 井伊谷鋼一 : 化學工學論文集, 4, 439(1978)
21) Ashton, M. D., D. C. H. Cheng, R. Farley, F. H. H. Valentin : Rheologica., 4,206(1965)
22) 高木忠一, 杉田稔 : 粉體工學會誌, 16, 277(1979)
23) Carr, J. F., D. M. Walker : Powder Technology., 1, 369(1967/68)
24) 廣田滿昭, 小林俊雄, 大島敏男 : 粉體工學會誌, 20, 493(1983)
25) 廣田滿昭, 藤本祐樹, 鈴木道隆, 大島敏男 : 粉體工學會誌, 35, 210(1998)
26) 椿淳一郎, 加藤啓一, 神保元二 : 粉體工學會誌, 18, 873(1981)
27) 藤井謙治, 彼谷憲美, 浦山清, 横山藤平 : 粉砕, 23, 46(1978)
28) 藤田重文, 東畑平一郎 : 化學工學 第2版, 東京化學同人, p.60(1972)
29) Roscoe, K. H., A. N. Schofield, A. Thurairajah : Geotechnique, 13, 11(1963)
30) 鈴木道隆, 廣田滿昭, 大島敏男 : 粉體工學會誌, 24, 31(1987)
31) 三輪茂雄 : 粉體工學通論, 日刊工業新聞社, p.75(1981)
32) Ergun, S. : Chemical Engineering. Progress., 48, 89(1952)
33) Geldart, D. : Powder Technology, 7, 285(1973)
34) 廣田滿昭, 松本敏克, 安富元彦, 喜多祐介, 鈴木道隆 :粉體工學會誌, 34, 395(1997)
35) 四井賢一郎 : 粉體工學會誌, 34, 584(1998)
36) Cundall, P. A., O. D. L. Strack : Geotechnique, 29, 47(1979)
37) 吉田順 : 粉體工學會誌, 29, 261(1992)
38) Tsuji, Y., T. Kawaguchi, T. Tanaka : Powder Technology, 77, 79(1993)
39) 六車嘉貢, 田中敏嗣, 川竹了, 辻裕 : 日本機械學會論文集 (B編), 62, 3335(1996)
40) 下坂厚子, 東原茂德, 日高重助 : 粉體工學會誌, 35, 242(1998)
41) Kano, J., M. Miyazaki, F. Saito : Advanced Powder Technology, 11, 333(2000)
42) 粉體工學會編 : 粉體工學便覽 第2版, 日刊工業新聞社, p.272(1998)

연습문제

이하의 문제에 있어서, 중력가속도 g를 9.8 m/s^{2}으로 하여 유효숫자 2자리로 답하시오. 단, 물 및 공기의 밀도와 점도는 아래 값을 이용하기 바란다.

	밀도 [kg/m^3]	점도 [Pa·s]
물	1.0×10^3	1.0×10^{-3}
공기	1.1	1.8×10^{-5}

제 2 장

[1] 직경이 10 mm인 구와 1변이 8 mm인 입방체가 있다. 다음의 대표입자경의 대소를 비교하라.
  1) 면적원상당경
  2) 체적구상당경
  3) 두께

[2] 정방형의 원형도를 구하라.

[3] 1변이 x인 입방체의 체적형상계수 ψ_v, 표면적형상계수 ψ_s를 구하라. 그리고 비표면적형상계수 ψ를 ψ_v, ψ_s로 나타내어라. 이 입방체의 입자경을 체적구상당경 x_v라 했을 때 형상계수 ψ_v, ψ_s, ψ를 구하라.

[4] 밑면의 직경과 높이가 모두 x[cm]인 원주, 원추와 1변 x[cm]인 입방체, 정사면체의 입자가 있다. 각 입자의 비표면적형상계수를 구하라.

[5] 밀도가 2.5×10^3 [kg/m^3]이고 비표면적이 0.6×10^3 [m^2/kg]인 분체 A와, 밀도가 3.0×10^3 [kg/m^3]이고 비표면적이 0.6×10^3 [m^2/kg]인 분체 B가 있다. 아래 문제에 답하라.
  1) 입자 형상이 구형일 때 양 분체의 비표면적경은 얼마인가?
  2) 양 분체의 어느 대표입자경이 공히 5 μm이라 할 때 비표면적 형상계수는 얼마인가?

[6] 입자경 1 mm인 입자가 10개, 100 μm인 입자가 10,000개 섞여있을 때 1) 개수평균경, 2) 길이평균경, 3) 면적평균경, 4) 체적평균경을 구하라.

[7] 아래 표는 어느 입자군의 입자경분포를 표준체로 측정한 결과이다. 개수평균경 x_0, 면적평균경 x_2, 평균표면적경 x_s, 평균체적경 x_v를 계산하라.

체눈 크기[μm]	300	425	600	710
통과율[mass%]	0	11	79.5	100

[8] 어떤 분체의 입자경분포를 측정하여, 다음의 결과를 얻었다.

구간[μm]	개수	개수%	면적%	체적%	Q_0[%]	Q_3[%]	$\overline{q_3}$[−]	$\overline{q_0^*}$[−]
0.1−15	707	25.7	2.0		25.7	0.4		
15−30	1446	52.6	36.7		78.4	21.9		
30−50	491	17.8	39.4	41.1	96.3	63.0		
50−80	103	3.7	21.8	37.0	100.0	100.0		
계	2747	100.0	100.0	100.0				

아래 문제에 답하라.

1) 표의 공란을 메꾸어라.
2) 개수평균경, 면적평균경(비표면적경), 체적평균경을 구하라.
3) 입자경 축을 보통눈금으로 하여, 측정결과를 히스토그램으로 나타내어라.
4) 입자경 축을 대수눈금으로 하여, 측정결과를 히스토그램으로 나타내어라.
5) 적산개수분포 Q_0, 적산체적분포 Q_3를 대수확률지상에 플롯하여, 각각의 50% 입자경, 기하표준편차를 구하라.
6) 개수분포의 50% 입자경, 기하표준편차로부터 개수평균경, 면적평균경(비표면적경), 체적평균경을 구하여, 2)의 결과와 비교하라.

[9] 다음의 표는 어느 입자군의 체분리 결과를 질량기준으로 나타내었다. 아래 질문에 답하라.

체눈 크기[μm]	0.5	1.0	2.0	5.0	10	30
통과율[%]	0	2	12	58	88	100

1) 측정결과를 대수정규확률지에 플롯하여, 질량기준의 50% 입자경과 표준편차를 구하라.
2) 개수평균경, 면적평균경, 체적평균경을 구하라.
3) 질량기준의 측정결과를 개수기준으로 환산하여, 결과를 대수정규확률지에 플롯하라.
4) 적산개수분포의 50% 입자경, 기하표준편차를 구하여, 그 값을 이용해서 개수평균경, 면적평균경, 체적평균경을 구하라.

[10] 다음의 표는 어느 입자군의 체분리 결과를 질량기준으로 나타내었다. 아래 질문에 답하라.

입자경[mm]	0.1∼0.3	0.3∼1	1∼3	3∼5
질량[g]	3	25	40	32

1) 개수 히스토그램을 계산하라.
2) 질량평균경을 계산하라.
3) 입자 형상을 입방체로 하여 비표면적경을 계산하라.
4) 질량기준의 입자경분포를 정방안지, 편대수지상에서 히스토그램으로 나타내어라.
5) 개수기준의 입자경분포를 정방안지, 편대수지상에서 히스토그램으로 나타내어라.
6) 질량기준의 적산입자경분포를 정방안지, 대수정규확률지상에 플롯하라.

7) 개수기준의 적산입자경분포를 정방안지, 대수정규확률지상에 플롯하라.

8) 6)의 플롯에서 중위경과 기하표준편차를 구하라.

9) 7)의 플롯에서 $x_{0.5}$와 σ_g을 구하라.

10) 표의 입자경 측정결과를 Rosin－Rammler 선도에 플롯하라.

[11] 아래 표의 입자경분포 측정결과를 Rosin－Rammler 선도, 대수정규확률지에 플롯하라.

입자경[mm]	0.3～1	1～3	3～8	8～30	30～50
질량[g]	3	7	20	50	20

[12] Rosin－Rammler 분포 $Q(x)=1-\exp(-bx^n)$ (단, $n>1$로 함)인 분체가 있다. 이 분체의 1) 밀도분포, 2) 모드경, 3) 메디안경을 구하라.

[13] 입자경이 2 μm, 입자밀도가 3.5×10^3 [kg/m^3]인 구형 입자의 비표면적[m^2/kg]은 얼마인가?

[14] 입자밀도가 3.5×10^3 [kg/m^3]이고, 입자경이 1 μm인 분체가 1 g, 입자경 2 μm이 2 g, 3 μm이 3 g, 4 μm이 4 g, 5 μm이 5 g인 혼합분체가 있다. 이 혼합분체의 비표면적[m^2/kg]은 얼마인가?

[15] 입자경분포가 Gaudin－Schuhmann 분포식 $Q(x)=(x/60)^{1.2}$ (x ; 입자경[μm])으로 표기되는 분체가 있다. 이 분체의 비표면적[m^2/kg]은 얼마인가? 단, 입자 밀도는 2.5×10^3 [kg/m^3], 비표면적 형상계수는 7이고, 최소입자경은 0 μm으로 한다.

[16] 실리카겔 0.7 g을 아르곤(분자 1개의 점유면적은 1.28×10^{-19} m^2) 가스 흡착, 1점법으로 비표면적을 측정했다. 이때 아르곤가스의 흡착량은 표준상태에서 3.15×10^{-5} m^{3}이었다.

1) 비표면적[m^2/kg]을 구하라.

2) 실리카겔 입자를 구, 밀도를 2.41×10^3 [kg/m^3]으로 하여 비표면적경[μm]을 구하라.

[17] 비표면적의 측정에 있어서 아래 질문에 답하라.

1) 비표면적과 입자경의 관계식을 도출하라.

2) 그라스비드를 공기투과법과 가스흡착법으로 측정할 때 어떤 측정결과가 기대될까?

3) 활성탄 입자를 위의 2가지 방법으로 측정할 때 어떤 측정결과가 기대될까?

[18] 다음 표는 활성탄 0.5 g의 질소흡착법에 의한 측정결과이다. BET 식을 이용해서 활성탄의 비표면적과 비표면적경을 구하라. 또한 BET 1점법으로도 계산하여, 3점법의 측정결과와 비교하라. 단, 질소의 포화증기압은 101.33 kPa, 아보가드로수는 6×10^{23} [1/mol]로 한다. 흡착온도 77 K에 있어서의 질소분자 1개의 흡착 점유면적은 17×10^{-20} [m^2]이고, 흡착량은 표준상태에서의 체적으로 나타낸다. 또한, 활성탄의 밀도는 2.5×10^3 [kg/m^3]이다.

질소압력 P[kPa]	8.96	11.87	15.44
흡착량 V[m^3]	1.230×10^{-4}	1.321×10^{-4}	1.395×10^{-4}

[19] 가스흡착법으로 측정한 비표면적 값이 공기투과법으로 측정한 값보다 100배나 큰 값을 나타내었다. 이러한 측정결과는 있을 수 있지만, 있을 수 있는 경우 그 이유를 간단히 설명하라.

[20] 직경 5 cm, 높이 10 cm인 원통용기에 밀도 8×10^3[kg/m^3]인 철분이 800 g 들어있다. 이때의 1) 겉보기밀도[kg/m^3], 2) 공간율[−]은 얼마인가?

[21] 직경 5 cm인 원통용기에 그라스비드를 150 g 충전했더니, 충전층의 높이는 5.0 cm가 되었다. 입자 밀도를 2.5×10^3 [kg/m^3]로 하여 다음의 질문에 답하라.

1) 분체의 겉보기밀도를 구하라.
2) 분체의 충전율을 구하라.

[22] 내경 100 mm, 깊이 100 mm인 원통용기에 입자 밀도 3900[kg/m^3]인 알루미나 입자 400 g과 입자 밀도 7500 [kg/m^3]인 철 입자 500 g을 혼합 충전했더니, 정확히 용기에 꽉 찼다. 공간율, 공간비, 겉보기밀도를 구하라.

[23] 공간율이 0.6인 과립을 충전했더니, 충전층의 겉보기밀도가 0.70×10^3 [kg/m^3]이었다. 과립을 구성해있는 입자 밀도를 2.5×10^3 [kg/m^3]으로 하여 다음의 질문에 답하라.

1) 충전층의 충전율을 구하라.
2) 과립의 충전율을 구하라.
3) 과립의 겉보기밀도를 구하라.

[24] 산화철의 다공질 소결체 10.126 g을 물에 넣은 후 탈기하여, 시험편의 공극을 완전히 물로 채웠다. 이 함수 시험편의 질량은 12.090 g이었다. 전자천평에 얹은 물이 든 비커에 이 함수 시험편을 매달아 넣었더니, 전자천평 값이 3.932 g 증가했다. 다음의 질문에 답하라.

1) 이 시험편의 겉보기체적을 구하라.
2) 이 시험편의 공격체적을 구하라.
3) 이 시험편의 충전율을 구하라.
4) 산화철의 밀도를 구하라.

제 3 장

[1] 동일 시료로, 입자경이 100 μm인 입자의 강도는 입자경 1 mm인 입자 강도의 2.5배였다. 이 강도의 차를 그리피스 이론으로 설명하면, 입자경 1 mm인 입자 내에 있는 크랙의 크기는 100 μm인 입자의 몇 배가 될까?

[2] 와이블의 균일계수가 10.2인 암석이 있다. 아래 질문에 답하라.

1) 입자경이 100분의 1이 되면 강도는 몇 배가 될까?
2) 마찬가지로 입자경이 100분의 1이 되면 단위질량당 파쇄에너지는 몇 배가 될까?
3) 입자경이 2분의 1이 되면 입자 1개의 파쇄에너지는 몇 배가 될까?

[3] Rittinger 법칙은 [분쇄에 소비된 에너지는 새로 생성된 표면적에 비례한다]고 가정해있다. 이 법칙에 따라서 어떤 입자를 입자경 x_1에서 x_2까지 분쇄하는데 소비되는 에너지에 관한 식을 유도하라.

[4] 입자경 x인 분체를 입자경 $0.5x$로 분쇄하는데 20 J을 필요로 했다. 나아가 입자경을 절반인 0.25 x로 분쇄하는데 마찬가지로 20 J를 필요로 했다. 이 분쇄에 따르면 일량과 입자경 관계는 Kick, Rittinger 중 어느 법칙에 따를까?

[5] 비표면적경이 30 mm인 분체를 분쇄하여 마찬가지로 5 mm인 분체를 만드는데 1.8×10^5 [J/kg]의 일량을 요했다. 이 분체를 5 mm에서 150 μm으로 분쇄하는데 몇 [J/kg]이 필요한가? Rittinger 법칙이 적용되는 것으로 한다.

[6] 밀도가 2.5×10^3[kg/m^3]이고 비표면적경이 3 cm인 분체 1 kg을, 비표면적경이 30 μm이 될 때까지 분쇄하는데 150 J를 필요로 했다. 이때의 Rittinger 수[m^2/J]를 구하라.

[7] Bond의 법칙이 성립할 때, 일량과 증가 비표면적의 관계를 구하라.

[8] 체눈 5610 μm인 체 통과분 80%의 석회석을 100 [t/h]으로 볼밀 분쇄하고, 분쇄생성물을 체눈 147 μm인 체 통과분을 80%로 할 때의 소요동력을 구하라. 단, 석회석의 일지수는 Bond에 의해 14.0 [kWh/t]로 주어졌다. 단, 공전동력은 고려하지 않는 것으로 한다.

[9] $Q(x)=1-\exp\{-(x/300)^{1.2}\}$ (x ; 입자경[μm]) 분포를 가진 쇄료를 볼밀 분쇄한 결과, $Q(x)=1-\exp\{-(x/15)^{1.2}\}$의 분포 쇄성물이 얻어졌다. Bond의 법칙이 성립할 때의 분쇄 일량을 구하라. 여기서 쇄료의 일지수는 9.0 [kWh/t]로 한다.

[10] 평균입자경 25 mm인 원료분체를 평균입자경이 7 mm가 될 때까지 분쇄하는데 20 [kJ/kg]의 에너지를 필요로 했다. 이 분체를 25 mm에서 3.5 mm로 분쇄하는데 필요한 에너지를, 1) Rittinger 법칙, 2) Kick 법칙 3) Bond 법칙에 따라 각각 계산하라.

[11] 1 kg인 어떤 원료를 볼밀 분쇄하여 입자경 20 mm에서 5 mm로 분쇄하는데 8.9×10^7 [J]를 필요로 했다. 1) Kick, 2) Rittinger, 3) Bond의 법칙에 따른 일정수 C_K, C_R, C_B를 구하라. 또한 같은 양의 원료를 5 mm에서 1 mm까지 분쇄하는데 필요한 일량을 구하라. 단, 공전동력은 고려하지 않는 것으로 한다.

[12] 분쇄생성물이 Rosin－Rammler 분포에서 $Q(x) = 1 - \exp(-370x^{1.2})$로 표시되는 분쇄기가 있다. 단, 입자경 x의 단위는 [cm]이다. 이 분쇄기를 사용하여 입자경 100 μm 이하인 분체를 매시 100 kg 생산하려고 한다. 분쇄기의 능력은 매시간 몇 kg이 될까?

[13] 분쇄 일지수 W_i = 14.0 [kWh/t]인 석회석의 하드그로브 분쇄성 지수(HGI)의 추정치는 얼마인가?

[14] 입자경이 1.18～1 mm인 석회석 180 g을 볼밀로 분쇄하여, 다음의 실험 데이터를 얻었다. 이 결과를 사용해서 식 (3.35)의 속도정수 k_1[1/s]을 결정하라.

분쇄시간[s]	60	180	300
미분쇄시료의 질량[g]	89.3	27.9	8.0

[15] 석영을 유성밀로 분쇄하여, 아래의 실험 데이터를 얻었다. 이 결과를 사용해서 식 (3.37)의 속도식을 결정하라.

분쇄시간[s]	10^3	5×10^4
비표면적[m^2/kg]	1.2×10^3	1.8×10^3

[16] 입자경이 20～10 cm 정도인 암석을 분쇄하여 서브미크론 분체를 제조하려 한다. 어떤 분쇄기를 사용하면 좋을지 설명하라.

[17] 제트 분쇄기의 특징을 2가지 들어라.

[18] 분쇄에 의한 초미립자의 제조에 임하여는, 분쇄기의 선정, 분쇄조건, 조작에 있어서 어떤 사항을 고려할 필요가 있는지 설명하라.

[19] 분쇄 프로세스의 에너지 효율은 일반적으로 1% 이하로 알려져 있다. 낭비된 에너지는 어디서 사용되었는가?

[20] 분체의 제조법인 분쇄법과 성장법의 장점, 단점을 설명하라.

제 4 장

[1] 직경이 0.1 mm, 밀도가 3.5×10^3 [kg/m^3]인 구형 입자를 공기 중에서 1.0 m/s의 초속도로 수평으로 밀어낼 때, 다음의 질문에 답하라. 단, 입자는 Stokes 법칙에 따라 운동하는 것으로 한다.

1) 입자 완화시간을 구하라.
2) 입자의 수평도달거리를 구하라.
3) 종말침강속도를 구하라.

[2] 직경 x [m], 밀도 ρ_p [kg/m^3]인 구형 입자를 밀도 ρ_f [kg/m^3], 점도 μ [Pa·s]인 유체 중에서 u_0 [m/s]의 초속도로 수평으로 밀어낼 때, 그 입자궤적을 구하라. 단, 입자는 Stokes법칙에 따라 운동하는 것으로 한다.

[3] 침강 셀을 매분 3000회의 회전속도로 회전하여 1 μm인 구형 입자를 수중에서 원심침강시킬 때, 다음의 질문에 답하라. 단, 입자밀도는 4.0×10^3 [kg/m^3]으로 한다.

1) 회전중심에서 수면까지의 거리가 10 cm일 때, 수면에 있는 입자의 침강속도를 구하라.
2) 셀 깊이가 3 cm일 때, 수면에 있는 입자가 셀 저부까지 도달하는 시간을 정확히 구하라.
3) 2)의 시간을 근사적으로 구해서 비교하라.

[4] 입자경이 1 μm이고 밀도가 2.7×10^3 [kg/m^3]인 입자를 $E = 4 \times 10^5$ [V/m]의 수평전기장 중에 안치했을 때, 다음의 질문에 답하라. 단, 이 입자는 전기소 양(1.6×10^{-19} C)의 150배의 정전하를 갖고 있는 것으로 한다.

1) Cunningham 보정을 무시한 경우의 수평방향 이동속도를 구하라.
2) 대기압을 100 kPa로 하여 Cunningham 보정을 한 경우의 수평방향 이동속도를 구하라.

[5] [4]의 입자를 중력장으로 수평에 대하여 60° 각도에서 직선적으로 침강시키기 위한 전기장 강도를 구하라.

[6] 직경 50 nm인 입자가 20℃의 수중에서 브라운 확산에 의해 1 cm 범위로 확산되는 시간을 구하라. 단, 볼츠만정수는 1.38×10^{-23} [J/K]이다.

[7] 밀도 2.5[g/cm^3], 입자경 10 μm인 입자를 20 mass%의 농도로 침강시켰다. 입자는 완전히 분산해있는 것으로 하여, 입자군의 침강속도를 슈타이너 식, 리차드슨 식, 하펠 식에서 구하라.

[8] 공급분이 임의의 비율로 분할된 것만으로 입자경분포가 조대입자측, 미분측 공히 같을 경우, 뉴턴효율이 제로가 됨을 보여라.

[9] 입자경 x[μm]인 분포가 Rosin−Rammler 분포식에서 $Q = 1 - \exp\{-(x/100)^{1.5}\}$가 되는 분체 100 kg이 있다. 이 분체를 체분리로 분급한 결과, 20～40 μm 입자경 범위의 분체 12 kg이 얻어졌다. 이 입자경 범위의 회수율은 얼마인가?

[10] 입자경 $x[\mu m]$인 분포가 Gaudin－Schuhmann 분포에서 $Q(x)=(x/150)^{1.1}$로 표시되는 분체 100 kg을 분급한 결과, 미립자측에 입자경분포 $Q(x)=(x/30)^{1.2}$인 분체 10 kg을 얻었다. 다음의 질문에 답하라.

1) 부분분급효율이 100%가 되는 입자경 범위를 구하라.
2) 부분분급효율이 50%가 되는 입자경은 얼마인가?

[11] 어떤 성분을 30% 함유한 원료가 있다. 분리장치를 사용하여 그 성분농도를 90%까지 높였지만, 그 분리장치에서 나오는 폐기물 중에는 회수해야 할 물질이 5% 남아 있었다. 다음에, 일단 분리장치를 나온 90%인 제품을 다시 한 번 분리장치에 걸어보니, 회수해야할 물질이 5% 남은 폐기물이 배출되었다. 다음의 질문에 답하라.

1) 최초 조작에서 분리장치의 뉴턴효율은 얼마인가?
2) 최종제품의 농도는 얼마인가?

[12] 대·중·소 입자를 각각 10 kg씩 합계 30 kg을 분급한 결과, 조대입자측에는 R [kg], 미세입자측에는 U [kg] 회수되었다. 조대입자측에는 대·중·소 입자가 0.5, 0.35, 0.15, 미세입자측에는 0, 0.30, 0.70의 비율로 포함되었다. 공급된 입자는 모두 회수된 것으로 하여, 다음의 질문에 답하라.

1) 조대입자 회수량 R [kg]과 미세입자 회수량 U[kg]을 구하라.
2) 대·중·소 입자의 부분분리효율(조대입자측에의 배분율)을 구하라.
3) 분급의 목적이 대·중 입자와 소 입자로 나눌 경우, 이 분급기의 뉴턴효율은 얼마인가?

[13] 다음 표는 석회석을 볼밀로 분쇄한 다음 체로 분급한 결과이다. 제품으로 하는 미분 14.5 kg과 조분 41.6 kg을 얻었다.

입자경[mm]	0－0.4	0.4－0.5	0.5－0.6	0.6－0.7	0.7－0.8	0.8－1.0	1.0－1.4	1.4－
미분중 비율[%]	13.1	7.5	20.8	34.8	22.5	1.3	0	0
조분중 비율[%]	0	0.1	0.3	2.9	15	27.2	54.5	0

1) 원료, 미분, 조분의 적산입자경분포를 도시하라.
2) 부분분리효율곡선을 구하라.
3) 50% 분리경을 구하라.
4) 50% 분리경을 분리입자경으로 하여, 뉴턴효율을 구하라.

[14] 어떤 분급기에 200 kg의 시료를 공급하여 분급한 결과, 조분측에 166.5 kg 회수되어 다음 표의 분급결과를 얻었다. 아래 질문에 답하라.

입자경 구간[μm]	6.6－9.4	9.4－13.3	13.3－18.7	18.7－27.0	27.0－37.0	37.0－53.0
공급분중 비율[%]	5.0	20.0	35.0	25.0	10.0	5.0
조분중 비율[%]	1.6	13.8	36.6	30.0	12.0	6.0

1) 미분측에서의 각 입자경 구간의 비율을 구하라.
2) 공급분, 조분, 미분의 적산입자경분포를 그려라.

3) 부분분리효율곡선을 그려서 50% 분리경을 구하라.
4) 희망 분리경이 9.4, 13.3, 18.7, 27.0, 37.0 μm 및 50% 분리입자경일 때 각각의 뉴턴효율을 산출하여 도시하라.

[15] 수평으로 붙여진 눈금 10 cm 망에 직경 8 cm 볼을 망상의 임의 위치에서 100회 떨어뜨렸다. 다음의 질문에 답하라.
1) 망을 통과한 것은 100회 중 몇 회인지 지정하라.
2) 이 망의 통과확률이 50%가 되는 볼의 직경은 얼마인가? Gaudin의 통과확률을 사용해서 구하라.

[16] 밀도가 같고 입자경 범위가 상이한 2가지 분체가 혼합된 혼합분체 A와 밀도가 상이하고 입자경 범위가 같은 2가지 분체가 혼합된 혼합분체 B가 있다. 체분리와 수파조작을 조합해서 혼합분체를 2가지 성분으로 분리할 때, 다음의 질문에 답하라.
1) 2가지 성분으로 완전히 분리할 수 있는 것은 A, B 어느 쪽의 혼합분체인가? 그때의 조작수순을 설명하라.
2) 완전분리를 할 수 없는 것은 어느 쪽의 혼합분체인가? 또한 분리할 수 없는 이유를 설명하라.

[17] 5 μm과 7 μm의 실리카 입자가 같은 양으로 혼합된 분체를 원통용기 내에 균일하게 분산해서 수파조작으로 회분분급을 하려고 한다. 다음의 질문에 답하라. 단, 실리카의 밀도는 2.5 [g/cm^3], 액 깊이는 1 m로 한다.
1) 깊이 50 cm인 곳에서 액을 뺄 때 침강 개시하여 몇 초 후에 빼면 좋을까?
2) 원료분체 중 몇 %의 미분이 분급될까?
3) 이때의 뉴턴효율은 얼마일까?
4) 액을 빼는 깊이를 변화시키면 분급되는 미분의 양이 바뀌지만, 1회의 조작으로 분급되는 미분의 양은 50%를 넘지 않음을 보여라.

[18] 입자경 20 μm인 유리입자와 입자경 11 μm인 금속입자를 분리하려 한다. 공기 중에서의 건식침강법과 수중에서의 습식침강법 중 어느 쪽을 이용하는 것이 좋을지 설명하라. 단, 유리입자의 밀도는 2300 [kg/m^3], 금속입자의 밀도는 7500 [kg/m^3]으로 한다.

[19] 헬리콥터에서 공중 산포하는 농약용 캐리어 입자(농약성분을 함침시키기 위한 무기물입자)를 제조하려 한다. 전답의 상공 고도 20 m에서 산포하여, 살충효과와 환경오염 방지의 양면에서 공중에 30초 이상 5분간 이내 떠있게 하기 위해서는, 어떤 입자경 범위로 입도를 조정해야 좋을지 답하라. 단, 캐리어 입자는 밀도 2500 [kg/m^3]인 구형에 가까운 형상의 규석이다.

[20] 입자경 1 μm, 밀도 4.0×10^3 [kg/m^3]인 알루미나 입자로 50 mass%의 슬러리를 조제하여, 침강실험을 한 결과 퇴적물의 공간율은 0.6이었다. 간섭침강속도가 $u_c = u_\infty(1-\phi)^{4.65}$으로 표기될 때 아래의 질문에 답하라. 여기서 u_∞는 자유침강시의 종말침강속도, ϕ는 입자의 체적농도이다.
1) 입자의 질량침강유속을 구하라.
2) 청등층/슬러리층 계면의 침강속도를 구하라.
3) 슬러리층/퇴적층 계면의 상승속도를 구하라.

4) 슬러리의 초기 높이가 10 cm일 때 침강이 종료하는 시간을 구하라.
5) 천이층이 형성되는 초기 슬러리 농도의 범위를 구하라.

[21] 풍력분급기의 분리경은 입자에 작용하는 2가지 힘에 의해 결정된다. 그 힘이란 무엇인가?

[22] 반경 50 cm의 원반상 분급실에 공기가 15 m/s로 접선방향에서 유입하여 중심부에서 배출될 때, 아래의 질문에 답하라. 원반의 두께는 20 cm, 공기 유입구의 치수는 10×20 cm,배출구의 반경은 20 cm이다. 단, 분급실 내의 선회기류는 완전 자유와류로 간주할 수 있다. 실리카 입자의 밀도를 2500 [kg/m^3]으로 하여 아래의 질문에 답하라.
1) 반경 30 cm인 곳에서 20 μm의 실리카 입자를 분급실 내로 주입했다. 그 후 입자는 어떻게 운동할까?
2) 반경 30 cm인 곳에서 10 μm의 실리카 입자를 분급실 내로 주입했다. 그 후 입자는 어떻게 운동할까?

[23] 반경 r_0 [m]인 원반상 분급실에 공기가 v_i [m/s]로 접선방향에서 유입하여 중심부에서 배출될 때, 분리한계입자경 x_c[m]를 다음의 수순으로 구하라. 원반의 두께는 h_0 [m], 공기유입구의 치수는 $b \times h_0$ [m^2], 공기의 점도는 μ [Pa · s], 입자 밀도는 ρ_p [kg/m^3], 공기의 밀도는 무시할 수 있는 것으로 한다. 또한, 분급실내의 선회기류는 완전자유와류로 하여, 입자와 공기의 접선방향속도는 같은 것으로 한다.
1) 반경 r[m]인 위치에서 공기의 반경방향 속도를 구하라.
2) 직경 x [m]인 입자에 작용하는 유체항력을 구하라.
3) 반경 r [m]인 위치에서 공기의 접선방향 속도를 구하라.
4) 반경 r [m]인 위치에 있는 직경 x [m]인 입자에 작용하는 원심력을 구하라.
5) 분리한계입자경 x_c [m]를 구하라.

[24] 습건질량비 m과 케이크 공간율 ε의 관계를 구하라. 단, 입자 밀도는 ρ_p, 여액 밀도는 ρ_f로 한다.

[25] 입자 밀도 ρ_p [kg/m^3]인 수계 슬러리의 질량농도가 s [−]이고, 겉보기밀도가 ρ_s [kg/m^3]일 때 아래의 질문에 답하라.
1) ρ_p와 ρ_f가 기지일 때 체적농도 ϕ [−]를 구하라.
2) ρ_p와 s가 기지일 때 체적농도 ϕ [−]를 구하라.
3) ρ_s와 s가 기지일 때 체적농도 ϕ [−]를 구하라.
4) ϕ와 s의 관계식을 구하라.
5) 입자 밀도가 2500 [kg/m^3]일 때 질량농도로 0.1, 1.0, 10, 20%인 슬러리의 체적농도를 각각 구하라.

[26] 정압여과계수 K[m^2/s]에 대하여 다음의 질문에 답하라.
1) 슬러리의 체적농도 ϕ[−]가 케이크 충전율 Φ[−]에 비해서 무시할 수 있을 정도로 작은 경우의 정압여과계수 K' [m^2/s]를 도출하라.

2) 식 (4.99)로 정의되는 K와의 비 K'/K와 ϕ의 관계를 구하라.

3) $\Phi=0.6$일 때 질량농도로 0.1, 1.0, 10, 20%인 슬러리의 K'/K 값을 구하라.

[27] 어떤 슬러리를 여과한 결과 케이크의 평균 여과비저항은 슬러리 농도와 여과압력에 관계없이 1.70×10^{10} [m/kg]가 되었다. 입자 밀도는 2500 [kg/m^3], 슬러리의 체적농도 ϕ[−]는 케이크 충전율 Φ [−]에 비해서 무시할 수 있을 정도로 작다. 또한 여재의 저항은 무시할 수 있다고 가정하여, 1.0 mass%인 슬러리 10 L를 1시간 이내에 100 kPa의 여과압력으로 여과하려 한다. 필요한 여과면적을 구하라.

[28] 충전층 집진에서 두께 10 cm인 충전층에서 출구농도가 입구농도의 1/2이 되었다. 1/4로 하기 위한 층 높이를 구하라.

제 5 장

[1] 입자경 1 μm인 입자 간에 작용하는 반데르발스 힘과 10 μm인 입자 간에 작용하는 반데르발스 힘을 구하라. 단, 입자는 균일경의 구형입자로 Hamaker 상수는 10×10^{-20} J, 입자표면간 거리는 0.4 nm로 한다.

[2] 입자경 1 μm인 입자로 구성된 분체층과 입자경 10 μm인 입자로 구성된 분체층의 공간율이 모두 0.5였다고 하면, 각각의 분체층 공간율은 얼마일까? 단, 입자는 균일경의 구형입자로 Hamaker 상수는 10×10^{-20} J, 입자표면간 거리는 0.4 nm로 하고, 입자 간에는 반데르발스 힘만 작용한다고 생각한다.

[3] 분체층에 대하여 아래 질문에 답하라.

1) 분체층에서 최대주응력 σ_1을 10 kPa, 최소주응력 σ_3을 5 kPa로 할 때의 모어의 응력원을 도시하라.

2) 전단응력이 최대가 되는 면을 분체층 중에 도시하여, 최대전단응력 값을 구하라.

3) 1)에서 도시한 Mohr 원의 그림에 인장강도가 0이고 내부마찰각이 30°인 Coulomb 파괴기준을 그려, 1)의 응력상태에서 분체층의 파괴여부를 답하라.

4) 인장강도가 0에서 내부마찰각이 30°인 분체층에 최대주응력 σ_1을 10 kPa로 일정하게 하여 최소주응력 σ_3를 변화시켰을 때, 어느 지점에서 분체층이 미끄러지기 시작했다. 최대주응력면과 미끄럼면이 이루는 각을 Mohr 원상에 나타내고, 그 값을 구하라.

[4] 부피밀도가 1000 [kg/m^3], 단순압축파괴강도 f_c가 0.98 [kPa]인 분체를 이용하여 원주를 만들었다. 자립할 수 있는 최대높이를 구하라.

[5] 인장강도가 2 kPa, 전단부착응력이 1 kPa인 Coulomb 분체가 있다. 이 분체의 단순압축응력과 유동성지수를 구하라. 단 이 분체의 겉보기밀도는 1500 [kg/m^3]이다.

[6] 소맥분의 1면전단시험을 한 결과, 수직응력 σ_c가 28.5 kPa, 전단응력 τ가 17.1 kPa에서 전단되었다. 소맥분을 비부착성 Coulomb 분체로 하여 내부마찰각 ϕ_1, 파괴시의 주응력 σ_1, σ_3, Rankine 상수

K를 구하라.

[7] 문제 (6)의 소맥분을 직경 2 m인 사일로에 저장했더니, 부피밀도가 863 kg/m^{3}이 되었다. 벽면마찰계수를 0.30으로 하여,

1) 깊이 2, 10, 18, 24, ∞_m에 있어서의 연직방향과 벽면에 작용하는 압력 σ_v, σ_h를 구하여, 정수압 σ_s와 비교하라.

2) 깊이 30 m, 내경 5 m인 사일로를 만들려 한다. 벽면은 최저 어느 정도의 압력까지 견딜 수 있게 해야 할까?

[8] 3분간에 모래가 전부 떨어지는 모래시계 한가운데의 hole 직경은 1 mm이었다. 1분간에 모래가 전부 떨어지는 모래시계를 만들기 위해서 hole 직경을 얼마로 하면 좋을지 계산하라.

[9] 직경 5 cm인 원통용기에 직경 100 μm인 그라스비드를 충전했더니, 그 충전율이 0.65가 되었다. 그 충전층에 1 kg의 분동을 얹을 경우, 입자 접촉점에 작용하는 압축력을 Rumpf의 식에 의해 계산하라. 또한, 입자경이 10 μm인 그라스비드의 경우는 어떨까?

[10] 표 5.1에 나타낸 5가지의 대표적인 분체압축식 중의 분체용적 V, 압축 전과 압축 후의 분체체적 V_0, V_∞를, 분체층의 공간율 ε, 압축전과 압축후의 공간율 ε_0, ε_∞를 사용하여 고쳐 쓰고, 공간율과 압축응력의 관계식을 유도하라.

[11] 입자경 1 mm, 입자 밀도 1000 kg/m^{3}인 구형입자 393 g을 내경 0.1 m인 원관에 충전했더니 충전두께가 0.1 m가 되었다. 여기에 20℃의 공기를 1시간 흐르게 했을 때 출구 측에서 측정한 총유출 공기량은 28.3 m^{3}이었다. 입자층의 압력손실을 구하라. 또한, 입자층 입구측에서의 원관 내 평균유속은 얼마인가?

[12] 내경 10 cm의 원통에 충전된 두께 50 cm, 입자 밀도 1500 kg/m^3, 비표면적경 100 μm인 입자층에 기체를 투과하여 부유하려 한다. 최저 얼마만큼의 압력차를 가하면 좋을까? 또한, 그때의 유속은 얼마인가? 단, 입자층의 공간율은 0.45로 한다.

[13] 입자 밀도 1000 kg/m^{3}의 입자경 10 μm, 100 μm, 1000 μm인 입자를 유동층에서 유동화시킬 경우, 어떤 유동화 형태를 취하리라 예측되는가?

[14] 파이프를 사용해서 분체를 공기수송할 때 수평관, 수직관, 경사관에서는 주로 어떤 원인으로 압력 손실이 생길까?

[15] 이산요소법에 의한 입자운동의 컴퓨터 시뮬레이션에 대하여, 그 이점과 문제점을 열거하라.

입자 · 분체공학 – Particle technology

찾아보기

ㄱ

ㄴ

ㄷ

ㅈ

- **조준형** 강원대학교 산림환경과학대학 제지공학과 교수
  일본 나고야대학 대학원 화학공학전공, 공학박사
- **류필조** 세명대학교 바이오환경공학과 교수
  일본 오사카부립대학 대학원 분체공학전공, 공학박사
- **서태수** KOEI SANGYO(주) 한국총괄책임자
  일본 나고야대학 대학원 분체공학전공, 공학박사
- **김교선** 강원대학교 공과대학 화학공학과 교수
  Univ. of Cincinnati, 미립자공학전공, 공학박사
- **심철호** 상지대학교 이공과대학 정밀화학신소재학과 교수
  중앙대학교 대학원 공업화학전공, 공학박사
- **유태인** 한국 NM코리아(주) 대표이사

입문
입자 · 분체공학 정가 18,000원

인 쇄 2015년 3월 2일 초판 1쇄
발 행 2015년 3월 10일 초판 1쇄
저 자 椿 淳一郎 · 鈴木道隆 · 神田良照
역 자 조준형 · 류필조 · 서태수
김교선 · 심철호 · 유태인
발행인 정우용
발행처 도서출판 **동화기술**
경기도 파주시 광인사길 201(문발동, 파주출판도시)
Tel (031)955-4211~6 donghwae@kornet.net
Fax (031)955-4217 www.donghwapub.co.kr
(등록) 1977년 12월 19일/9-16호

ISBN 978-89-425-1951-4